2026 대입수시

가천대 수학 논술고사

약술형

EBS 연계문항 반영

머리말

가천대 약술형 논술의 유형을 이해하는 공부가 중요하다!

가천대 약술형 논술은 고등학교 수학 전반적인 내용을 기반으로 출제되고 있습니다.

이 책의 목적은 논술고사 당일까지 얼마 남지 않은 기간 동안 수1, 수2의 전반적인 내용을 빠른 속도로 정리해보는 것입니다.

준비기간 동안 수1, 수2 전 과정을 다시 본다는 것은 시간이 촉박하기에 매우 어렵습니다.

이 책은 그 기간을 단축시키고 기본유형을 익히는 연습을 통해 논술고사 풀이에 필요한 감각을 끌어올리는 것에 초점을 맞추었습니다.

EBS 교재와 모의고사, 기출문제를 기반으로 하여 기본적으로 알아야 할 내용과 문제 유형을 축약해 놓았습니다.

이 책의 목적과 구성에 맞게 활용하는 방법은

- 먼저 개념체크내용을 보고 자신이 지금까지 공부했던 내용을 정리합니다.
- 단원에 첨부된 연습문제를 풀고, 공부했던 내용들을 문제에 적용시켜 보며 각 단원의 기본적인 문제들의 풀이를 기술해 봅니다.
- 해설을 참조하면서 자신의 풀이와 해설을 비교해 봅니다.

길지않은 준비기간이지만 각 단원 내용정리와 유형연습을 통해 빠르게 익히길 바라며 이 책으로 준비하는 모든 학생들에게 좋은 결과가 있길 바랍니다.

집필진 일동

본 교재의 특징

1. EBS 교과 연계 교재 반영

가천대학교 약술형 논술 수학은 고등학교에서 배우는 수학 I, 수학 II의 주요 개념을 중심으로 출제됩니다. 따라서 약술형 논술의 출제 방향을 충분히 참고하여 고등학교 수학 과목에서 배우는 내용과 EBS 연계 문항을 충실히 반영하였습니다.

2. 가천대학교 논술 기출문제와 논술 가이드 반영

가천대 약술형 논술 시행이 얼마 되지 않았으나 현재 참고할 수 있는 기출문제와 가이드에서 제시하는 여러 유형 및 약술형 논술 대비방식을 충분히 반영하였습니다.

가천대 약술형 논술 기출문제와 논술 가이드는 가천대 입학처 홈페이지에서 확인하실 수 있습니다.

3. 교과과정 수학 I, 수학 II의 기본 개념 정리

교과과정 수학 I, 수학 II에서 다뤘던 전반적인 기본개념을 간단히 정리하고, 문제풀이의 감각을 끌어올릴 수 있는 기본적인 문제들 위주로 구성하였습니다.

4. 기출변형 문제와 신유형 문제 수록

기출문제를 참고하여 실제 유형과 유사하도록 문제를 출제하였으며, 기출 문제의 유형과 유사하지만 신유형으로 나올 수 있는 문제들을 출제 대비 문제로 수록하였습니다. 이로써 좀 더 다양한 유형 대비가 가능하도록 제작하였습니다.

5. 가천대 기출문제 수록

가천대 약술형 논술 기출문제를 수록하여 학생들이 기출과 연계문제를 쉽게 비교할 수 있도록 준비했습니다.

가천대학교

논술고사

논술고사 특징 및 출제방향

- 가천대 논술고사는 고등학교 교육과정을 통하여, 대학 교육에 필요한 수학능력을 갖추었는지 평가한다.
- 가천대 논술고사는 수험생들의 시험 준비에 대한 부담을 덜기 위해 EBS 수능 연계 교재를 활용하여 출제합니다.

전형방법

논술 100%

출제범위 및 평가기준

[인문 · 자연 계열]

구분	출제범위	평가기준
국어	1학년 국어 문학, 독서, 화법, 작문, 문법 영역	• 문항에서 요구하는 조건에 충실한 답안 • 제시문의 핵심 내용을 정확하게 표현한 답안
수학	수학 I 수학 II	• 문제 해결에 필요한 개념과 원리에 대한 정확한 서술 • 정확한 용어, 기호를 사용한 표현

[의예과]

과목	출제범위	평가기준
수학	수학 I 수학 II 미적분	• 문제 해결에 필요한 개념과 원리에 대한 정확한 서술 • 정확한 용어, 기호를 사용한 표현 • 수학적 사고력을 고려하여 평가

평가방법

[인문 · 자연 계열]

계열	문항 수		배점	총점	고사시간	답안지 형식
	국어	수학				
인문	9	6	각 문항 10점	150점 + 850점(기본점수)	80분	노트 형식의 답안지 작성
자연	6	9				

[의예과]

모집단위	과목	문항수	배점	총점	고사시간	답안지 형식
의예과	수학	8	문항별 배점 상이	150점 + 850점(기본점수)	80분	노트 형식의 답안지 작성

* 논술고사는 대학수학능력시험 이후에 실시함.

※ 가천대학교 홈페이지의 입학전형을 참고하십시오.

답안 작성 요령

- 답안지에 지정된 영역 내에서 답안을 작성합니다.
  - 답안지에 지정된 영역에서 벗어나 답안을 작성하게 되면 영역을 벗어난 내용은 평가되지 않습니다.
  - 문제지의 번호와 답안지에 표시된 번호는 일치해야 하며, 이를 임의로 변경하지 않습니다.
- 답안 작성 시, 지정된 필기구(검정색 펜)를 사용하여 답안을 작성합니다.
  - 지정된 필기구 이외의 필기구(연필, 샤프펜슬, 빨간색 펜 등)는 사용할 수 없습니다.
  - 답안 수정이 필요한 경우, 취소선(삭선)을 긋고 수정할 수 있습니다(수정액, 수정테이프 등 사용 불가).

수능최저학력기준

모집단위	반영영역	최저학력기준
인문계열, 자연계열	국어, 수학, 영어, 사회/과학탐구(1과목)	1개 영역 3등급 이내
바이오로직스학과	국어, 수학, 영어, 사회/과학탐구(1과목)	2개 영역 등급 합 5 이내
클라우드공학과	국어, 수학(기하, 미적분), 영어, 과학탐구(2과목)	2개 영역 등급 합 4 이내 (과학탐구 적용 시 2과목 평균, 소수점 절사)
의예과	국어, 수학(기하, 미적분), 영어, 과학탐구(2과목)	3개 영역 각 1등급 (과학탐구 적용 시 2과목 평균, 소수점 절사)

선발원칙

논술고사 성적의 총점 순으로 선발합니다(수능최저학력기준을 충족한 자)

동점자 처리기준

[인문 · 자연 계열]

1. 논술 성적 우수자

❶ 인문 : 국어 성적 우수자 / 자연 : 수학 성적 우수자

❷ 논술 문항별 만점이 많은 자

❸ 논술 문항별 0점이 적은 자

2. 수능 영역별 등급 합 우수자

[의예과]

1. 논술 성적 우수자

❶ 논술 문항별 만점이 많은 자

❷ 논술 문항별 0점이 적은 자

2. 수능 영역별 등급 합 우수자

약술형 논술고사

차례

수학 I

수학 II

약술형 논술 수학

수학

I

약술형 논술

01 지수와 로그

02 지수함수와 로그함수

03 삼각함수

04 삼각함수의 그래프

05 삼각함수의 활용

06 등차수열과 등비수열

07 수열의 합

08 수학적 귀납법

01 지수와 로그

개념 CHECK

1 지수와 로그 표현하기

(1) 같은 숫자 또는 문자를 여러 번 반복하여 곱할 때 다음과 같은 표현을 통해 나타낸다.

$$a^x = N$$

$$2^3 = 8 \ (2\times2\times2=8)$$

밑은 곱할 수, 지수는 밑을 곱하는 횟수, 진수는 연산의 결괏값이다.

(2) 로그는 지수를 표현해 주는 규칙 정도로 알아두자.

$$x = \log_a N$$

위의 지수 식을 로그로 표현해 보면 다음과 같다.

$$3 = \log_2 8$$

2 지수와 거듭제곱

(1) 거듭제곱

같은 문자나 수를 여러 번 곱했을 때 거듭제곱이라 한다.

(2) 거듭제곱근

n이 2 이상의 정수일 때, n번 곱하여 실수 a가 되는 값

$$x^n = a$$

를 만족시키는 수 x를 a의 n제곱근 또는 a의 거듭제곱근이라 한다.

예 8의 세제곱근을 구하라고 했을 경우

$$x^3 = 8$$

식에서 x의 값으로 나오는 세 개의 수가 8의 세제곱근이 된다.

(3) 거듭제곱근 중 실수인 근과 그 개수

$$x^n = a$$

① 식에서 n이 짝수, $a>0$일 때, $x=\sqrt[n]{a}$, $x=-\sqrt[n]{a}$이며 실근의 개수는 2이다.

② 식에서 n이 짝수, $a<0$일 때, 해가 없으며 실근의 개수는 0이다.

③ 식에서 n이 홀수일 때는 $a<0$, $a>0$ 두 경우 모두 $x=\sqrt[n]{a}$이며 실근의 개수는 1이다.

(4) 거듭제곱근의 성질

$a>0$, $b>0$이고 m, n이 2 이상의 정수일 때

① $\sqrt[n]{a}\sqrt[n]{b}=\sqrt[n]{ab}$ ② $(\sqrt[n]{a})^m=\sqrt[n]{a^m}$

③ $\dfrac{\sqrt[n]{a}}{\sqrt[n]{b}}=\sqrt[n]{\dfrac{a}{b}}$ ④ $\sqrt[m]{\sqrt[n]{a}}=\sqrt[mn]{a}$

3 지수법칙

a, b가 실수이고 m, n이 자연수일 때(보통의 경우 유리수, 실수 범위에서도 성립한다.)

① $a^m a^n = a^{m+n}$

② $(a^m)^n = a^{mn}$

③ $(ab)^n = a^n b^n$

④ $\left(\frac{a}{b}\right)^n = \frac{a^n}{b^n}$ $(b \neq 0)$

⑤ $a^m \div a^n = \begin{cases} a^{m-n} & (m > n) \\ 1 & (m = n) \\ \frac{1}{a^{m-n}} & (m < n) \end{cases}$ $(a \neq 0)$

⑥ $a^0 = 1$, $a^{-n} = \frac{1}{a^n}$ $(a \neq 0)$

⑦ $a^{\frac{m}{n}} = \sqrt[n]{a^m}$, $a^{\frac{1}{n}} = \sqrt[n]{a}$ $(a > 0$, n은 2 이상의 자연수$)$

4 로그

1 지수와 로그 표현하기에서 기술했듯이 로그는 지수를 표현하는 방법으로 생각하자.

(1) 로그의 정의

$a > 0$, $a \neq 1$이고 $N > 0$일 때,

$$a^x = N \Leftrightarrow x = \log_a N$$

주의!! 로그는 밑과 진수의 조건이 명확하기 때문에 반드시 밑과 진수의 조건에 맞게 식을 적용시켜야 한다.

(2) 로그의 성질

$a > 0$, $a \neq 1$이고 $x > 0$, $y > 0$일 때

① $\log_a 1 = 0$, $\log_a a = 1$

② $\log_a xy = \log_a x + \log_a y$

③ $\log_a \frac{x}{y} = \log_a x - \log_a y$

④ $\log_a x^k = k \log_a x$ (단, k는 실수)

(3) 로그의 밑의 변환

$a > 0$, $a \neq 1$, $b > 0$, $c > 0$, $c \neq 1$일 때,

$$\log_a b = \frac{\log_c b}{\log_c a}$$

(4) 로그의 밑의 변환 활용

$a>0,\ a\neq 1,\ b>0$일 때

① $\log_a b=\dfrac{1}{\log_b a}$ (단, $b\neq 1$)

② $\log_a b\times\log_b c=\log_a c$ (단, $b\neq 1,\ c>0$)

③ $\log_{a^m} b^n=\dfrac{n}{m}\log_a b$ (단, $m,\ n$은 실수이고 $m\neq 0$)

④ $a^{\log_b c}=c^{\log_b a}$ (단, $b\neq 1,\ c>0$)

5 상용로그

(1) 상용로그

로그의 밑이 10인 로그를 상용로그라고 하고 밑인 10은 생략이 가능하다.

$$\log_{10}N\ =\ \log N$$

(2) $\log N=n+\alpha$ (n은 정수부분, α는 소수부분)

상용로그뿐만 아니라 밑이 다른 로그일 경우에도 로그는 정수부분과 소수부분으로 나누어 표현할 수 있다.

(3) 상용로그표를 이용하여 로그의 값을 구하는 방법은 다른 단원의 표를 이용하여 구하는 방법과 동일하게 적용되니 이후 문제 풀이에서 자세히 다루어 보도록 하겠다.

01 지수와 로그

정답 · 해설 p. 2

01 실수 $a,\ b$에 대하여 a는 6의 세제곱근이고 $\sqrt{3}$은 b의 네제곱근일 때, $\left(\dfrac{b}{a}\right)^3$의 값을 구하는 과정을 서술하시오.

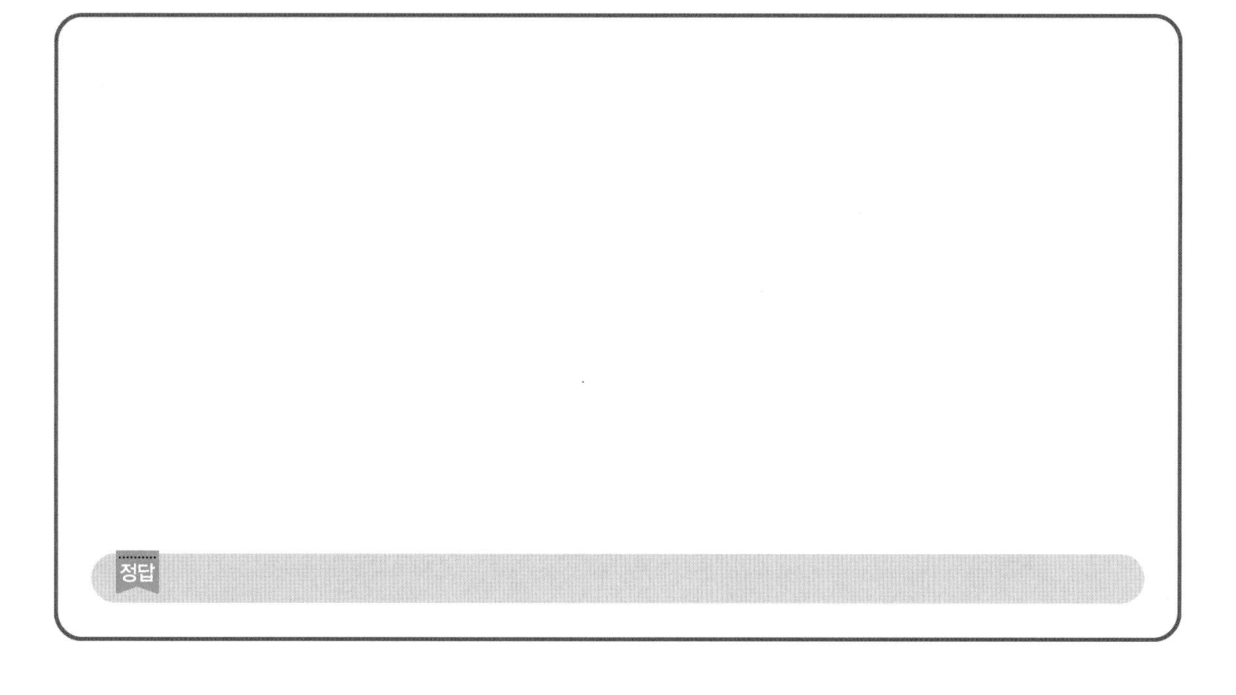

02 모든 실수 x에 대하여 $\sqrt[3]{-x^2+4ax-6a}$가 음수가 되도록 하는 모든 자연수 a의 값을 구하는 과정을 서술하시오.

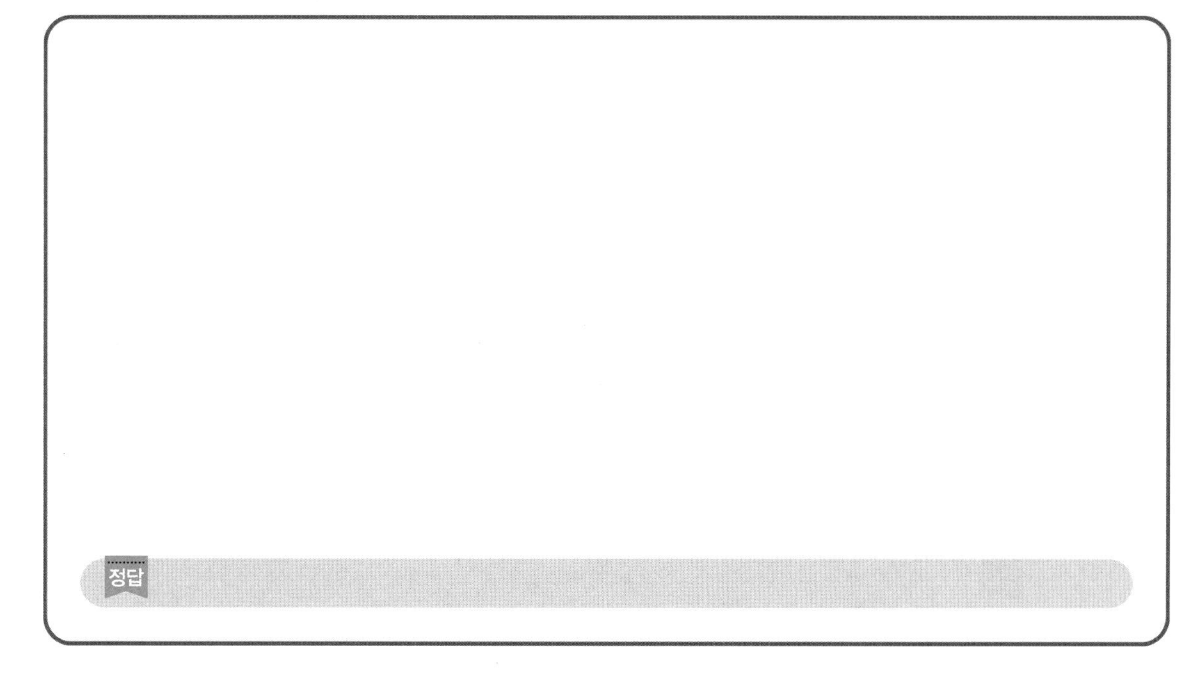

03 $2 \leq n \leq 14$인 자연수 n에 대하여 $(\sqrt[3]{13})^n$이 자연수가 되도록 하는 모든 n의 개수를 구하는 과정을 서술하시오.

정답

04 두 수 $\sqrt{5m}$, $\sqrt[3]{2m}$이 모두 자연수가 되도록 하는 자연수 m의 최솟값을 구하는 과정을 서술하시오.

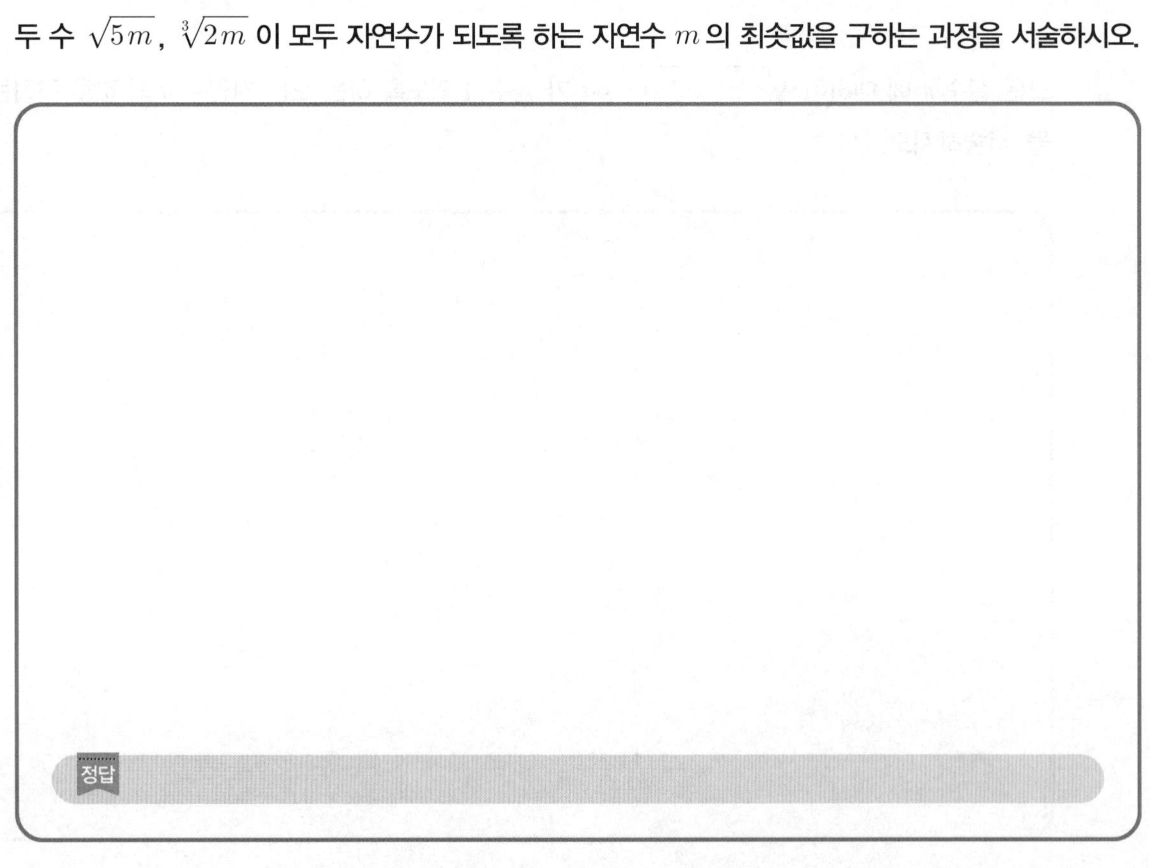

05 세 수 $A=\sqrt[3]{\frac{1}{5}}$, $B=\sqrt[4]{\frac{1}{3}}$, $C=\sqrt[3]{\sqrt{\frac{1}{13}}}$ 의 대소 관계를 나타내시오.

06 두 실수 a, b에 대하여 $2^{\frac{4}{a}}=1000$, $25^{\frac{2}{b}}=100$이 성립할 때, $3a+2b$의 값을 구하는 과정을 서술하시오.

07 $a>0$, $b>0$ $(b\neq1)$인 두 수가 다음 조건을 만족시킬 때, $a+b$의 값을 구하는 과정을 서술하시오.

(가) $(\log_5 a)(\log_b 3)=0$
(나) $\log_5 a+\log_b 3=1$

정답

08 자연수 n 에 대하여 $5^{\frac{1}{n}}=a$, $5^{\frac{1}{n+1}}=b$ 라 하자. $\left\{\dfrac{3^{\log_5 ab}}{3^{(\log_5 a)(\log_5 b)}}\right\}^7$ 이 자연수가 되도록 하는 모든 n의 값의 합을 구하는 과정을 서술하시오.

정답

09 함수 $f(x)=\dfrac{x+1}{2x-2}$로 정의되어 있다. $\log 2=a$, $\log 3=b$라 할 때, $f(\log_3 12)$의 값을 a, b로 나타내는 과정을 서술하시오.

10 세 양수 a, b, c가 다음 조건을 만족시킬 때, $\log_2 abc$의 값을 구하는 과정을 서술하시오.

(가) $\sqrt[4]{a}=\sqrt{b}=\sqrt[3]{c}$
(나) $\log_{16} a+\log_4 b+\log_2 c=2$

11 자연수 $n\ (n \geq 2)$에 대하여 $\sqrt[4]{3} \times \sqrt[6]{27}$ 이 어떤 자연수 a의 n제곱근이 되도록 하는 n의 최솟값을 α라 하고, 이때의 a의 값을 β라 하자. $\beta - \alpha$의 값을 구하는 과정을 서술하시오.

정답

12 1이 아닌 두 양수 a, $b\ (a \neq b)$가 $\log_a b : 3 = \log_b a : \log_b a^2 b$를 만족시킬 때, $\log_a b^2$의 값을 구하는 과정을 서술하시오.

정답

13 두 직선 $y=(\log_3 5)x$, $y=(\log_a 9)x-7$이 서로 수직이 되도록 하는 양수 a가 존재할 때, $100a$의 값을 구하는 과정을 서술하시오.

14 양수 x에 대하여 $x^{\frac{1}{2}}+x^{-\frac{1}{2}}=2$일 때, $x^{\frac{1}{3}}+x^{-\frac{1}{3}}$의 값을 구하는 과정을 서술하시오.

15 두 실수 a, b에 대하여 $6^a = 7$, $6^b = 2$일 때, $9^{\frac{a}{1-b}}$의 값을 구하는 과정을 서술하시오.

정답

02 지수함수와 로그함수

개념 CHECK

1 지수함수 $y=a^x$의 성질

지수함수 $y=a^x$ $(a>0,\ a\neq 1)$에 대하여

① 정의역은 실수 전체의 집합이고, 치역은 양의 실수 전체의 집합이다.

② $a>1$일 때, x의 값이 증가하면 y의 값도 증가한다.(증가함수)

$0<a<1$일 때, x의 값이 증가하면 y의 값은 감소한다.(감소함수)

③ 그래프는 점 $(0,\ 1)$을 지나고, 점근선은 x축이다.

$a>1$

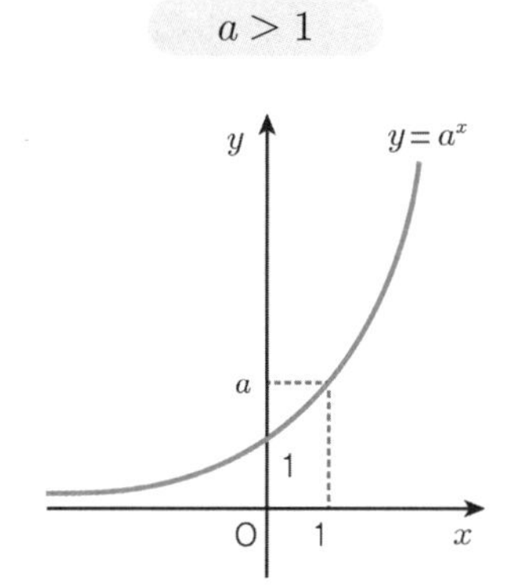

$0<a<1$

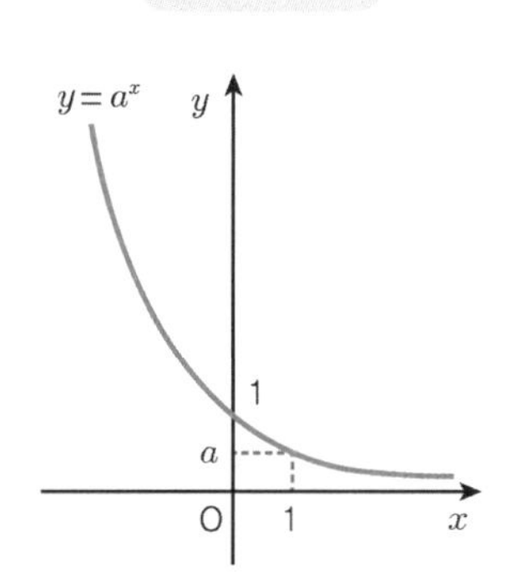

2 로그함수 $y=\log_a x$의 성질

로그함수 $y=\log_a x$ $(a>0,\ a\neq 1)$에 대하여

① 정의역은 양의 실수 전체의 집합이고, 치역은 실수 전체의 집합이다.

② $a>1$일 때, x의 값이 증가하면 y의 값도 증가한다.

$0<a<1$일 때, x의 값이 증가하면 y의 값은 감소한다.

③ 그래프는 점 $(1,\ 0)$을 지나고, 점근선은 y축이다.

$a>1$

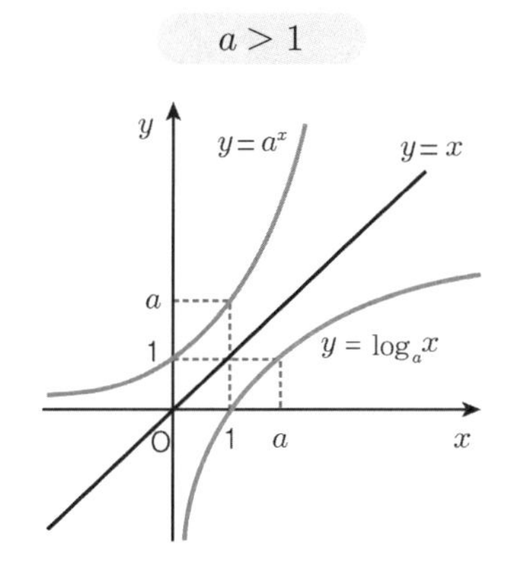

$0<a<1$

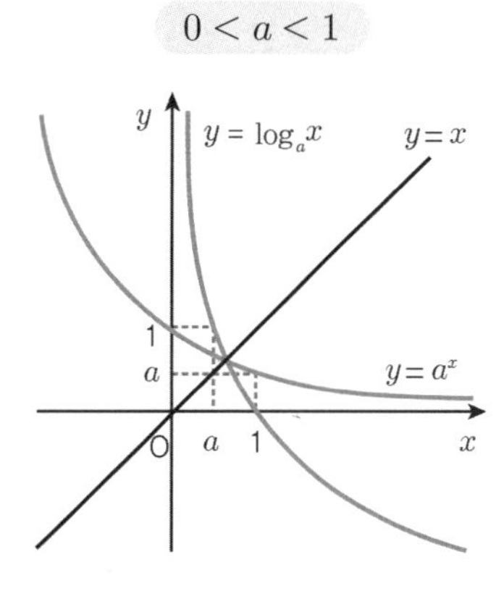

위의 그림과 같이 지수함수와 로그함수는 함수 $y=x$에 대하여 대칭이므로 서로 역함수관계이다.

3 지수방정식과 부등식의 풀이방법

① a^x 형태의 식에서
지수에 미지수 x가 있어서 지수방정식이 만들어졌을 경우에는
$a>0$, $a\neq 1$일 때, $a^{x_1}=a^{x_2} \Leftrightarrow x_1=x_2$

② 부등식인 경우는 밑의 범위에 따라 둘로 나누어 생각한다.
$a>1$일 때, $a^{x_1}<a^{x_2} \Leftrightarrow x_1<x_2$
$0<a<1$일 때, $a^{x_1}<a^{x_2} \Leftrightarrow x_1>x_2$

4 로그방정식과 부등식의 풀이방법

① $\log_a x$ 형태의 식에서
$a>0$, $a\neq 1$이고 $x_1>0$, $x_2>0$일 때,
$\log_a x_1=b \Leftrightarrow x_1=a^b$
$\log_a x_1=\log_a x_2 \Leftrightarrow x_1=x_2$

② 로그부등식도 지수부등식과 마찬가지로 밑의 범위에 따라 둘로 나누어 생각한다.
$x_1>0$, $x_2>0$에 대하여
$a>1$일 때, $\log_a x_1<\log_a x_2 \Leftrightarrow x_1<x_2$
$0<a<1$일 때, $\log_a x_1<\log_a x_2 \Leftrightarrow x_1>x_2$

02 지수함수와 로그함수

정답 · 해설 p. 5

01 방정식 $9^x - 8 \times 3^{x+1} - 81 = 0$의 해를 구하는 과정을 서술하시오.

02 부등식 $4^{x+1} - 30 \times 2^x - 16 \leq 0$을 만족시키는 모든 자연수 x의 값의 합을 구하는 과정을 서술하시오.

03 x에 대한 방정식 $4^{\frac{x}{2}}=kx$는 서로 다른 두 실근 α, β를 갖고 $\alpha : \beta=1 : 2$이다. $3^{\alpha+k}$의 값을 구하는 과정을 서술하시오.

정답

04 두 함수 $f(x)=2^x$, $g(x)=5^{-x}$에 대하여 함수 $h(x)=f(x)g(x)$라 하자. $-2 \leq x \leq 3$에서 함수 $h(x)$의 최댓값을 M, 최솟값을 m이라 할 때, Mm의 값을 구하는 과정을 서술하시오.

정답

05 부등식 $\log_3(x^2-4x)<\log_3(2x+16)$을 만족시키는 모든 정수 x의 값의 합을 구하는 과정을 서술하시오.

정답

06 x에 대한 방정식 $4^x-k\times2^{x+1}+64=0$이 오직 하나의 실근 α를 가질 때, $k+\alpha$의 값을 구하는 과정을 서술하시오. (단, k는 상수이다.)

정답

07 지수방정식 $25^x-2\times5^{x+1}-5k=0$이 서로 다른 두 실근을 갖도록 하는 상수 k의 값의 범위를 구하는 과정을 서술하시오.

정답

08 두 이차함수 $y=f(x)$, $y=g(x)$의 그래프가 그림과 같고, $f(-4)=f(2)=g(-2)=g(6)=0$, $f(4)=g(4)$이다. 이차함수 $y=f(x)$의 최고차항의 계수가 3일 때, $3\log_2\sqrt[3]{g(x)}$가 정수가 되게 하는 $g(x)$의 값을 α라고 한다면, α의 개수를 구하는 과정을 서술하시오.

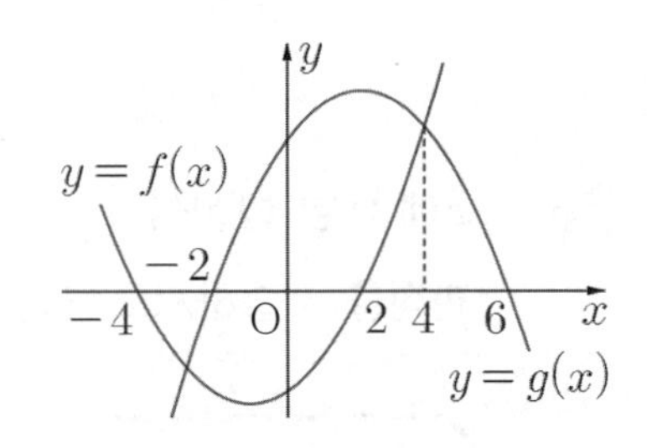

정답

09 두 함수 $f(x)=x^2-2x+2,\ g(x)=\log_a x\ (a>0,\ a\neq 1)$이 있다. $2\leq x\leq 3$에서 합성함수 $(g\circ f)(x)$의 최솟값이 $\frac{1}{2}$, 최댓값이 M일 때, M의 값을 구하는 과정을 서술하시오.

10 두 집합 $A=\{x\mid x<2\}$와 $B=\{x\mid 3^{2x}+6\times 3^{x+1}-a<0\}$에 대하여 $A=B$가 되도록 하는 실수 a의 값을 구하는 과정을 서술하시오.

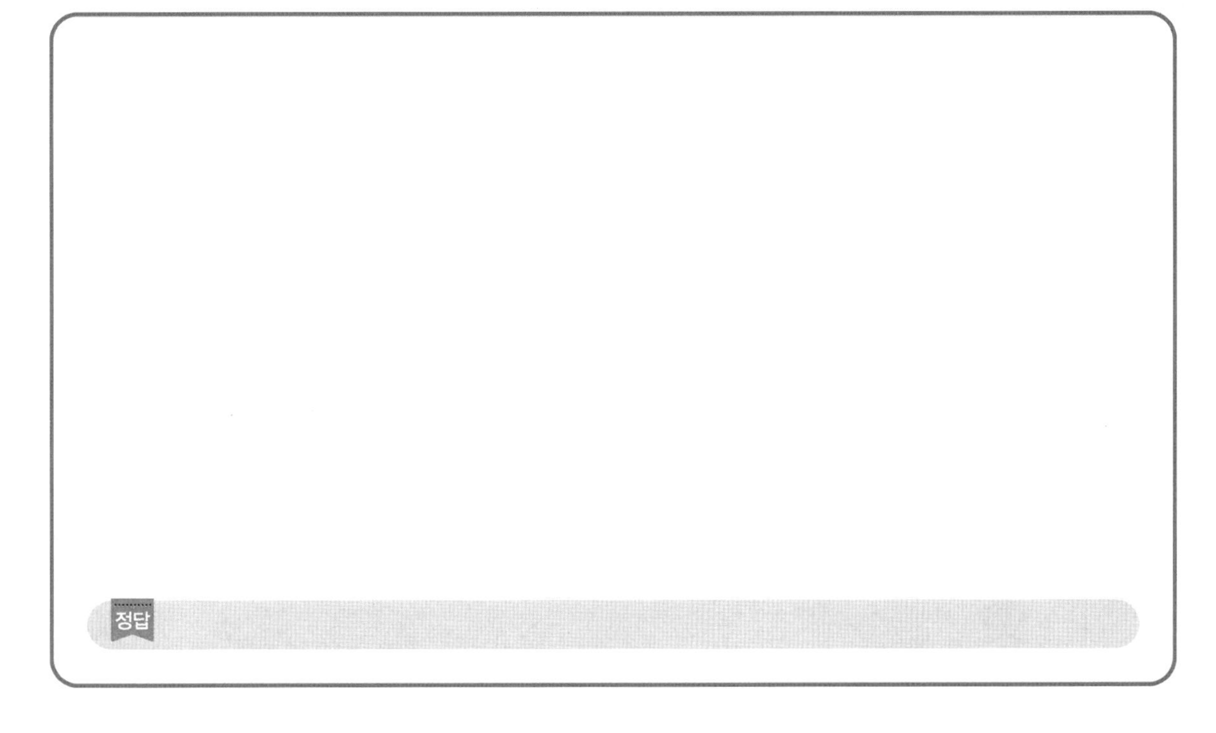

11 x에 대한 부등식 $\left(\frac{1}{4}\right)^x-(3k+8)\times\left(\frac{1}{2}\right)^x+24k\leq 0$을 만족시키는 정수 x의 개수가 3이 되도록 하는 모든 자연수 k의 개수를 구하는 과정을 서술하시오.

12 로그방정식 $2\log_3(x+4)=\log_3(5x+26)$의 해를 구하는 과정을 서술하시오.

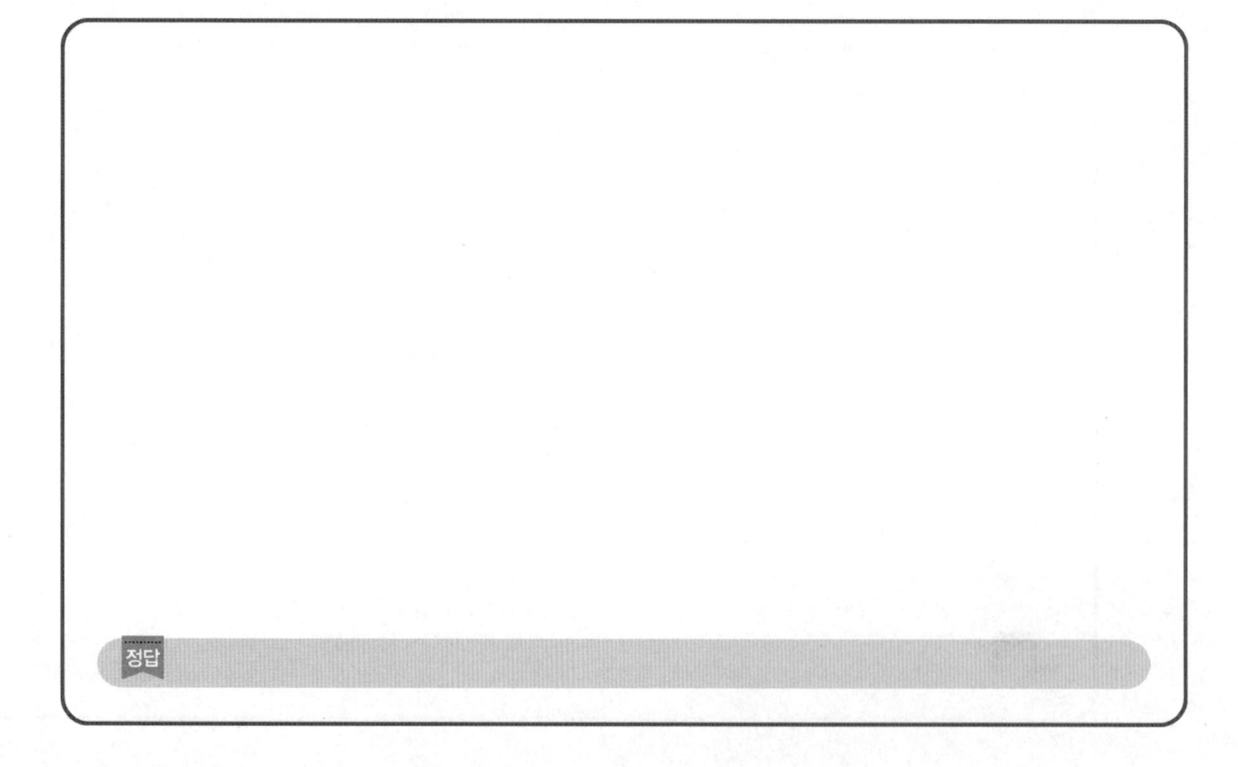

13 함수 $y=2^{x-1}$의 그래프를 y축의 방향으로 3만큼 평행이동한 그래프의 점근선이 함수 $y=\log_2 x+3$의 그래프와 만나는 점의 좌표가 $(a,\ b)$일 때, $a+b$의 값을 구하는 과정을 서술하시오.

14 로그방정식 $(\log_4 x)^2+\frac{1}{2}\log_2 \frac{1}{x^2}-3=0$의 두 실근을 α, β라 할 때, $\alpha\beta$의 값을 구하는 과정을 서술하시오.

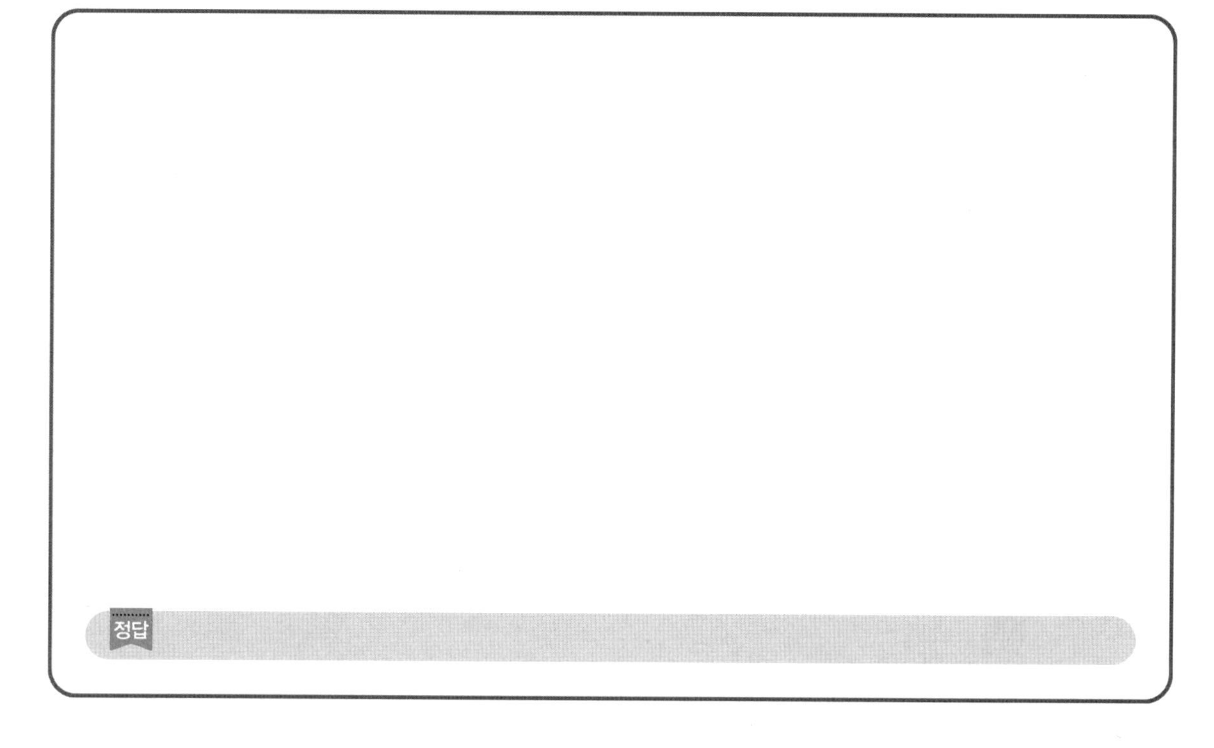

15 다항식 x^2+3x+1을 두 일차식 $x-\log_3 a$와 $x-\log_3 \frac{a}{3}$로 각각 나눈 나머지가 서로 같을 때, 상수 a의 값을 구하는 과정을 서술하시오.

16 부등식 $3-\log_{\frac{1}{2}}(x-1)<\log_2(x+5)+1$을 만족시키는 정수 x의 값을 구하는 과정을 서술하시오.

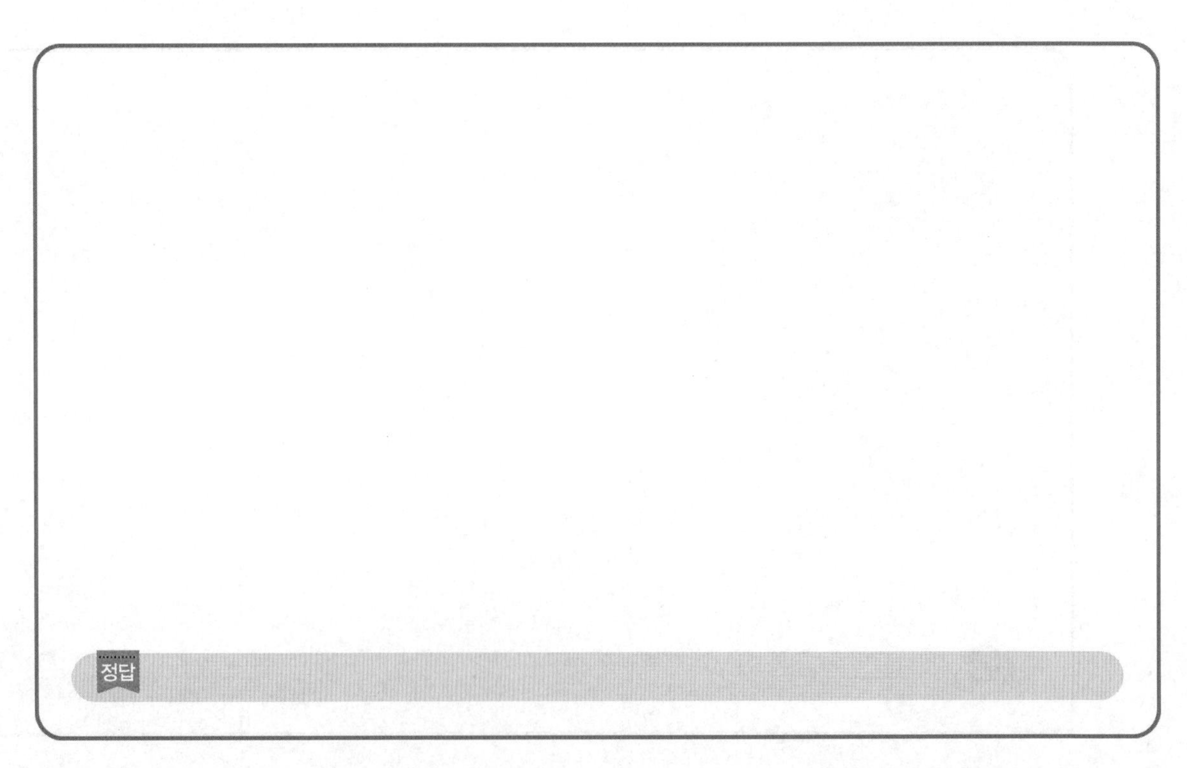

17 $-1 \le x \le 1$에서 정의된 함수 $f(x)=\log_2(ax+3)$에 대하여 $f(-1)<f(1)$이 되도록 하는 모든 정수 a의 값의 합을 구하는 과정을 서술하시오.

18 연립부등식 $\begin{cases} 5^{x^2-19} \le \left(\frac{1}{5}\right)^{5(1-x)} \\ (\log_2 x)^2 - 7\log_2 x + 10 < 0 \end{cases}$ 을 만족시키는 모든 자연수 x의 값의 곱을 구하는 과정을 서술하시오.

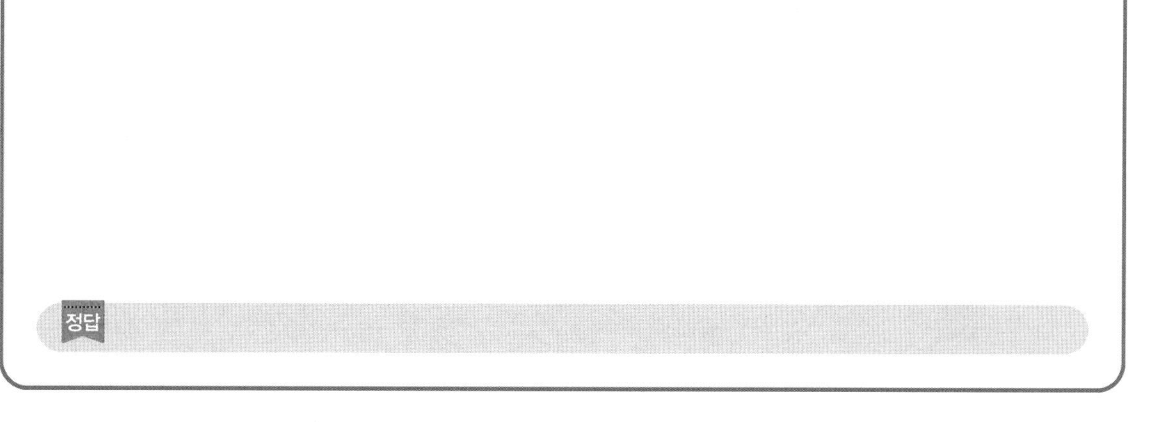

19 현서는 마라톤 선수가 되기 위해 매일 달리기를 하기로 하였다. 첫째 날에는 2km를 달리기로 하고, 달릴 거리를 전날보다 5%씩 늘려나갈 계획이다. 이때 하루 동안 달릴 거리가 처음으로 16km 이상이 되는 날은 몇 번째 날인지 구하는 과정을 서술하시오. (단, $\log 2 = 0.3010$, $\log 1.05 = 0.0212$로 계산한다.)

정답

20 지수함수 $f(x) = a^x$, $g(x) = b^x$에 대하여 $f(2) \times g(7) = 3^{1613}$, $f(3) < g(9)$를 만족시키는 a, b의 모든 순서쌍 $(a,\ b)$의 개수를 구하는 과정을 서술하시오. (단, a, b는 1보다 큰 자연수이다.)

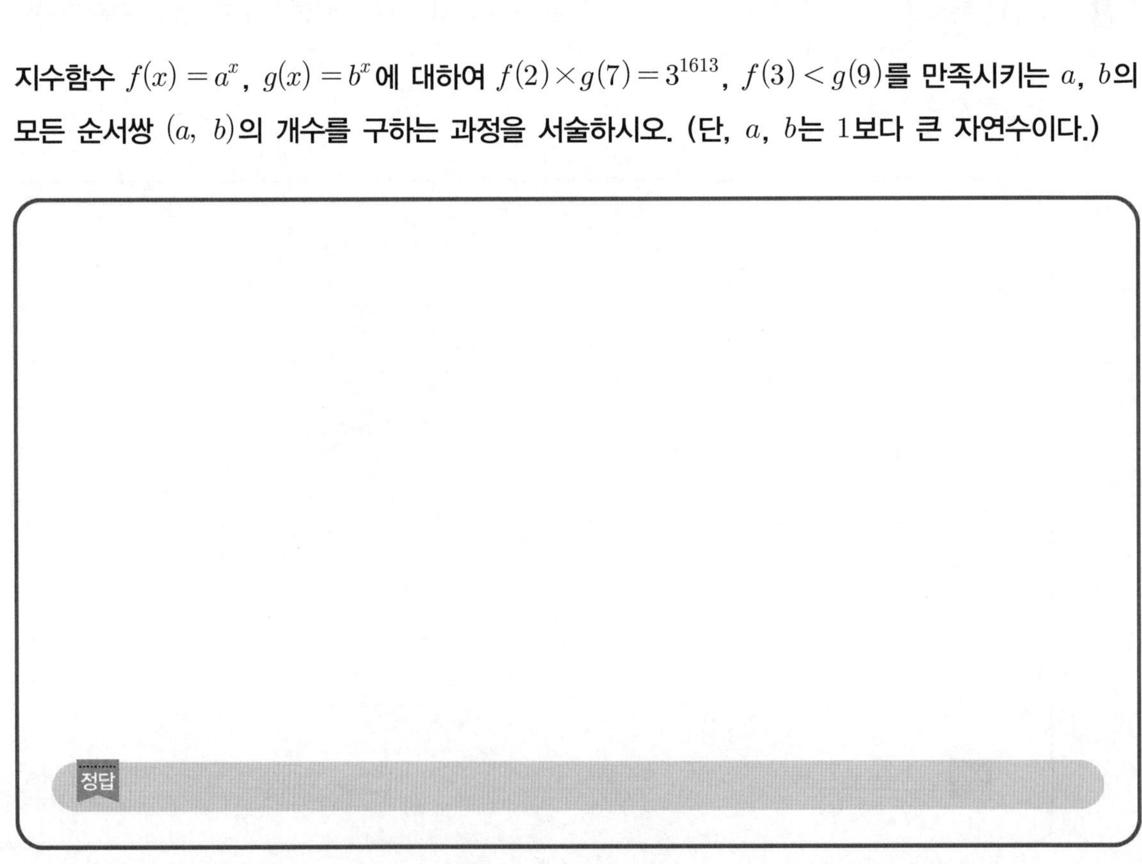

03 삼각함수

개념 CHECK

1 일반각과 호도법

(1) 일반각

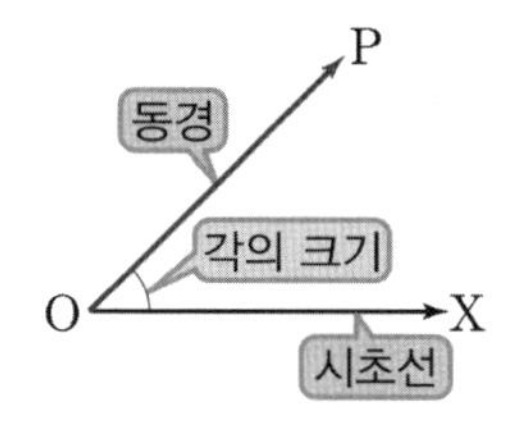

① 그림과 같이 두 반직선 OX, OP 에 의하여 정해진 ∠XOP 의 크기는 반직선 OP 가 점 O 를 중심으로 고정된 반직선 OX 의 위치에서 반직선 OP 의 위치까지 회전한 양으로 정의한다.
이때 반직선 OX 를 시초선, 반직선 OP 를 동경이라고 한다.

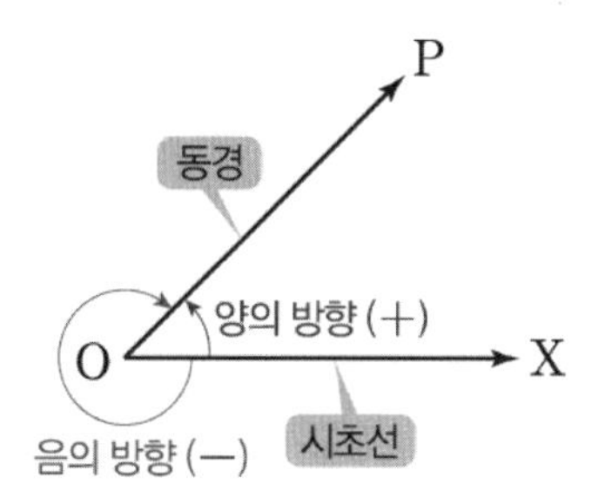

② 동경 OP 가 점 O 를 중심으로 회전할 때, 시계 방향과 반대인 방향을 양의 방향, 시계 방향을 음의 방향이라고 한다.
이때 양의 방향으로 회전하여 생기는 각의 크기는 양의 부호(+)를, 음의 방향으로 회전하여 생기는 각의 크기는 음의 부호(−)를 붙여서 나타낸다.

③ 시초선 OX 는 고정되어 있으므로 ∠XOP 의 크기가 정해지면 동경 OP 의 위치는 하나로 정해진다.
그런데 동경 OP 가 양의 방향 또는 음의 방향으로 한 바퀴 이상 회전할 수 있으므로 동경 OP 의 위치가 정해져도 ∠XOP 의 크기는 하나로 정해지지 않는다.
일반적으로 시초선 OX 와 동경 OP 가 나타내는 한 각의 크기를 $\alpha°$라고 하면 ∠XOP 의 크기는

$$360° \times n + \alpha° \quad (n\text{은 정수})$$

의 꼴로 나타낼 수 있는데, 이를 동경 OP 가 나타내는 일반각이라고 한다.

(2) 호도법

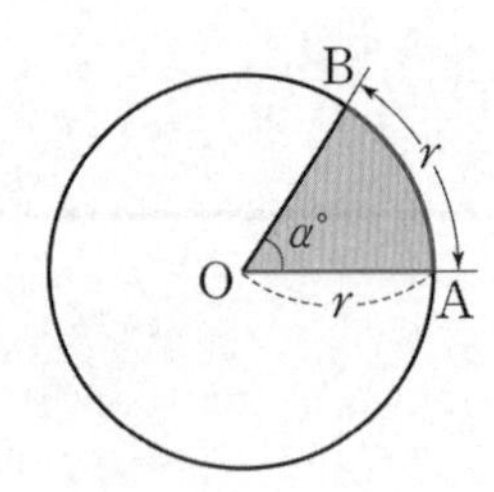

① 그림과 같이 반지름의 길이가 r인 원에서 길이가 r인 호 AB의 중심각의 크기를 $\alpha°$라고 하면 호의 길이는 중심각의 크기에 정비례하므로

$$r : 2\pi r = \alpha° : 360°, \text{ 즉 } \alpha° = \frac{180°}{\pi}$$

② 중심각의 크기 $\alpha°$는 반지름의 길이 r에 관계없이 항상 일정하다.

이 일정한 각의 크기 $\frac{180°}{\pi}$를 1라디안(radian)이라 하고, 이것을 단위로 각의 크기를 나타내는 방법을 호도법이라고 한다.

$$\pi(\text{라디안}) = 180°$$

2 부채꼴의 호의 길이와 넓이

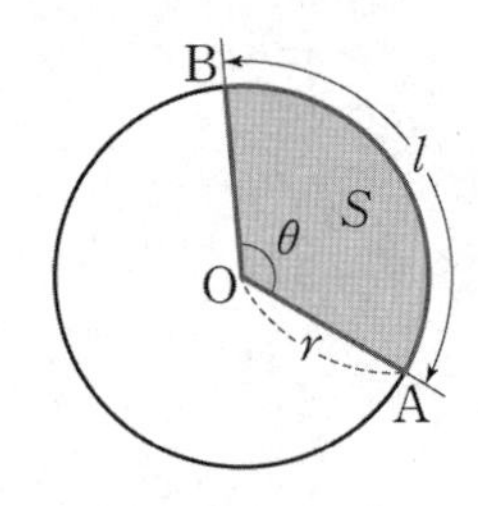

(1) 그림과 같이 반지름의 길이가 r, 중심각의 크기가 θ인 부채꼴 OAB에서 호 AB의 길이를 l이라고 하면 호의 길이는 중심각의 크기에 정비례하므로

$$l : 2\pi r = \theta : 2\pi, \text{ 즉 } l = r\theta$$

(2) 부채꼴 OAB의 넓이를 S라고 하면 부채꼴의 넓이도 중심각의 크기에 정비례하므로

$$S : \pi r^2 = \theta : 2\pi, \text{ 즉 } S = \frac{1}{2}r^2\theta = \frac{1}{2}rl$$

개념 CHECK

3 삼각함수

(1) 삼각함수의 정의

동경 OP가 나타내는 각의 크기를 θ라고 할 때,

$$\sin\theta=\frac{y}{r}$$

$$\cos\theta=\frac{x}{r}$$

$$\tan\theta=\frac{y}{x}\quad(x\neq0)$$

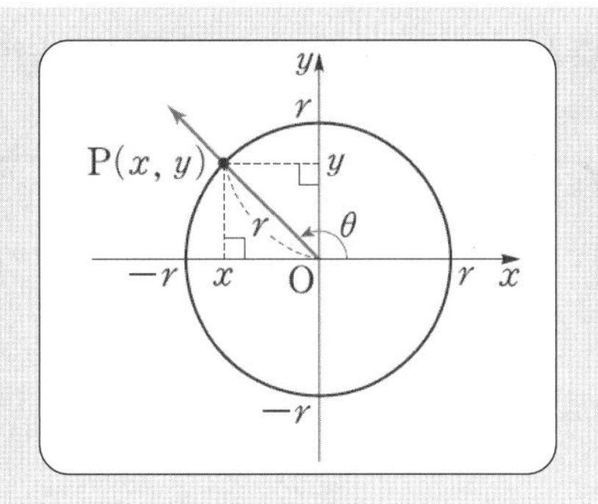

일반적인 직각삼각형에서

$\sin\theta$는 $\frac{\text{높이}}{\text{빗변}}$를 의미하고,

$\cos\theta$는 $\frac{\text{밑변}}{\text{빗변}}$을 의미하고,

$\tan\theta$는 $\frac{\text{높이}}{\text{밑변}}$를 의미한다.

* 고등과정의 삼각함수는 $90°$를 넘어서 모든 각에서의 값들을 전부 구한다.
  따라서 삼각함수의 값은 각각의 사분면에서의 값이 음수도 나올 수 있음을 알고 있어야 한다.

(2) 삼각함수 사이의 관계

① $\tan\theta=\frac{\sin\theta}{\cos\theta}$

② $\sin^2\theta+\cos^2\theta=1$

03 삼각함수

정답・해설 p. 10

01 중심각의 크기가 1(라디안)이고 넓이가 8인 부채꼴의 호의 길이를 구하는 과정을 서술하시오.

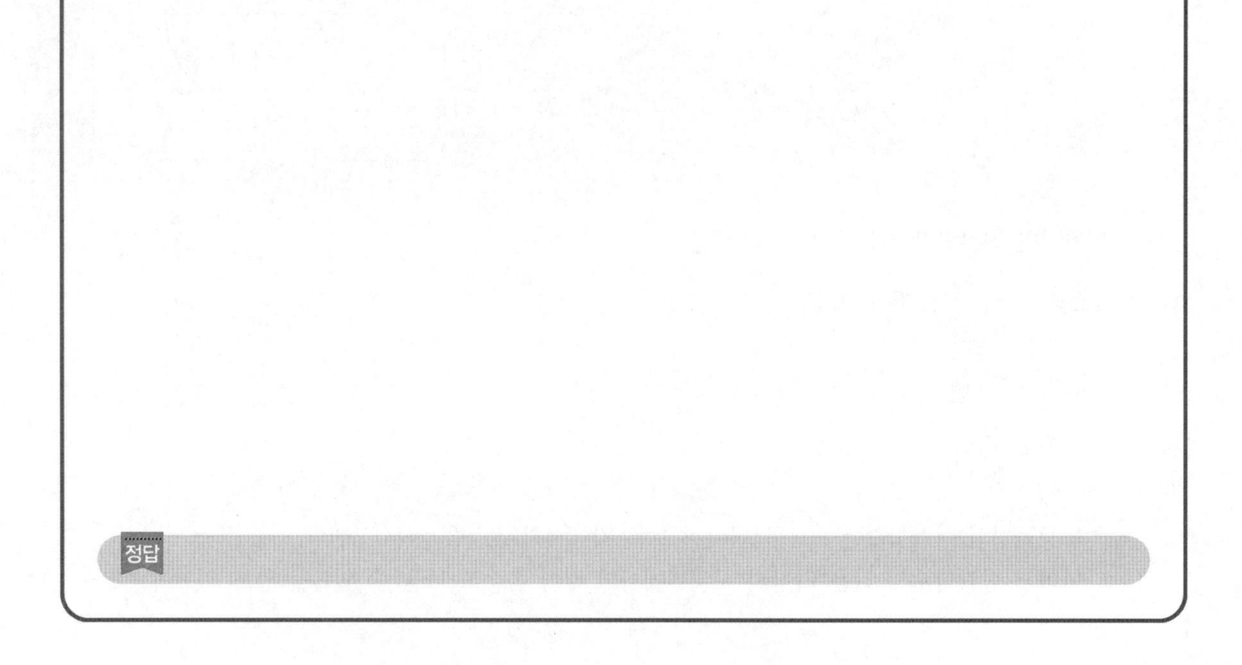

02 $\pi < \theta < \frac{3}{2}\pi$이고 $\tan\theta = \frac{2}{3}$일 때, $\cos^2\theta - \sin\theta$의 값을 구하는 과정을 서술하시오.

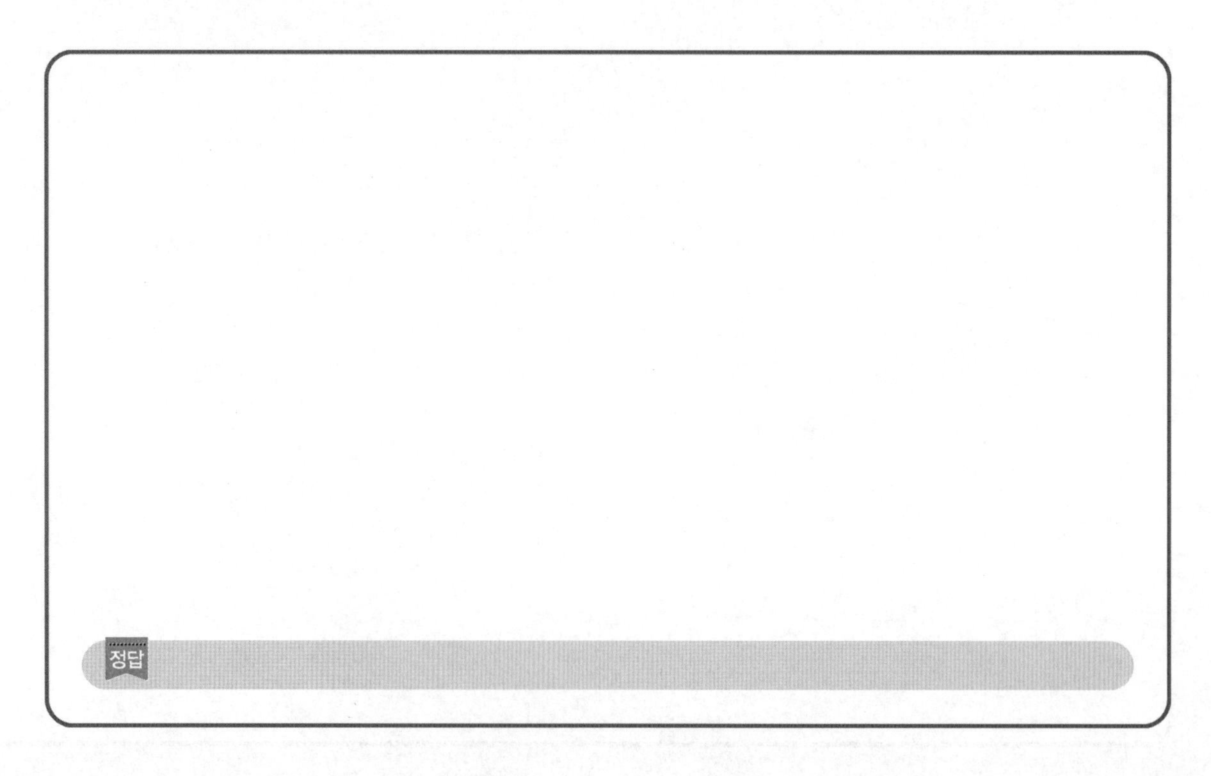

03 $\cos^2\theta=\frac{1}{5}$일 때, $25\tan^2\theta$의 값을 구하는 과정을 서술하시오.

04 $4\cos^2\theta-\sin^2\theta=2$일 때, $15\sin^2\theta$의 값을 구하는 과정을 서술하시오.

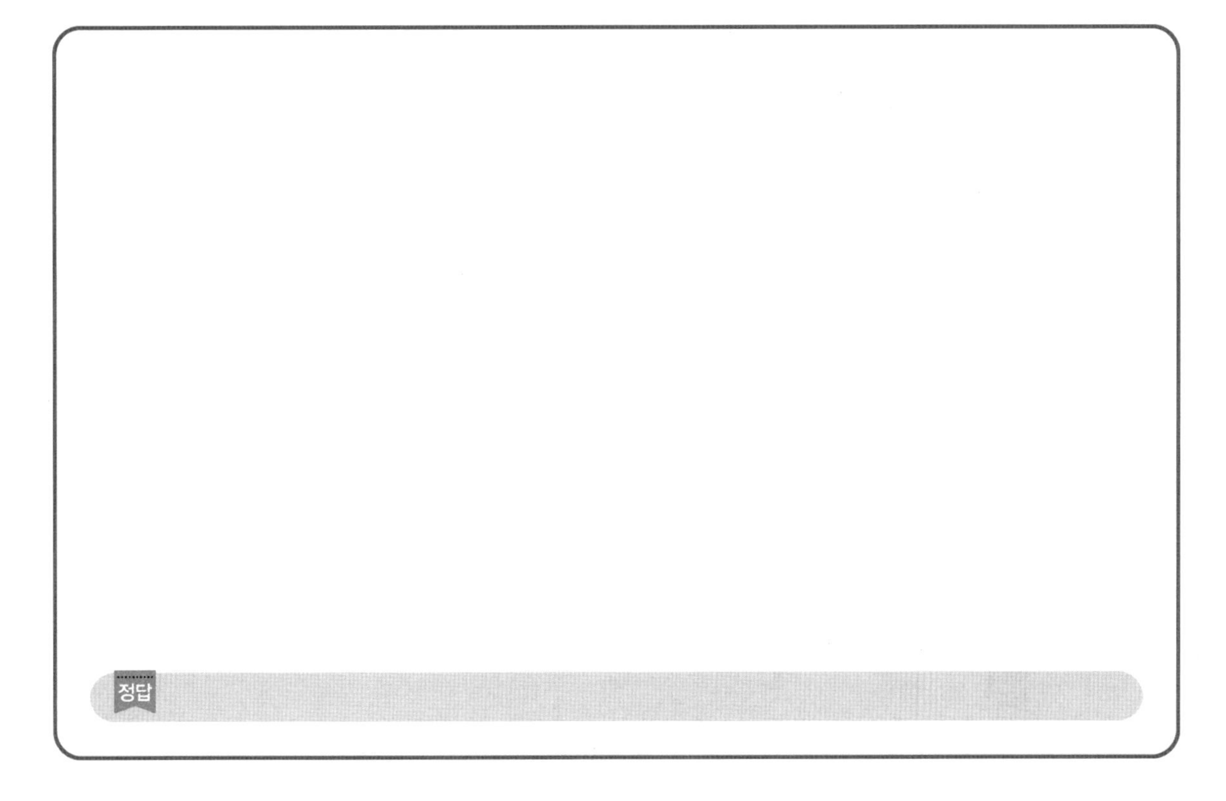

05 $\sin\theta-\cos\theta=\frac{1}{3}$일 때, $18\sin\theta\cos\theta$의 값을 구하는 과정을 서술하시오.

06 $\sin\theta+\cos\theta=\frac{1}{2}$일 때, $\sin^3\theta-\cos^3\theta=a\sqrt{7}$이다. a의 값을 구하는 과정을 서술하시오. (단, $\sin\theta>\cos\theta$)

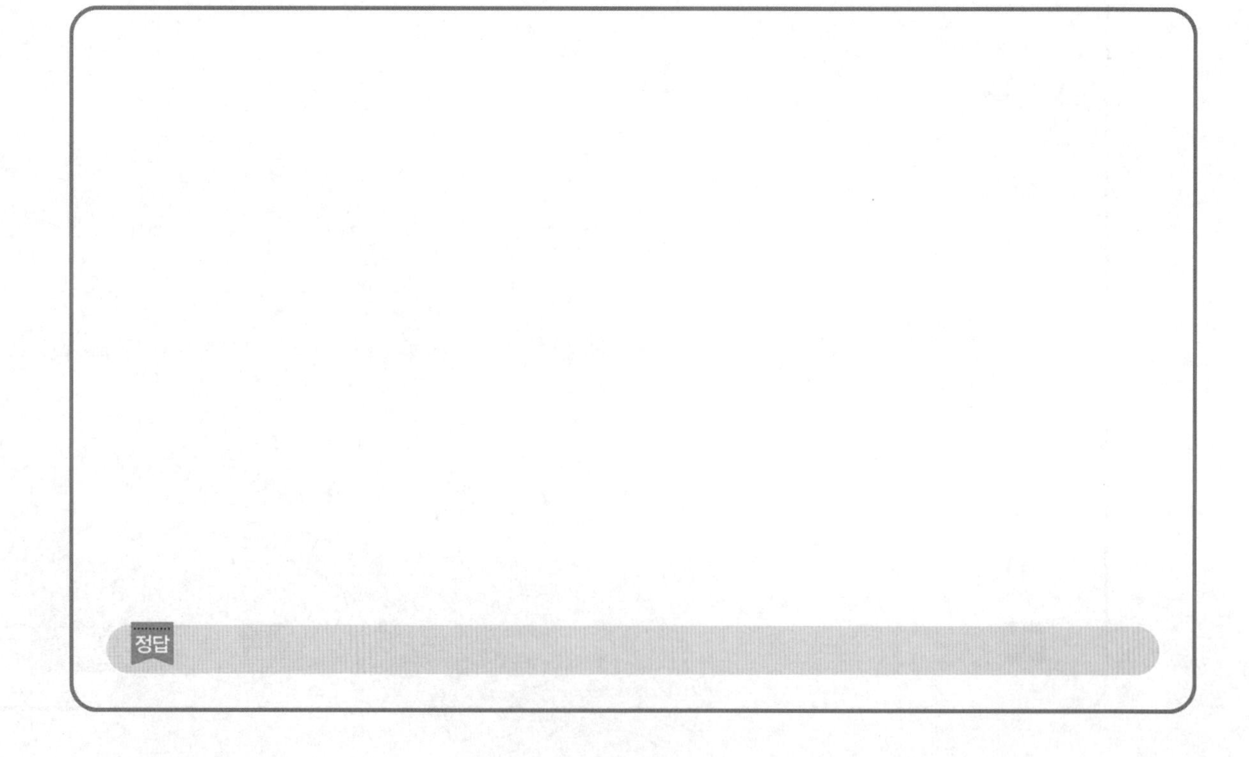

07 좌표평면 위의 점 P에 대하여 동경 OP가 나타내는 각의 크기 중 하나를 $\theta\left(0<\theta<\frac{\pi}{2}\right)$라 하자. 각의 크기 7θ를 나타내는 동경이 동경 OP와 일치할 때, $\cos\theta$의 값을 구하는 과정을 서술하시오. (단, O는 원점이고, x축의 양의 방향을 시초선으로 한다.)

08 $2\sin\frac{\pi}{6}+4\tan\frac{\pi}{4}$의 값을 구하는 과정을 서술하시오.

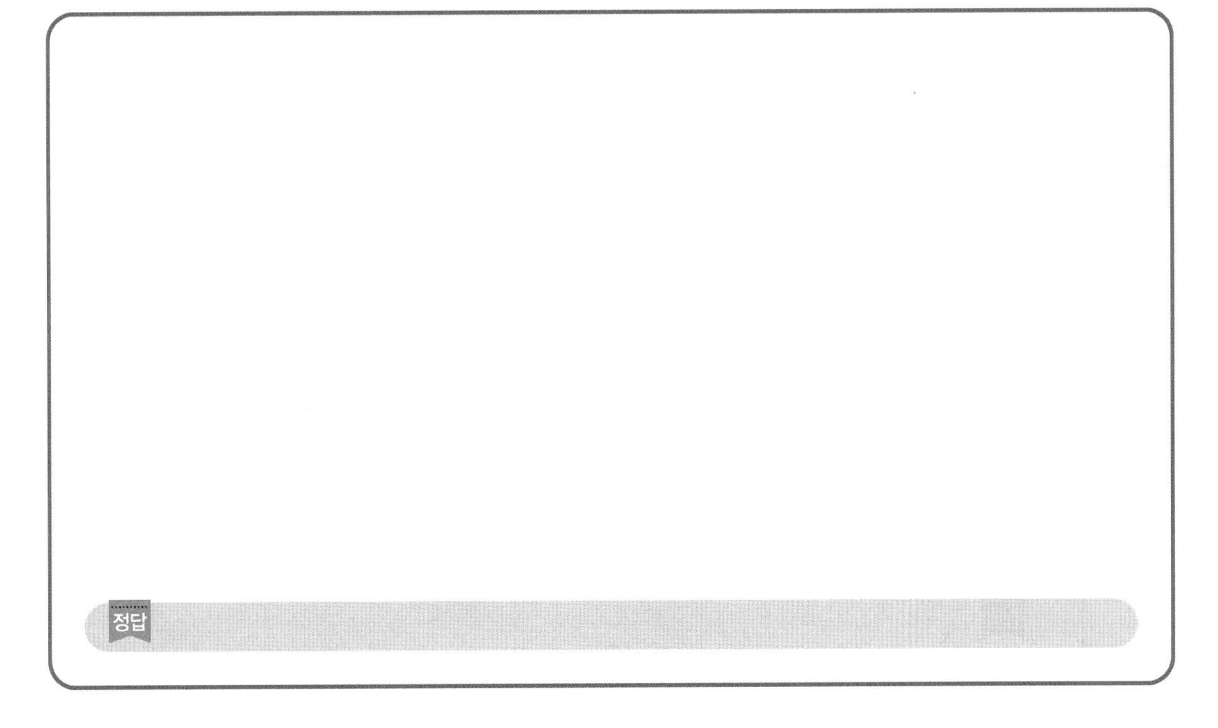

09 이차방정식 $2x^2-x+a=0$의 두 근이 $\sin\theta+\cos\theta$, $\sin\theta-\cos\theta$일 때, 상수 a의 값을 구하는 과정을 서술하시오.

10 $\sin\theta+\cos\theta=\frac{1}{3}$일 때, $\tan^2\theta+\frac{1}{\tan^2\theta}$의 값을 구하는 과정을 서술하시오.

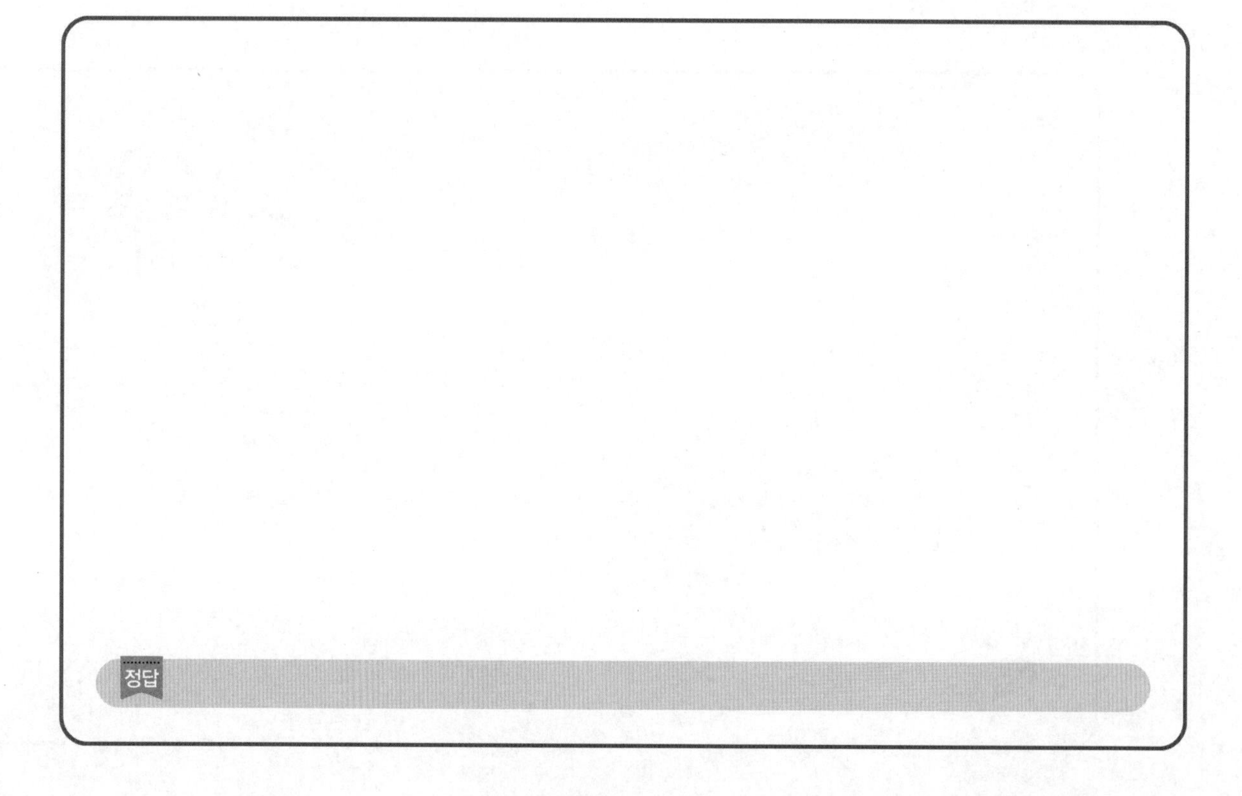

11 x에 대한 이차방정식 $2x^2+(a-2)x-a+3=0$의 두 근이 $\sin\theta$, $\cos\theta$일 때, 양수 a의 값을 구하는 과정을 서술하시오.

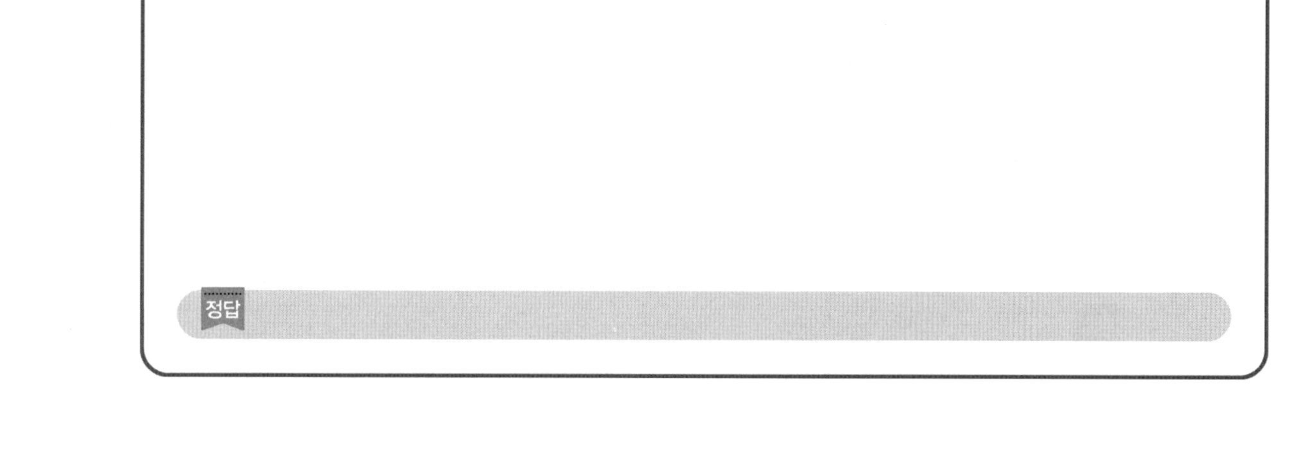

12 θ가 제4사분면의 각이고 $\sin\theta=-\frac{4}{5}$일 때, $12\tan\theta-15\cos\theta$의 값을 구하는 과정을 서술하시오.

13 $\pi<\theta<\frac{3}{2}\pi$일 때, $\sqrt{\left(\sin\theta-\frac{1}{3}\right)^2}+\left|\cos\theta-\frac{1}{3}\right|-|\sin\theta+\cos\theta|$의 값을 구하는 과정을 서술하시오.

정답

14 $\sin\theta+\cos\theta=2\sin\theta\cos\theta$일 때, $\sin\theta\cos\theta$의 값은 $a\pm b\sqrt{5}$이다. $4(a+b)$의 값을 구하는 과정을 서술하시오. (단, a, b는 유리수이다.)

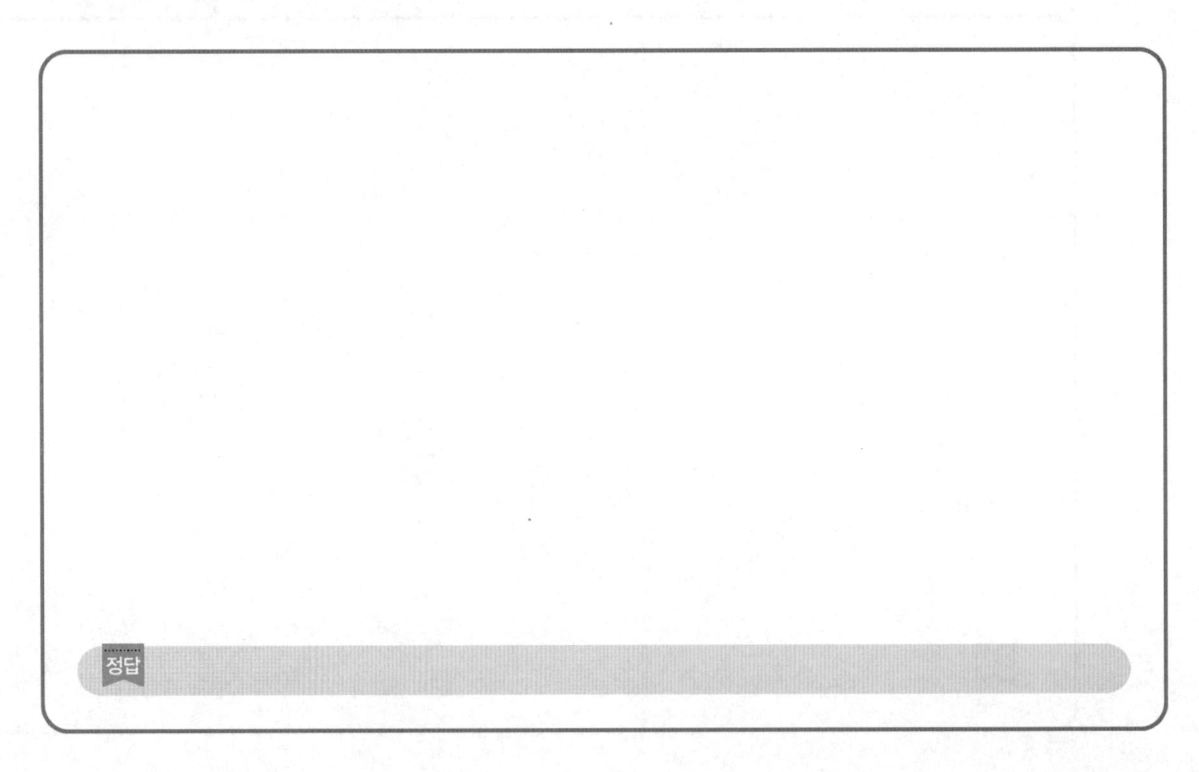

정답

15 $\left(\frac{1}{\cos^2 1°}+\frac{1}{\cos^2 2°}+\cdots+\frac{1}{\cos^2 37°}\right)-(\tan^2 1°+\tan^2 2°+\cdots+\tan^2 37°)$의 값을 구하는 과정을 서술하시오.

16 길이가 40인 줄을 사용하여 넓이가 75 이상이 되는 부채꼴을 만들려고 한다. 부채꼴의 반지름의 길이를 r이라 할 때, r의 범위를 구하는 과정을 서술하시오.

17 $\sin\theta\tan\theta < 0$, $\cos\theta\tan\theta > 0$일 때, θ를 나타내는 동경이 존재하는 사분면을 구하는 과정을 서술하시오.

정답

18 그림과 같이 길이가 36인 선분 AB를 지름으로 하는 반원이 있다. 반원 위에 있는 호 BC의 길이가 12π인 점 C에서 선분 AB에 내린 수선의 발을 H라고 할 때, $\overline{\mathrm{CH}}$의 값을 구하는 과정을 서술하시오.
(단, $0 < \theta \le 2\pi$, $\sin\theta \neq 0$, $\cos\theta \neq 0$)

C
A H B

정답

04 삼각함수의 그래프

개념 CHECK

1 삼각함수의 그래프

(1) $y=\sin\theta$의 그래프

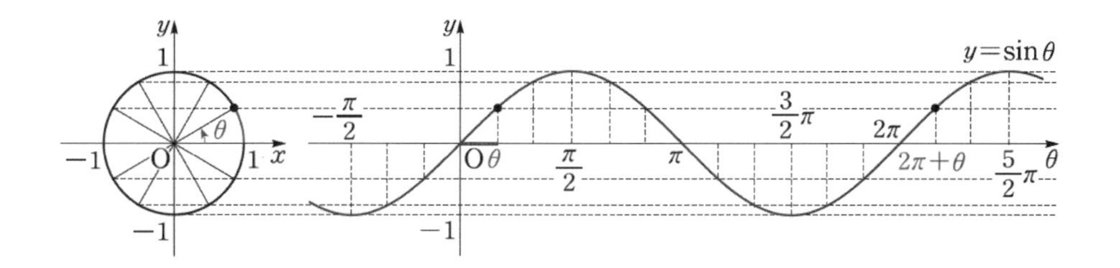

① 함수 $y=\sin\theta$의 정의역은 실수 전체의 집합이고, 치역은 $\{y \mid -1 \le y \le 1\}$이다.
② 함수 $y=\sin\theta$의 그래프는 원점에 대하여 대칭이므로 $\sin(-\theta)=-\sin\theta$이다.

(2) $y=\cos\theta$의 그래프

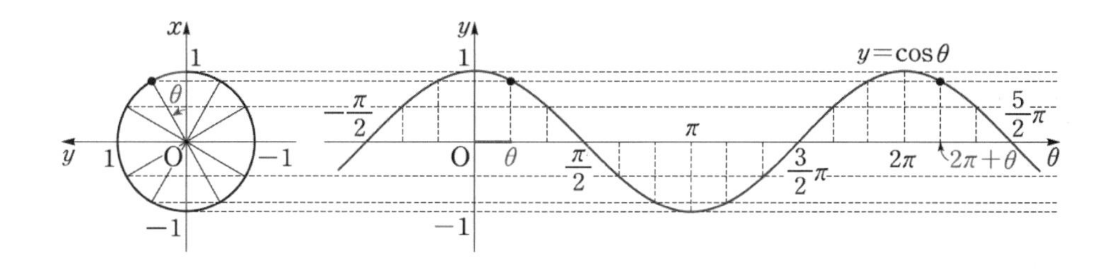

① 함수 $y=\cos\theta$의 정의역은 실수 전체의 집합이고, 치역은 $\{y \mid -1 \le y \le 1\}$이다.
② 함수 $y=\cos\theta$의 그래프는 y축에 대하여 대칭이므로 $\cos(-\theta)=\cos\theta$이다.

(3) $y=\tan\theta$의 그래프

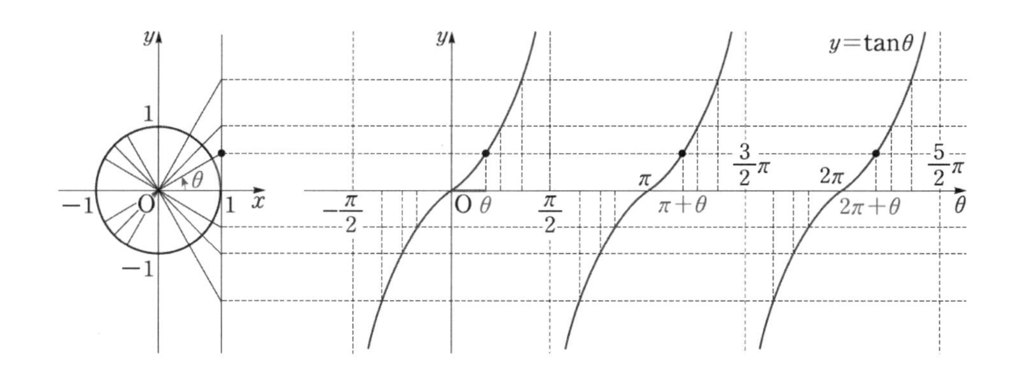

① 함수 $y=\tan\theta$는 $\theta=n\pi+\frac{\pi}{2}$ (n은 정수)에서는 함숫값이 정의되지 않으므로

정의역은 $\theta\neq n\pi+\frac{\pi}{2}$인 실수 전체의 집합이고, 치역은 실수 전체의 집합이다.

이때 직선 $\theta=n\pi+\frac{\pi}{2}$ (n은 정수)는 함수 $y=\tan\theta$의 그래프의 점근선이 된다.

② 함수 $y=\tan\theta$의 그래프는 원점에 대하여 대칭이므로 $\tan(-\theta)=-\tan\theta$이다.

(4) 삼각함수의 그래프의 성질

* 일반적으로 사인함수, 코사인함수, 탄젠트함수는 각을 나타내는 θ를 x로 바꾸어 $y=\sin x$, $y=\cos x$, $y=\tan x$로 나타내기로 한다.

① $y=\sin x$, $y=\cos x$의 그래프는 모두 2π 간격으로 같은 모양이 반복되므로 모든 실수 x에 대하여

$$\sin(x+2n\pi)=\sin x,\ \cos(x+2n\pi)=\cos x\ (n\text{은 정수})$$

가 성립한다.

② 함수 $y=\tan x$의 그래프는 π 간격으로 같은 모양이 반복되므로 정의역에 속하는 모든 실수 x에 대하여

$$\tan(x+n\pi)=\tan x\ (n\text{은 정수})$$

가 성립한다.

③ 일반적으로 함수 f의 정의역에 속하는 모든 실수 x에 대하여

$$f(x+p)=f(x)$$

를 만족시키는 0이 아닌 상수 p가 존재할 때, 함수 f를 주기함수라 하고, 이러한 상수 p 중에서 최소인 양수를 그 함수의 주기라고 한다.

따라서 두 함수 $y=\sin x$, $y=\cos x$는 모두 주기가 2π인 주기함수이고, 함수 $y=\tan x$는 주기가 π인 주기함수이다.

2 삼각함수의 성질

(1) 평각에서의 성질

$\sin(\pi+x)=-\sin x$

$\sin(\pi-x)=\sin x$

$\cos(\pi+x)=-\cos x$

$\cos(\pi-x)=-\cos x$

$\tan(\pi+x)=\tan x$

$\tan(\pi-x)=-\tan x$

※ $\sin(\pi-x)=-\sin(-x)=\sin x$

$\cos(\pi-x)=-\cos(-x)=-\cos x$

$\tan(\pi-x)=\tan(-x)=-\tan x$

(2) 반각에서의 성질

$\sin\left(\frac{\pi}{2}+x\right)=\cos x$, $\sin\left(\frac{\pi}{2}-x\right)=\cos x$

$\cos\left(\frac{\pi}{2}+x\right)=-\sin x$, $\cos\left(\frac{\pi}{2}-x\right)=\sin x$

$\tan\left(\frac{\pi}{2}+x\right)=-\frac{1}{\tan x}$, $\tan\left(\frac{\pi}{2}-x\right)=\frac{1}{\tan x}$

$\sin\left(\frac{3\pi}{2}+x\right)=-\cos x$, $\sin\left(\frac{3\pi}{2}-x\right)=-\cos x$

$\cos\left(\frac{3\pi}{2}+x\right)=\sin x$, $\cos\left(\frac{3\pi}{2}-x\right)=-\sin x$

$\tan\left(\frac{3\pi}{2}+x\right)=-\frac{1}{\tan x}$, $\tan\left(\frac{3\pi}{2}-x\right)=\frac{1}{\tan x}$

04 삼각함수의 그래프

정답 · 해설 p. 13

01 함수 $y=a\cos\frac{1}{b}x+2$의 최댓값이 6이고 주기가 π일 때, 두 양수 a, b의 값을 구하는 과정을 서술하시오.

정답

02 $\sin\left(\frac{\pi}{2}-x\right)+\cos(\pi+x)+\tan(\pi-x)\tan\left(\frac{\pi}{2}+x\right)$의 값을 구하는 과정을 서술하시오.

정답

03 $\sin^2\frac{\pi}{20}+\sin^2\frac{2}{20}\pi+\sin^2\frac{3}{20}\pi+\cdots+\sin^2\frac{8}{20}\pi+\sin^2\frac{9}{20}\pi$의 값을 구하는 과정을 서술하시오.

04 함수 $y=a\sin\left(x+\frac{\pi}{2}\right)+\frac{5}{2}$의 그래프가 점 $\left(\frac{\pi}{3}, \frac{13}{2}\right)$을 지날 때, 상수 a의 값을 구하는 과정을 서술하시오.

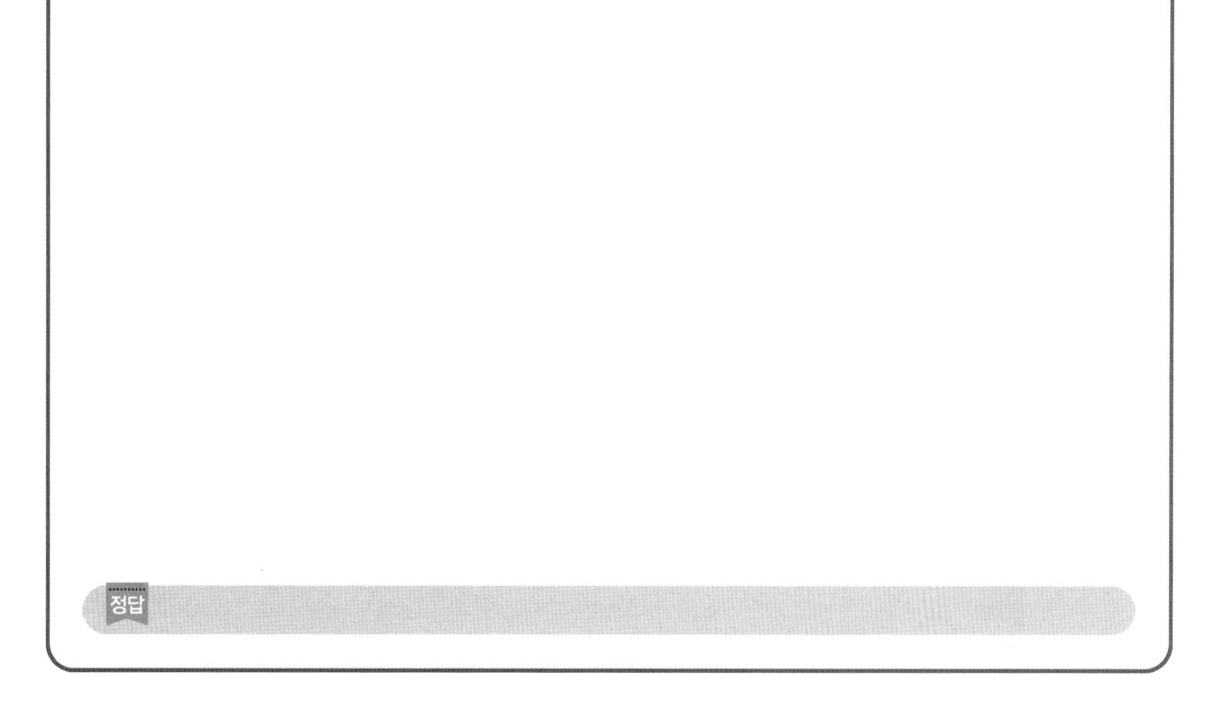

05 함수 $f(x)=\frac{1}{2}\cos\left(x+\frac{\pi}{2}\right)+\frac{3}{2}$의 최솟값을 구하는 과정을 서술하시오.

정답

06 함수 $y=a\sin bx+c$의 그래프가 그림과 같을 때, 세 상수 a, b, c에 대하여 $2a+6b+c$의 값을 구하는 과정을 서술하시오.
(단, $a>0$, $b>0$)

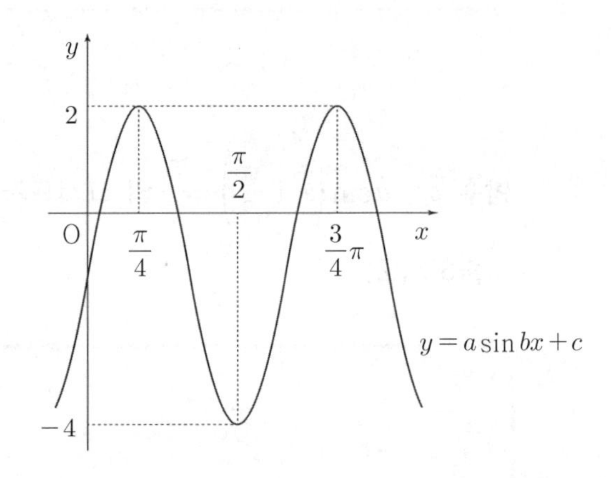

정답

07 $\frac{\pi}{2}<\theta<\pi$인 θ에 대하여 $\tan\theta=-\frac{4}{3}$일 때, $10\sin(\pi-\theta)+15\cos\left(\frac{\pi}{2}-\theta\right)$의 값을 구하는 과정을 서술하시오.

08 좌표평면 위의 원점 O와 점 P$(-5,\ 12)$를 지나는 동경 OP가 나타내는 각의 크기를 θ라 했을 때, $\sin\left(\frac{3}{2}\pi-\theta\right)$의 값을 구하는 과정을 서술하시오.

09 $0 \leq x \leq 6\pi$일 때, 방정식 $2\sin x = \sqrt{3}$의 모든 실근의 합은 $k\pi$이다. 실수 k의 값을 구하는 과정을 서술하시오.

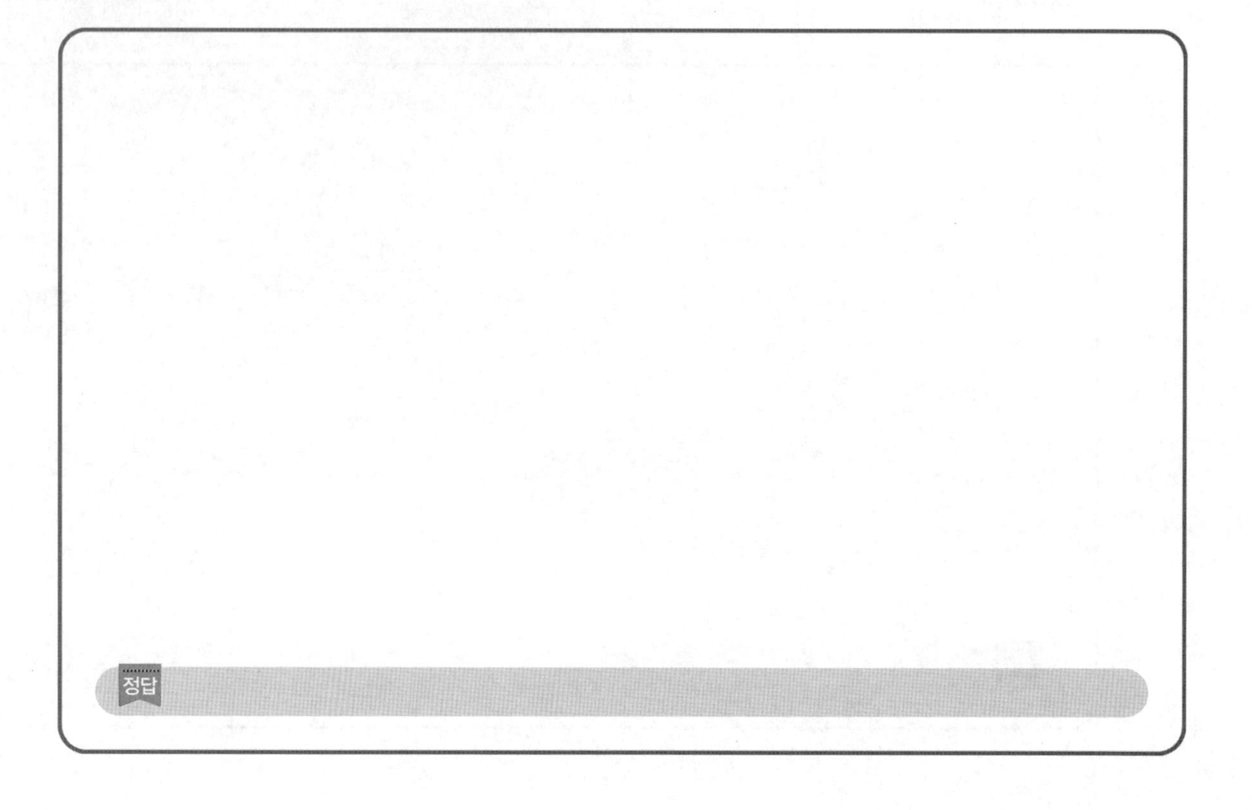

10 $0 \leq x \leq \frac{\pi}{2}$일 때, 방정식 $2\sin\left(x - \frac{\pi}{6}\right) = 1$의 해를 구하는 과정을 서술하시오.

11 $0 \le x < 2\pi$일 때, 방정식 $\cos\left(\frac{\pi}{2}-x\right) \times \left\{-\cos\left(\frac{\pi}{2}+x\right)\right\} = \frac{1}{5}$의 모든 해의 합을 구하는 과정을 서술하시오.

12 $0 \le x < 2\pi$일 때, 부등식 $2\cos x - \sqrt{3} < 0$의 해를 구하는 과정을 서술하시오.

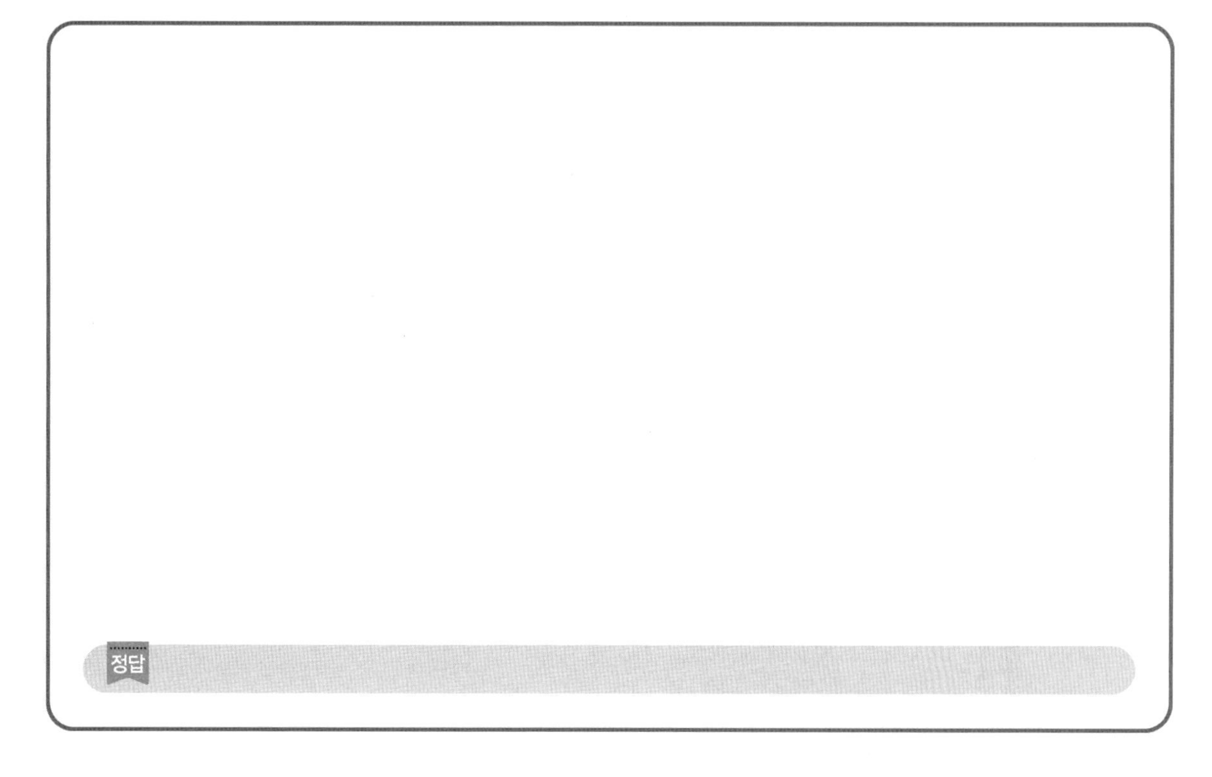

13 $0 \le x \le 2\pi$일 때, 방정식 $7\cos x - 1 = 0$의 모든 해의 합을 구하는 과정을 서술하시오.

정답

14 함수 $f(x) = a\sin bx + c$의 주기가 6π이고 $f(\pi) = \sqrt{3} - 1$일 때, 식 $3abc$의 값을 구하는 과정을 서술하시오. (단, a, c는 유리수이고, $b > 0$이다.)

정답

15 $0 \le x < 2\pi$일 때, x에 대한 부등식 $\sin^2 x - 6\sin x - 3k + 20 \ge 0$이 항상 성립하도록 하는 실수 k의 최댓값을 구하는 과정을 서술하시오.

16 상수 k $(0 < k < 1)$에 대하여 $0 \le x < 2\pi$일 때, 방정식 $\sin x = k$의 두 근을 α, β $(\alpha < \beta)$라 하자. $\sin\dfrac{\beta - \alpha}{2} = \dfrac{5}{13}$일 때, $13k$의 값을 구하는 과정을 서술하시오.

05 삼각함수의 활용

개념 CHECK

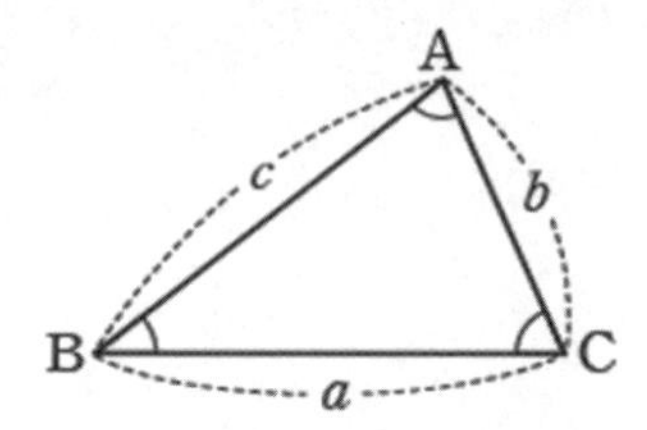

* 그림과 같이 삼각형 ABC의 세 각 ∠A, ∠B, ∠C의 크기를 각각 A, B, C로 나타내고, 각 대변의 길이를 각각 a, b, c로 나타내기로 한다.

1 사인법칙

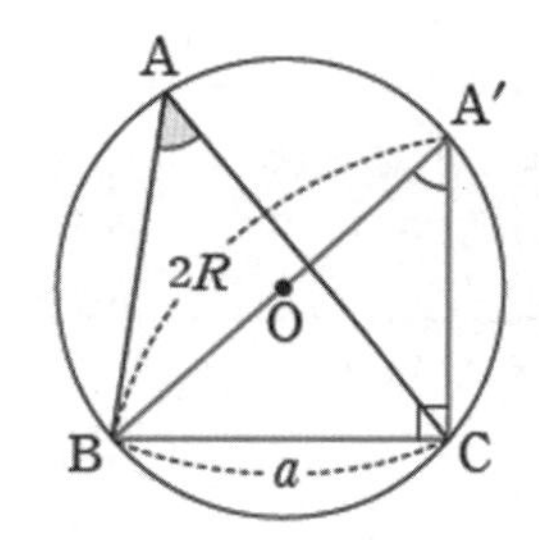

점 B에서 지름 BA′을 그으면 원주각의 성질에 의해 $A=A'$이다.

또 지름의 원주각의 성질에 의해 $\angle \mathrm{BCA'}=90°$이므로 $\sin A'=\dfrac{a}{2R}$이다.

따라서 $\sin A=\sin A'=\dfrac{a}{2R}$

각 B, C도 같은 방식으로 생각해 보면 $\dfrac{b}{\sin B}=2R$, $\dfrac{c}{\sin C}=2R$임을 알 수 있다.

따라서 삼각형 ABC에서 외접원의 반지름의 길이를 R이라고 하면

$$\frac{a}{\sin A}=\frac{b}{\sin B}=\frac{c}{\sin C}=2R$$

이고, 이를 사인법칙이라고 한다.

2 코사인법칙

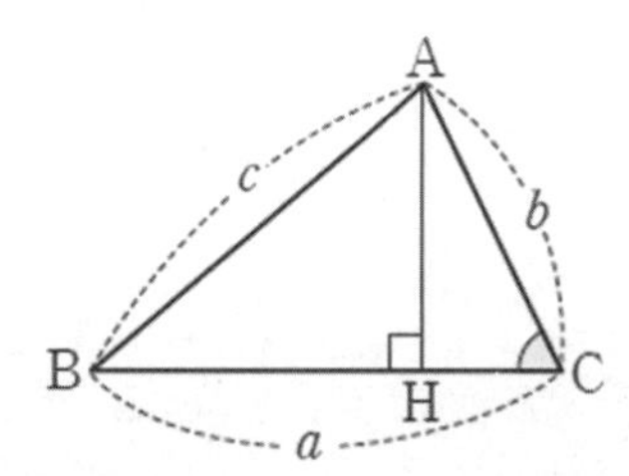

위 그림에서 $c^2 = \overline{\mathrm{BH}}^2 + \overline{\mathrm{AH}}^2$ 이다.

$\overline{\mathrm{BH}} = \overline{\mathrm{BC}} - \overline{\mathrm{CH}} = a - \overline{\mathrm{CH}}$ 이고,

$\overline{\mathrm{CH}} = b\cos C$ 이므로

$\overline{\mathrm{BH}} = \overline{\mathrm{BC}} - \overline{\mathrm{CH}} = a - b\cos C$

$\overline{\mathrm{AH}} = b\sin C$ 이므로

$$c^2 = (a - b\cos C)^2 + (b\sin C)^2$$

$$c^2 = a^2 - 2ab\cos C + b^2\cos^2 C + b^2\sin^2 C$$

$$c^2 = a^2 + b^2 - 2ab\cos C$$

변 b와 c에 대해서도 같은 방법으로

$$b^2 = c^2 + a^2 - 2ca\cos B,\ a^2 = b^2 + c^2 - 2bc\cos A$$

가 성립함을 알 수 있다. 이를 코사인법칙이라고 한다.

삼각형 ABC 의 변 a, b, c와 각 A, B, C에 대하여

$$a^2 = b^2 + c^2 - 2bc\cos A$$
$$b^2 = c^2 + a^2 - 2ca\cos B$$
$$c^2 = a^2 + b^2 - 2ab\cos C$$

3 삼각형의 넓이

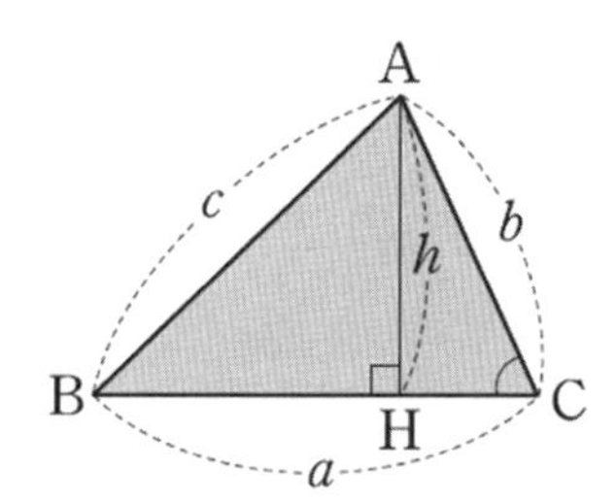

위의 그림에서 $h = c\sin B$가 성립한다.

삼각형 ABC 의 넓이를 S라고 할 때 다음 식이 성립한다.

$$S = \frac{1}{2}ah = \frac{1}{2}ac\sin B$$

이 같은 방법으로

$$S = \frac{1}{2}ab\sin C = \frac{1}{2}bc\sin A$$

가 성립함을 알 수 있다.

그러므로 $S = \frac{1}{2}bc\sin A = \frac{1}{2}ca\sin B = \frac{1}{2}ab\sin C$

05 삼각함수의 활용

정답・해설 p. 16

01 삼각형 ABC에서 $A=30°$, $B=45°$, $\overline{AC}=4\sqrt{2}$일 때, 외접원의 반지름의 길이 R과 a의 값을 구하는 과정을 서술하시오.

정답

02 삼각형 ABC에서 $A=60°$, $C=30°$, $\overline{BC}=2\sqrt{3}$일 때, 외접원의 반지름의 길이 R과 c의 값을 구하는 과정을 서술하시오.

정답

03 다음 식을 만족시키는 삼각형 ABC는 어떤 삼각형인지 구하는 과정을 서술하시오.

(1) $a\sin A = b\sin B$

(2) $\sin A : \sin B : \sin C = 3 : 4 : 5$

(3) $a\sin A + b\sin B = c\sin C$

04 세 변의 길이가 3, 5, 6인 삼각형의 넓이를 구하는 과정을 서술하시오.

05 삼각형 ABC에서 $A=30°$, $a=4$, $b=4\sqrt{3}$일 때, $\sin B\cos C$의 값을 구하는 과정을 서술하시오. $\left(\text{단, } \frac{\pi}{2}<B<\pi\right)$

정답

06 $\overline{AB}=4$, $\overline{AD}=3$인 평행사변형 ABCD에서 넓이가 6일 때, $\cos B$의 값을 구하는 과정을 서술하시오. $\left(\text{단, } 0<B<\frac{\pi}{2}\right)$

정답

07 애순이는 관식이와 대형 자동차 극장에 갔다. 그림과 같은 자동차 극장의 대형 스크린에서 50m 위에 있는 두 지점 A, B에 대하여 지면 위의 애순이네 자동차가 있는 지점 C에서 지점 A를 올려본 각의 크기는 $30°$이고, 지점 B를 올려본 각의 크기는 $45°$이다. $\angle ACB = 45°$일 때, 두 지점 A, B 사이의 거리를 구하는 과정을 서술하시오.

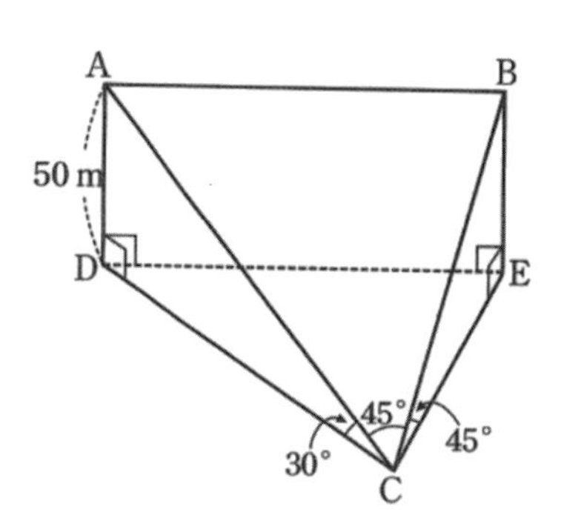

08 반지름의 길이가 7인 원에 내접하는 삼각형 ABC에 대하여 $\angle BAC = \frac{\pi}{4}$일 때, 선분 BC의 길이를 구하는 과정을 서술하시오.

09 $\overline{\mathrm{AB}}=8$, $\overline{\mathrm{BC}}=5$, $\overline{\mathrm{CD}}=\overline{\mathrm{DA}}=3$, $C=\frac{2}{3}\pi$인 사각형 ABCD의 넓이를 구하는 과정을 서술하시오.

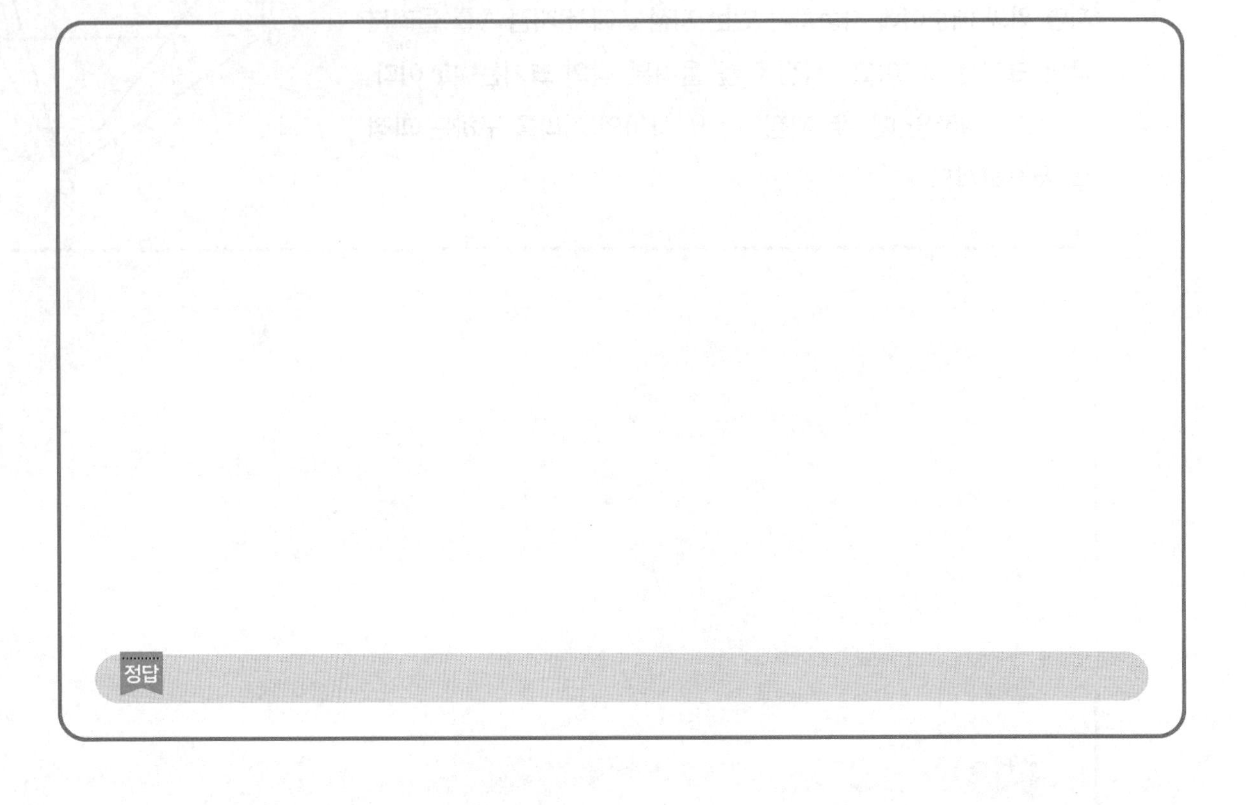

10 삼각형 ABC에서 $A=120°$, $a=12$일 때, 이 삼각형 ABC에 외접하는 원의 넓이를 구하는 과정을 서술하시오.

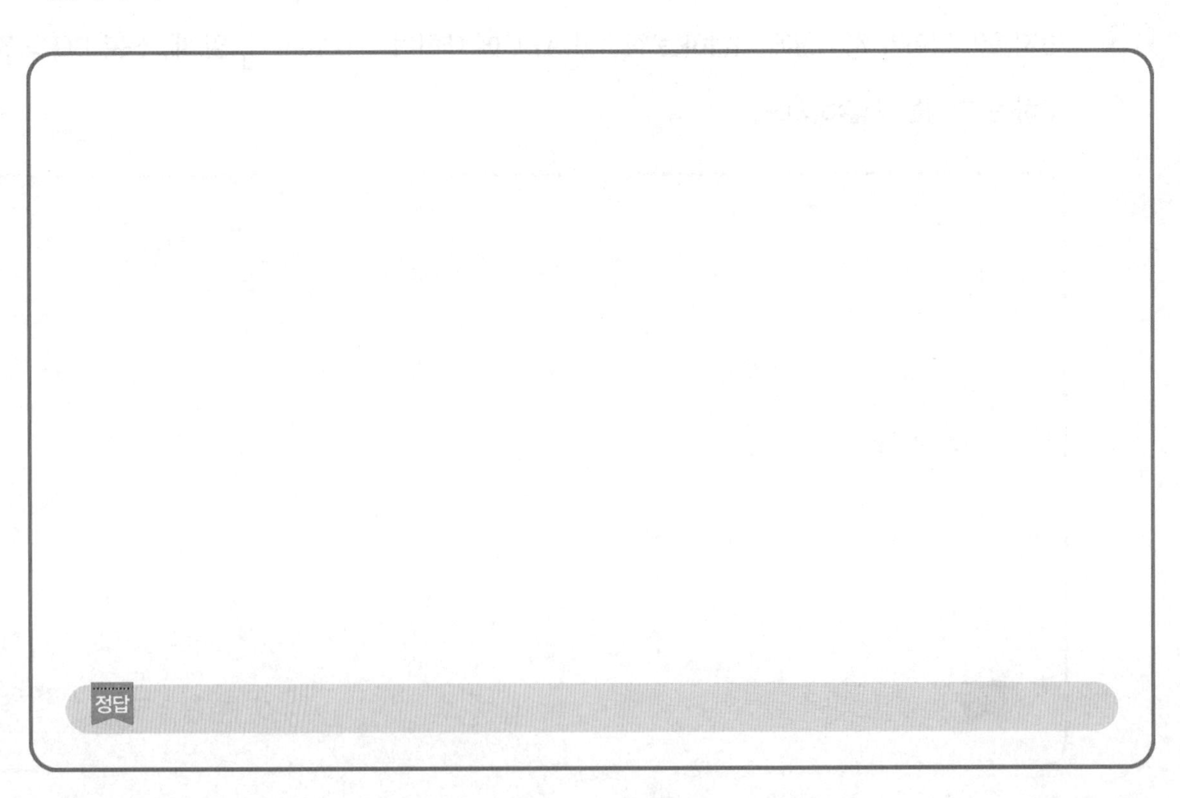

11 그림과 같이 넓이가 64π이고 중심이 O인 원 위의 두 점 A, B에 대하여 호 AB의 길이는 반지름의 길이의 2배이다. 선분 AB의 길이를 삼각함수로 나타내는 과정을 서술하시오. (단, 호 AB에 대한 중심각 θ의 크기는 $0<\theta<\pi$이다.)

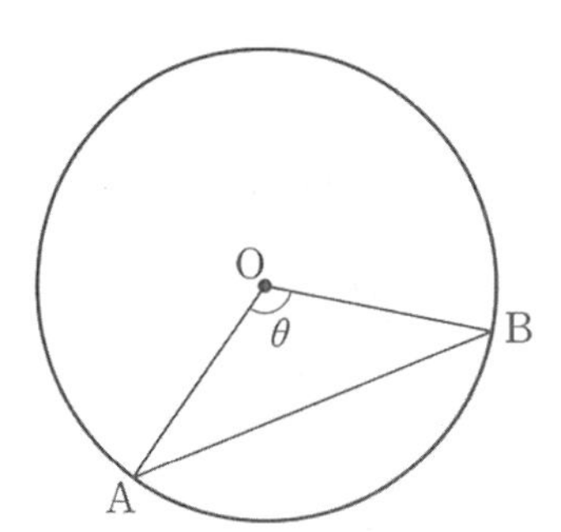

12 등식 $b\sin B=a\sin A+c\sin C$를 만족하는 삼각형 ABC의 넓이를 구하는 과정을 서술하시오.

13 $\overline{AB}=3$, $\overline{BC}=5$, $\overline{CA}=x$인 ABC에서 C의 크기가 최대일 때, x의 값을 구하는 과정을 서술하시오.

14 그림과 같이 $\overline{AB}=2$, $\overline{BC}=6$ 인 직사각형 ABCD에서 선분 BC를 $1:5$로 내분하는 점을 E라 하자. $\angle EAC=\theta$라 할 때, $50\sin\theta\cos\theta$의 값을 구하는 과정을 서술하시오.

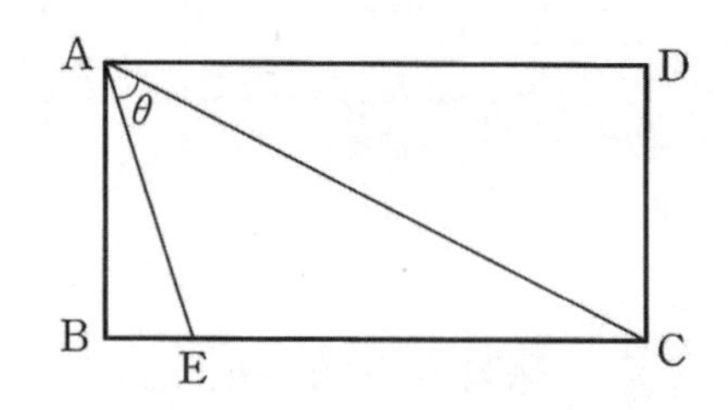

정답

15 한 변의 길이가 k인 정사각형 ABCD에서 변 BC와 변 DC를 $1:2$로 내분하는 점을 각각 E, F라 하자. $\angle EAF=\theta$라 하고 삼각형 EAF의 넓이를 S라고 할 때, $90S$의 값을 k로 나타내는 과정을 서술하시오.

정답

16 반지름의 길이가 6인 원 위의 세 점 A, B, C가 $\widehat{AB}:\widehat{BC}:\widehat{CA}=3:4:5$를 만족시킨다. 삼각형 ABC의 넓이를 $a+b\sqrt{3}$이라 할 때, $a+b$의 값을 구하는 과정을 서술하시오.

정답

17 삼각형 ABC에서 $\dfrac{6}{\sin A}=\dfrac{4}{\sin B}=\dfrac{5}{\sin C}$ 일 때, $16\cos C$의 값을 구하는 과정을 서술하시오.

18 $\overline{\mathrm{AB}}=15$이고 넓이가 30인 삼각형 ABC에 대하여 $\angle \mathrm{ABC}=\theta$라 할 때, $\cos\theta=\dfrac{\sqrt{7}}{3}$이다. 선분 BC의 길이를 구하는 과정을 서술하시오.

06 등차수열과 등비수열

개념 CHECK

1 수열의 뜻과 일반항

(1) 수열은 다음에 나올 수가 어떤 수인지 예측 가능한 수들의 나열이다.
일반적으로 수열을

$$a_1,\ a_2,\ a_3,\ \cdots,\ a_n,\ \cdots$$

으로 나타내고, 앞에서부터 차례로 첫째항, 둘째항, 셋째항, $\cdots$, n째항, $\cdots$ 또는 제1항, 제2항, 제3항, $\cdots$, 제n항, $\cdots$이라고 한다.

(2) 수열의 제n항 a_n을 이 수열의 일반항이라 하고, 일반항이 a_n인 수열을 간단히 $\{a_n\}$과 같이 나타낸다.
따라서 일반항 a_n이 n에 대한 식이면 n에 1, 2, 3, $\cdots$을 차례로 대입하여 수열 $\{a_n\}$의 모든 항을 구할 수 있다.

2 등차수열

(1) 등차수열의 뜻
수열 1, 3, 5, 7, 9, $\cdots$은 첫째항 1부터 차례로 2를 더하여 만든 수열이다.
이와 같이 첫째항부터 차례로 일정한 수를 더하여 만든 수열을 등차수열이라 하고, 더하는 일정한 수를 공차라고 한다.

(2) 등차수열의 일반항
공차가 d인 등차수열 $\{a_n\}$에서 제n항에 공차 d를 더하면 제$(n+1)$항이 되므로

$$a_{n+1}=a_n+d\ (n=1,\ 2,\ 3,\ \cdots)$$

이 성립한다.
첫째항이 a, 공차가 d인 등차수열 $\{a_n\}$의 일반항 a_n은 다음과 같이 나타낸다.

$$a_n=a+(n-1)d$$

(3) 등차중항
세 수 a, b, c가 이 순서대로 등차수열을 이룰 때, b를 a와 c의 등차중항이라고 한다.
식으로 다음과 같이 나타낼 수 있다.

$$b=\frac{a+c}{2}$$

(4) 등차수열의 합
① 첫째항이 a, 공차가 d, 제n항이 l인 등차수열 $\{a_n\}$의 첫째항부터 제n항까지의 합을 S_n이라 하면 S_n은 다음과 같다.

$$S_n = a + (a+d) + (a+2d) + \cdots + (l-2d) + (l-d) + l$$

우변의 각 항의 순서를 거꾸로 하면

$$S_n = l + (l-d) + (l-2d) + \cdots + (a+2d) + (a+d) + a$$

위의 두 식을 변끼리 더하면

$$2S_n = (a+l) + (a+l) + (a+l) + \cdots + (a+l) + (a+l) + (a+l)$$
$$= n(a+l)$$

이므로

$$S_n = \frac{n(a+l)}{2}$$

② 위 식에서 l은 마지막 항인 a_n을 나타내는 식이다. 즉, $l = a + (n-1)d$이므로 대입하여 정리하면

$$S_n = \frac{n\{2a + (n-1)d\}}{2}$$

3 수열의 합과 일반항 사이의 관계

수열의 합과 일반항 사이의 관계를 알아보자.
수열 $\{a_n\}$의 첫째항부터 제n항까지의 합 S_n에 대하여

$$S_1 = a_1$$
$$S_2 = a_1 + a_2 = S_1 + a_2$$
$$S_3 = a_1 + a_2 + a_3 = S_2 + a_3$$
$$\vdots$$
$$S_n = a_1 + a_2 + a_3 + \cdots + a_{n-1} + a_n = S_{n-1} + a_n$$

이므로 다음이 성립한다.

$$a_1 = S_1,\ a_n = S_n - S_{n-1}\ (n \geq 2)$$

이 식은 특정 형태의 수열뿐 아니라 모든 수열의 합에 똑같이 적용할 수 있다.

4 등비수열

(1) 등비수열의 뜻

수열 1, 2, 4, 8, 16, …은 첫째항 1부터 차례로 2를 곱하여 만든 수열이다.
이와 같이 첫째항부터 차례로 일정한 수를 곱하여 만든 수열을 등비수열이라 하고, 곱하는 일정한 수를 공비라고 한다.

(2) 등비수열의 일반항

공비가 r인 등비수열 $\{a_n\}$에서 제n항에 공비 r을 곱하면 제$(n+1)$항이 되므로

$$a_{n+1} = ra_n\ (n = 1,\ 2,\ 3,\ \cdots)$$

이 성립한다.

첫째항이 a, 공비가 r $(r \neq 0)$인 등비수열 $\{a_n\}$에서

$$a_1 = a$$
$$a_2 = a_1 r = ar$$
$$a_3 = a_2 r = (ar)r = ar^2$$
$$a_4 = a_3 r = (ar^2)r = ar^3$$
$$\vdots$$

이므로 일반항 a_n은 다음과 같이 나타낸다.

$$a_n = ar^{n-1}$$

(3) 등비중항

0이 아닌 세 수 a, b, c가 이 순서대로 등비수열을 이룰 때, b를 a와 c의 등비중항이라고 한다.
식으로 다음과 같이 나타낼 수 있다.

$$b^2 = ac$$

(4) 등비수열의 합

첫째항이 a, 공비가 r인 등비수열 $\{a_n\}$의 첫째항부터 제n항까지의 합을 S_n이라 하면 S_n은 다음과 같다.

$$S_n = a + ar + ar^2 + \cdots + ar^{n-1}$$

① $r \neq 1$일 때,

위 식의 양변에 공비 r을 곱하면

$$rS_n = ar + ar^2 + \cdots + ar^{n-1} + ar^n$$

S_n에서 rS_n을 빼면

$$\begin{array}{rrl} & S_n = & a + ar + ar^2 + \cdots + ar^{n-1} \\ -) & rS_n = & \quad\; ar + ar^2 + \cdots + ar^{n-1} + ar^n \\ \hline & (1-r)S_n = & a \qquad\qquad\qquad\qquad\qquad\; - ar^n \end{array}$$

따라서 $S_n = \dfrac{a(1-r^n)}{1-r} = \dfrac{a(r^n-1)}{r-1}$이다.

② $r = 1$일 때,

$S_n = a + a + a + \cdots + a = na$이다.

06 등차수열과 등비수열

정답 · 해설 p. 20

01 수열 $\{a_n\}$의 첫째항부터 제n항까지의 합 S_n이 $S_n=2n^2+3n$일 때, 이 수열의 일반항 a_n을 구하는 과정을 서술하시오.

정답

02 첫째항이 3인 등차수열 $\{a_n\}$에 대하여 수열 $\{3a_{n+2}-a_{n+1}\}$은 공차가 4인 등차수열이다. a_{20}의 값을 구하는 과정을 서술하시오.

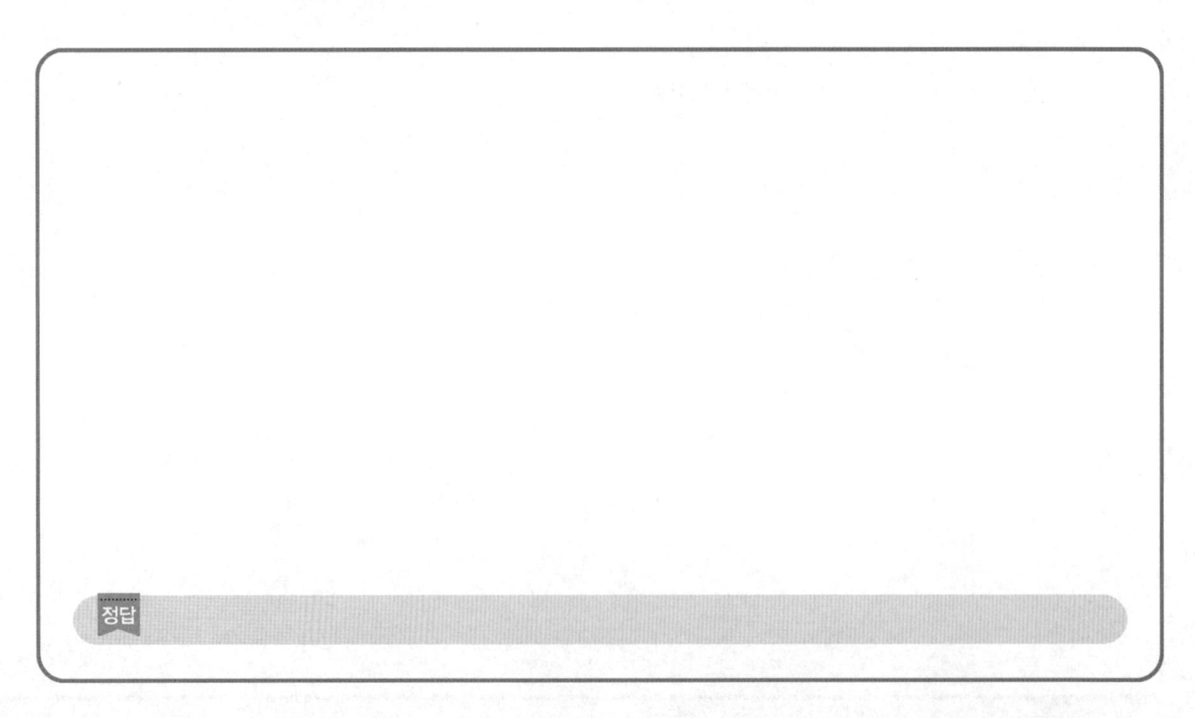

03 공차가 음수인 등차수열 $\{a_n\}$에 대하여 $a_1=4$, $2a_2=a_3+|a_5|$일 때, a_6의 값을 구하는 과정을 서술하시오.

정답

04 등차수열 $\{a_n\}$에 대하여 $a_7-a_2=a_5$, $a_3+a_4=21$일 때, a_{30}의 값을 구하는 과정을 서술하시오.

정답

05 첫째항이 14인 등차수열 $\{a_n\}$에 대하여 수열 $\{b_n\}$을 $b_n = a_{n+1} + a_{n+2}$ $(n=1,\ 2,\ 3,\ \cdots)$이라 하자. $a_5 = b_5$일 때, b_{10}의 값을 구하는 과정을 서술하시오.

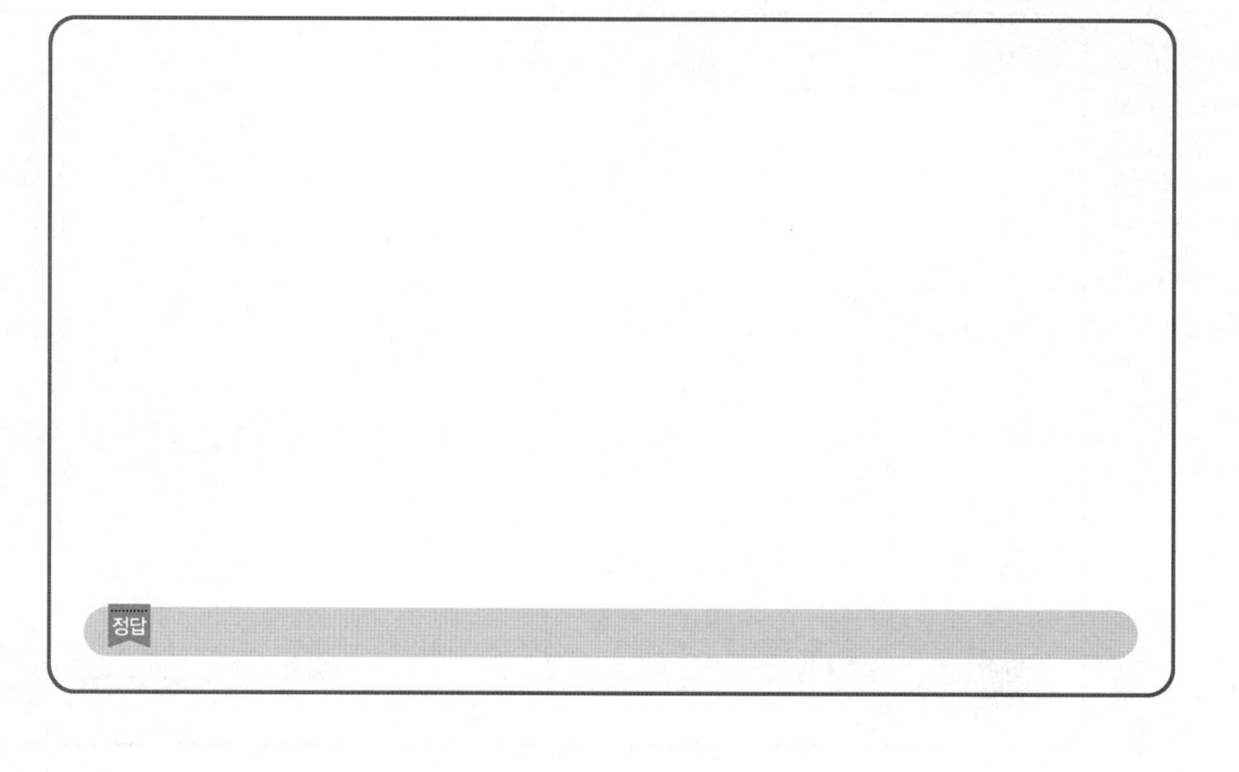

06 1보다 큰 세 자연수 $a,\ b,\ c$에 대하여 세 수 $\log a,\ \log b,\ \log c$가 이 순서대로 공차가 자연수인 등차수열을 이룬다. $\log abc = 12$일 때, $\log \dfrac{c}{a}$의 최솟값을 구하는 과정을 서술하시오.

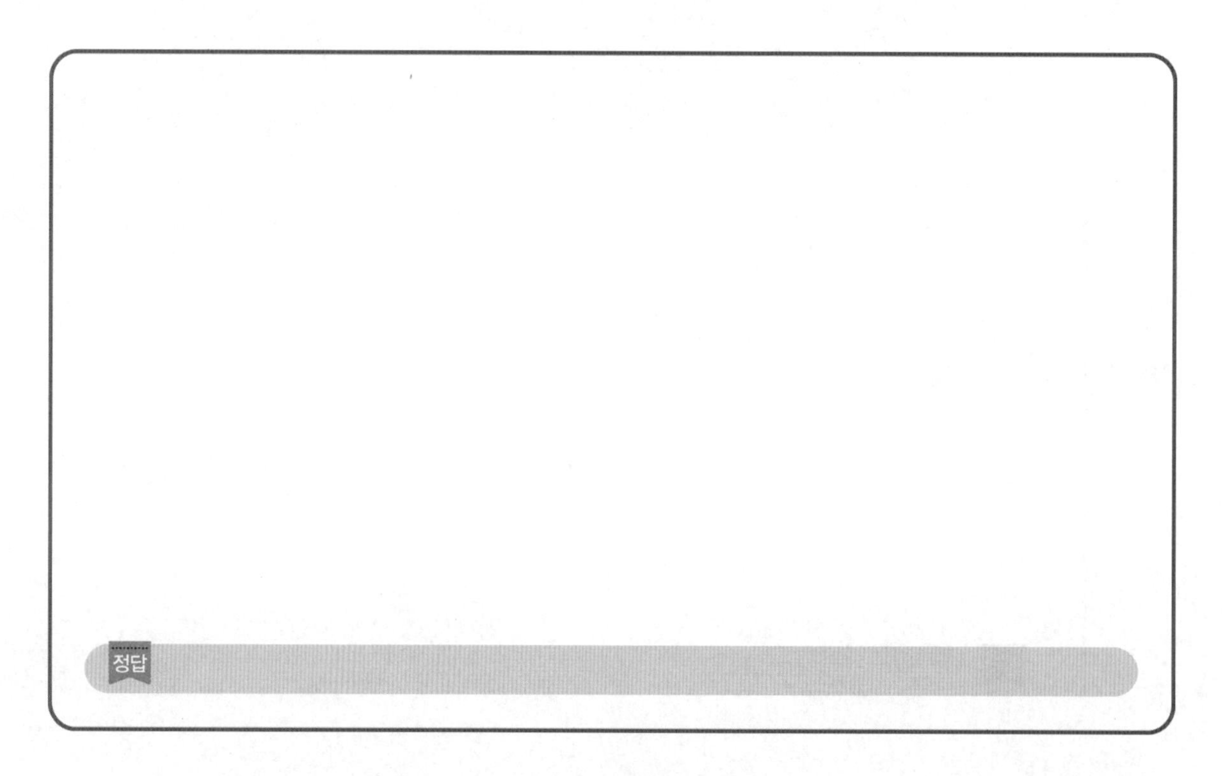

07 등차수열 $\{a_n\}$에서 $a_{11}+a_{21}=56$, $a_{11}-a_{21}=20$일 때, 집합 $A=\{a_n \mid a_n$은 자연수$\}$의 모든 원소의 합을 구하는 과정을 서술하시오.

08 등비수열 $\{a_n\}$에 대하여 $a_1a_{11}=\frac{1}{2}$일 때, $a_6^2+a_3a_9$의 값을 구하는 과정을 서술하시오.

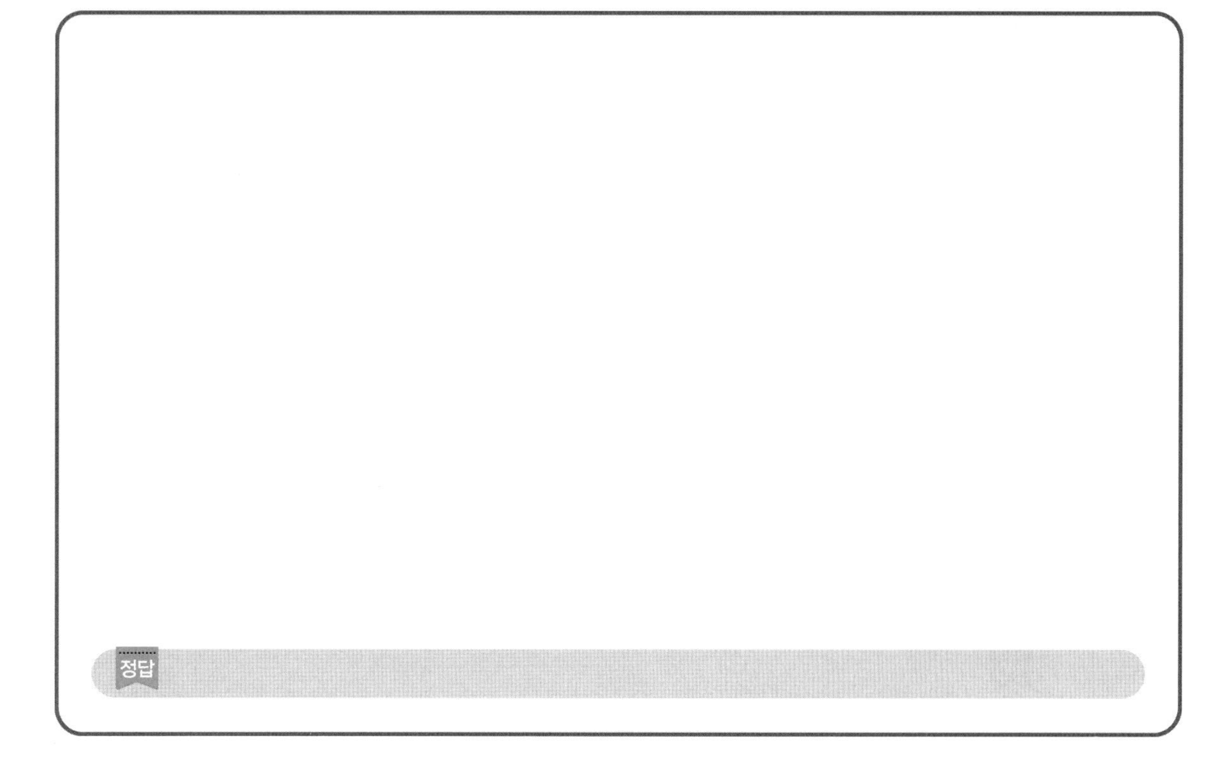

09 모든 항이 양수인 등비수열 $\{a_n\}$에 대하여 $a_1=2$, $a_4-a_3-a_2=4$일 때, a_{10}의 값을 구하는 과정을 서술하시오.

정답

10 모든 항이 양수인 등비수열 $\{a_n\}$에 대하여 $a_5=4a_1+3a_3$일 때, $\dfrac{a_8}{a_2}$의 값을 구하는 과정을 서술하시오.

정답

11 $\frac{1}{3}$과 27 사이에 n개의 수를 넣어 만든 공비가 양수 r인 등비수열 $\frac{1}{3}$, a_1, a_2, a_3, $\cdots$, a_n, 27의 모든 항의 곱이 3^8일 때, r^7의 값을 구하는 과정을 서술하시오.

12 두 등차수열 $\{a_n\}$, $\{b_n\}$이 모든 자연수 n에 대하여 $a_n+b_n=6n-1$을 만족시킨다. $a_3-b_4=a_2-b_3$일 때, a_3+b_7의 값을 구하는 과정을 서술하시오.

13 모든 항이 서로 다른 등비수열 $\{a_n\}$의 첫째항부터 제n항까지의 합을 S_n이라 하자. $S_4=3S_2$일 때, $\frac{S_8}{S_4}$의 값을 구하는 과정을 서술하시오.

정답

14 첫째항이 22인 등차수열 $\{a_n\}$의 첫째항부터 제n항까지의 합을 S_n이라 하자. $S_3=45$일 때, $S_k<0$을 만족시키는 자연수 k의 최솟값을 구하는 과정을 서술하시오.

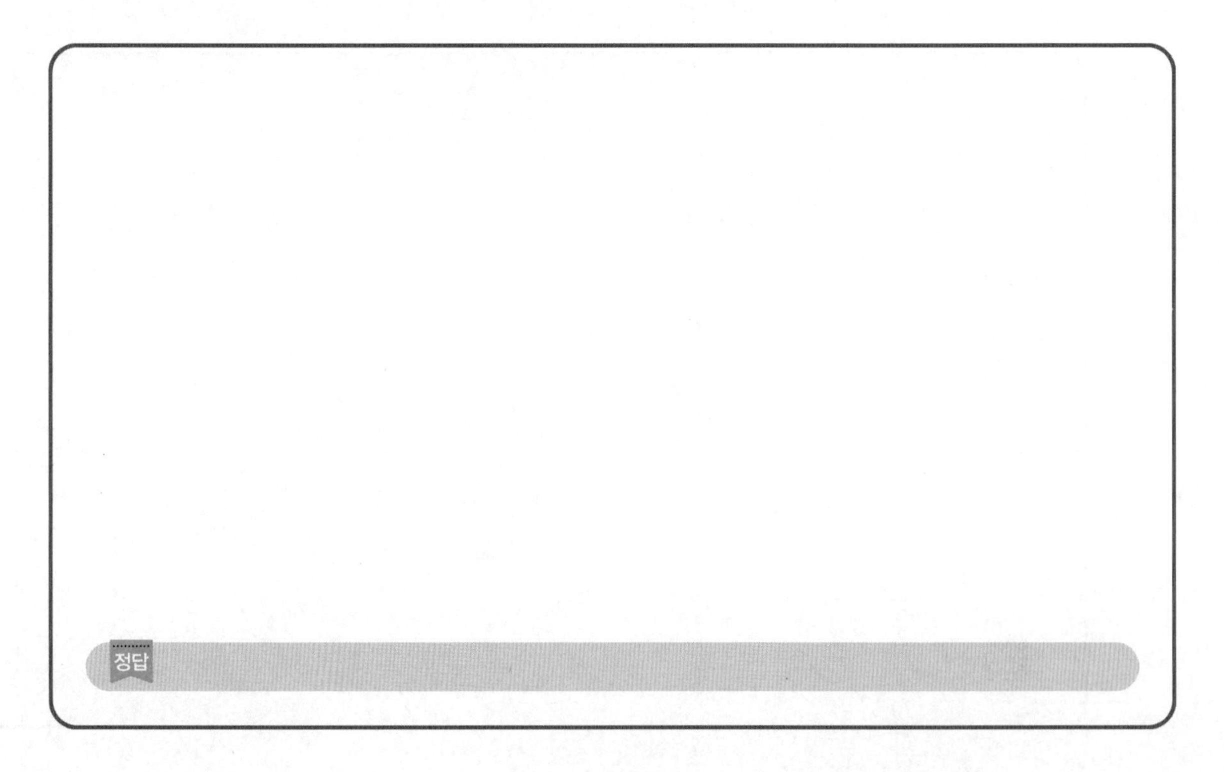

15 첫째항이 a_1이고 공비가 r인 등비수열 $\{a_n\}$의 첫째항부터 제n항까지의 합을 S_n이라 할 때, $\dfrac{S_4-S_2}{4}=\dfrac{a_5-a_3}{2}$이 성립한다. 양수 r의 값을 구하는 과정을 서술하시오.

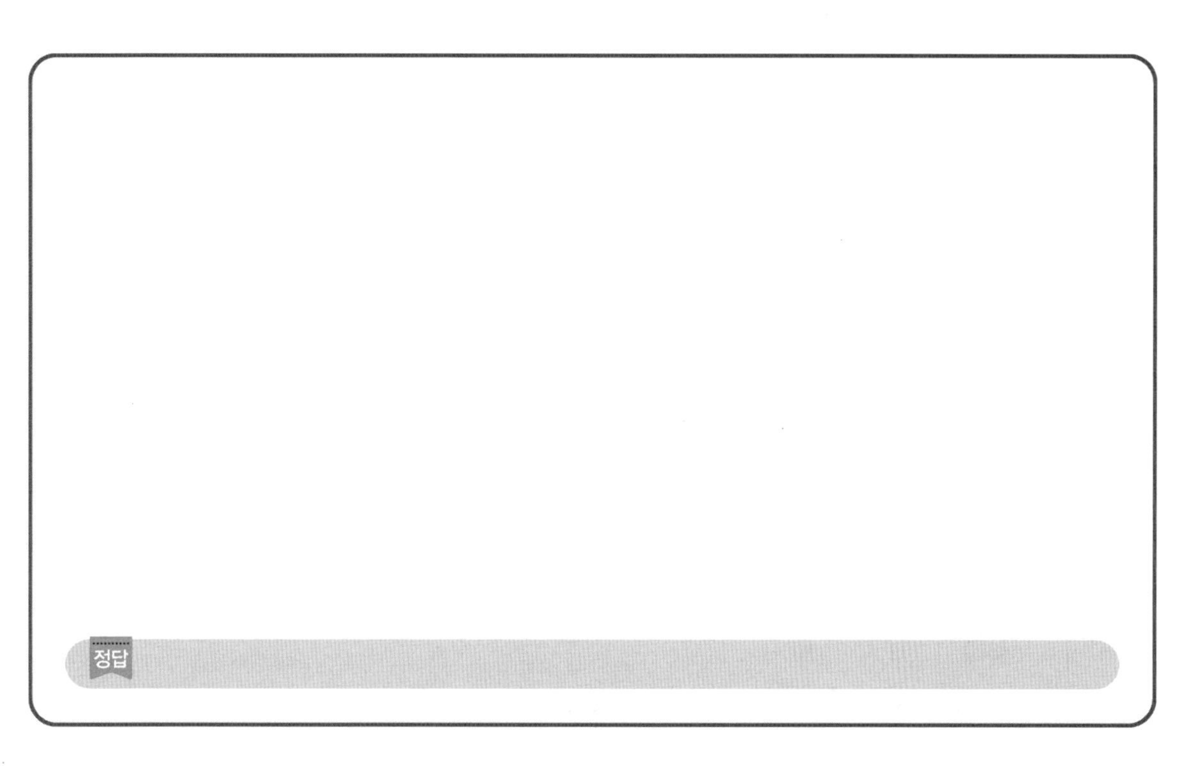

16 첫째항이 양수이고 공비가 음수인 등비수열 $\{a_n\}$의 첫째항부터 제n항까지의 합 S_n에 대하여 $a_3a_5=9$, $S_3=-a_2$일 때, a_{10}의 값을 구하는 과정을 서술하시오.

17 수열 $\{a_n\}$의 첫째항부터 제n항까지의 합 S_n이 $S_n=n^2+n$, 수열 $\{b_n\}$이 $a_n\times S_n$일 때, b_5의 값을 구하는 과정을 서술하시오.

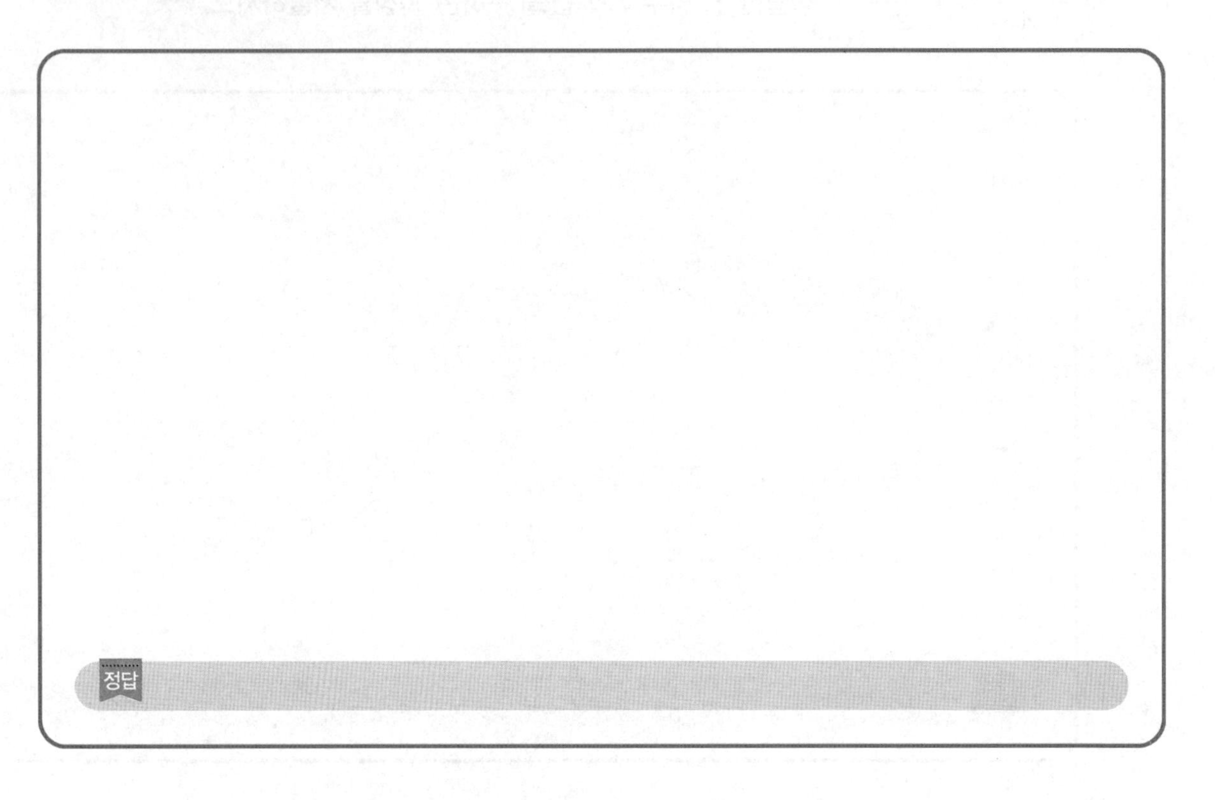

18 수열 $\{a_n\}$의 첫째항부터 제n항까지의 합 S_n이 $S_n=3^n-2$일 때, $\frac{a_9}{a_5}$의 값을 구하는 과정을 서술하시오.

19 첫째항이 4인 등차수열 $\{a_n\}$에 대하여 다른 세 수 a_1, a_5, a_{10}이 이 순서대로 등비수열을 이룰 때, a_9의 값을 구하는 과정을 서술하시오.

정답

20 두 양수 a, b에 대하여 세 수 a, b, 2는 이 순서대로 등비수열을 이루고, 세 수 b, a, 20은 이 순서대로 등차수열을 이룰 때, $a-b$의 값을 구하는 과정을 서술하시오.

정답

07 수열의 합

개념 CHECK

1 Σ의 뜻

(1) 수열 $\{a_n\}$의 첫째항부터 제n항까지의 합

$$a_1+a_2+a_3+\cdots+a_n$$

을 합의 기호 Σ를 사용하여 $\sum_{k=1}^{n} a_k$로 나타낼 수 있다. 즉,

$$a_1+a_2+a_3+\cdots+a_n=\sum_{k=1}^{n} a_k$$

이다. 이때 $\sum_{k=1}^{n} a_k$는 수열의 일반항 a_k의 k에 1, 2, 3, $\cdots$, n을 차례로 대입하여 얻은 항 a_1, a_2, a_3, $\cdots$, a_n의 합을 뜻한다.

(2) 수열 $\{a_n\}$의 제m항부터 제n항$(m \le n)$까지의 합

$$a_m+a_{m+1}+a_{m+2}+\cdots+a_n$$

을 합의 기호 Σ를 사용하여 $\sum_{k=m}^{n} a_k$로 나타낼 수 있다.

2 Σ의 성질

두 수열 $\{a_n\}$, $\{b_n\}$과 상수 c에 대하여 다음이 성립한다.

① $\sum_{k=1}^{n}(a_k+b_k)=\sum_{k=1}^{n} a_k+\sum_{k=1}^{n} b_k$

② $\sum_{k=1}^{n}(a_k-b_k)=\sum_{k=1}^{n} a_k-\sum_{k=1}^{n} b_k$

③ $\sum_{k=1}^{n} ca_k=ca_1+ca_2+ca_3+\cdots+ca_n=c\sum_{k=1}^{n} a_k$

④ $\sum_{k=1}^{n} c=\underbrace{c+c+c+\cdots+c}_{n\text{개}}=cn$

개념 CHECK

3 자연수의 거듭제곱의 합

(1) 1부터 n까지의 자연수의 합은 첫째항이 1, 공차가 1인 등차수열의 첫째항부터 제n항까지의 합이므로 다음과 같다.

$$1+2+3+\cdots+n=\sum_{k=1}^{n}k=\frac{n(n+1)}{2}$$

(2) 1부터 n까지의 자연수의 제곱의 합은 다음과 같이 구한다.

$(k+1)^3-k^3=3k^2+3k+1$의 k에 1, 2, 3, $\cdots$, n을 차례로 대입하면

$k=1$일 때, $2^3-1^3=3\times1^2+3\times1+1$

$k=2$일 때, $3^3-2^3=3\times2^2+3\times2+1$

$k=3$일 때, $4^3-3^3=3\times3^2+3\times3+1$

$\vdots$

$k=n$일 때, $(n+1)^3-n^3=3\times n^2+3\times n+1$

위의 n개의 등식을 좌변끼리 우변끼리 더하면

$$\begin{aligned}(n+1)^3-1^3&=3\sum_{k=1}^{n}k^2+3\sum_{k=1}^{n}k+\sum_{k=1}^{n}1\\&=3\sum_{k=1}^{n}k^2+3\times\frac{n(n+1)}{2}+n\end{aligned}$$

이다. 즉,

$$3\sum_{k=1}^{n}k^2=(n+1)^3-3\times\frac{n(n+1)}{2}-(n+1)=\frac{n(n+1)(2n+1)}{2}$$

이므로 다음이 성립한다.

$$\sum_{k=1}^{n}k^2=\frac{n(n+1)(2n+1)}{6}$$

▶ $1+2+3+\cdots+n=\sum_{k=1}^{n}k=\frac{n(n+1)}{2}$

▶ $1^2+2^2+3^2+\cdots+n^2=\sum_{k=1}^{n}k^2=\frac{n(n+1)(2n+1)}{6}$

▶ $1^3+2^3+3^3+\cdots+n^3=\sum_{k=1}^{n}k^3=\left\{\frac{n(n+1)}{2}\right\}^2$

07 수열의 합

정답 · 해설 p. 24

01 수열 $\{a_n\}$에 대하여 $\sum_{k=1}^{10} a_k = 4$, $\sum_{k=1}^{10}(2a_k - 1)(a_k - 2) = 16$일 때, $\sum_{k=1}^{10}\left(a_k{}^2 + 3a_k\right)$의 값을 구하는 과정을 서술하시오.

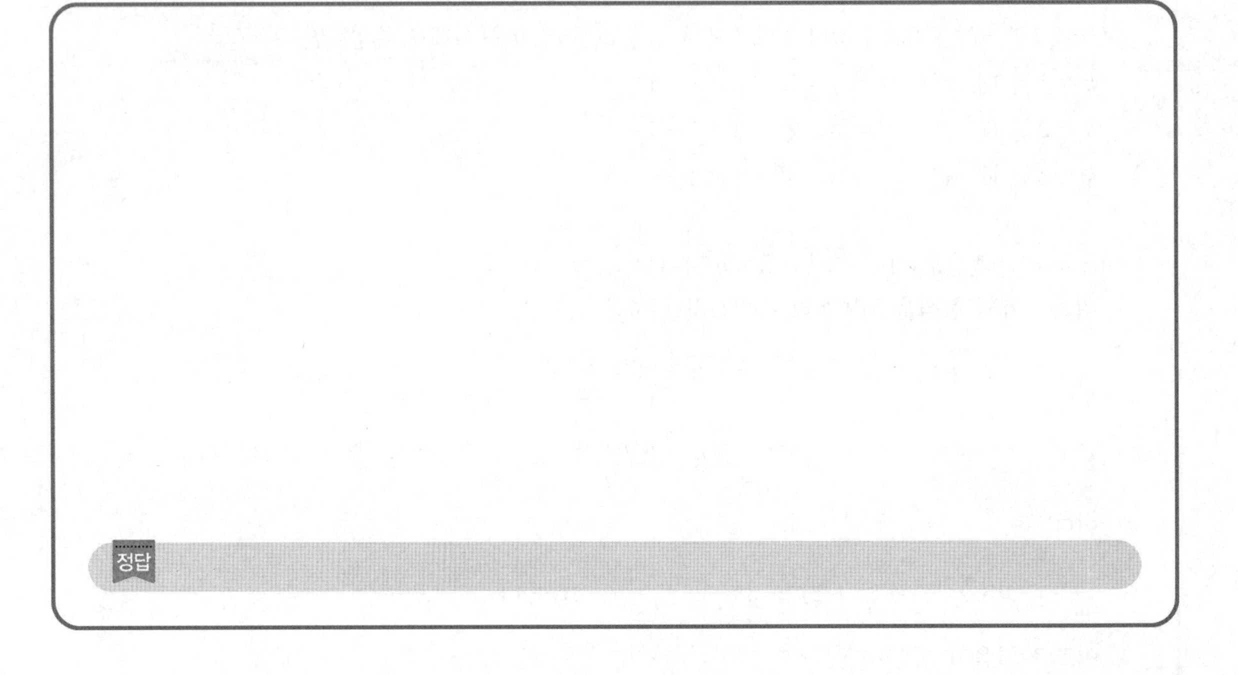

02 수열 $\{a_n\}$이 모든 자연수 n에 대하여 $\sum_{k=1}^{n} a_k = 5^n - 2^n$을 만족시킬 때, $a_4 - a_2$의 값을 구하는 과정을 서술하시오.

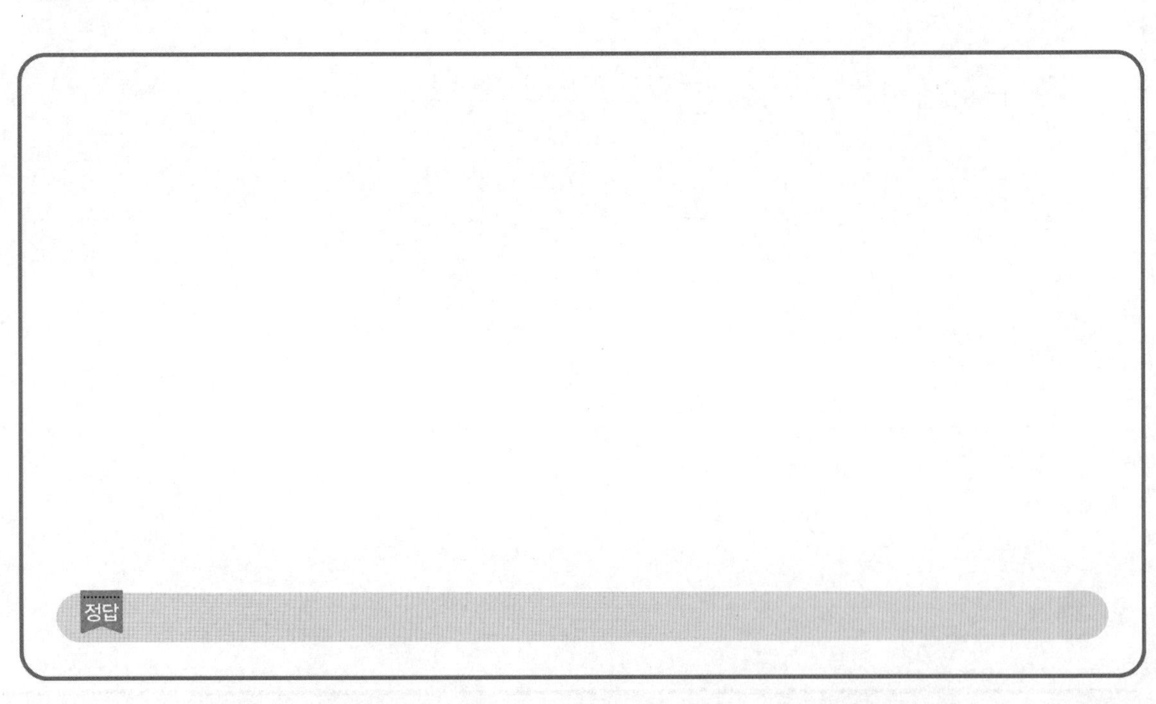

03 수열 $\{a_n\}$이 모든 자연수 n에 대하여 $\sum_{k=1}^{n} a_{2k-1} = n^2 - n$, $\sum_{k=1}^{2n} a_k = 2n^2 + 5n$을 만족시킬 때, $\sum_{k=1}^{30} (-1)^k a_k$의 값을 구하는 과정을 서술하시오.

정답

04 어떤 자연수 m에 대하여 수열 $\{a_n\}$이 $\sum_{k=1}^{m} a_k = 2$, $\sum_{k=1}^{m} a_k^2 = 5$를 만족시킨다. $\sum_{k=1}^{m} (2a_k + 1)^2 = 40$일 때, m의 값을 구하는 과정을 서술하시오.

정답

05 $\displaystyle\sum_{k=1}^{10}\frac{k^3}{k+2}+\sum_{k=1}^{10}\frac{8}{k+2}$ 의 값을 구하는 과정을 서술하시오.

06 $\displaystyle\sum_{k=1}^{20}\frac{k^3+k-1}{k^2-k+1}-\sum_{k=1}^{20}\frac{k-2}{k^2-k+1}$ 의 값을 구하는 과정을 서술하시오.

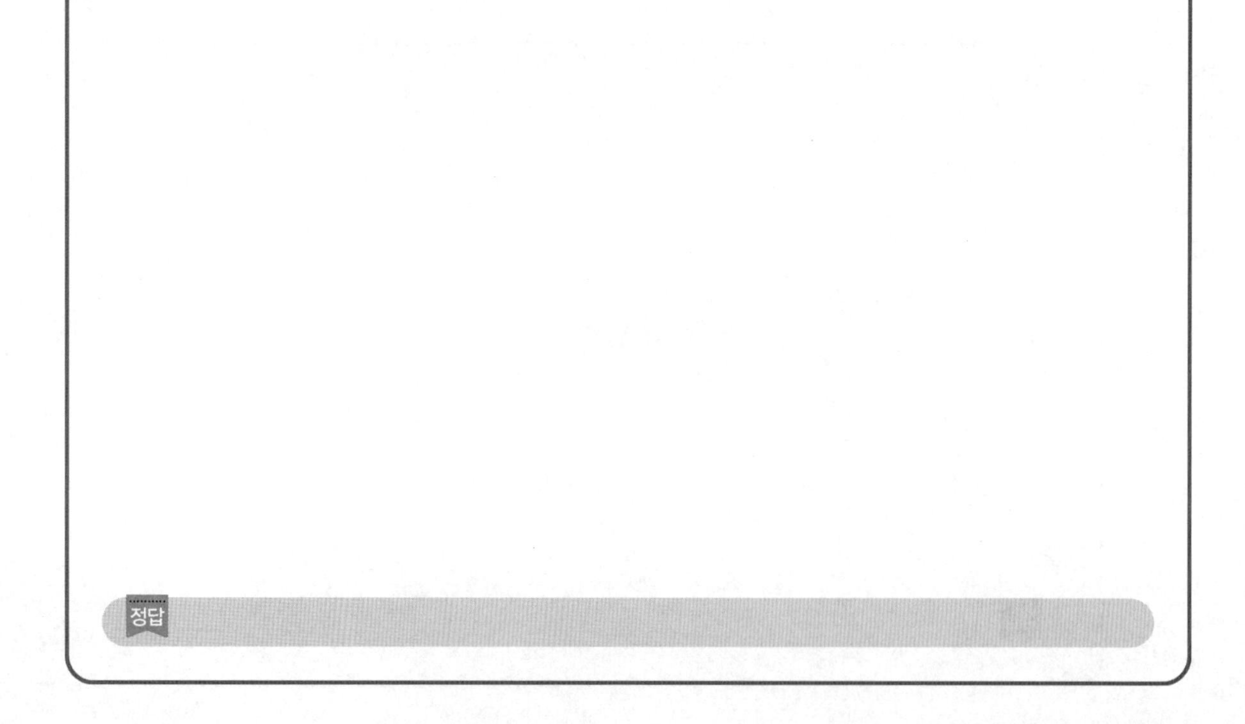

07 $\sum_{k=1}^{n+1}(k+1)^2-\sum_{k=1}^{n-1}(k^2+1)+\sum_{k=1}^{n}1=110$일 때, 자연수 n의 값을 구하는 과정을 서술하시오.

08 x에 대한 이차방정식 $x^2-(2n+3)x+n^2+3n+2=0$의 두 근을 a_n, b_n이라 할 때, $\sum_{n=1}^{10}(1-a_n)(1-b_n)$의 값을 구하는 과정을 서술하시오.

정답

09 자연수 n에 대하여 이차함수 $f(x)=2x^2-4nx+3n^2+3n$의 최솟값을 a_n이라 하자. $\sum_{k=1}^{10} a_k$의 값을 구하는 과정을 서술하시오.

정답

10 등차수열 $\{a_n\}$이 $\sum_{k=1}^{11} a_k=121$, $\sum_{k=1}^{15} (-1)^k a_k=-19$를 만족시킬 때, a_{20}의 값을 구하는 과정을 서술하시오.

정답

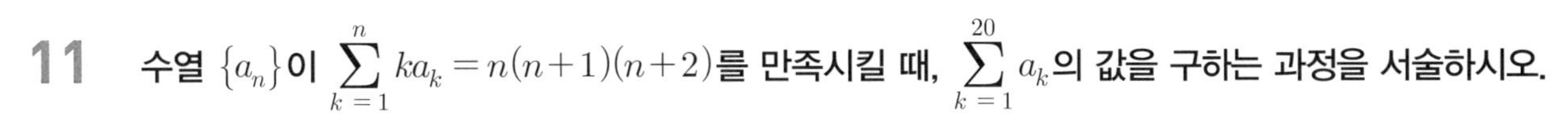

11 수열 $\{a_n\}$이 $\sum_{k=1}^{n} ka_k = n(n+1)(n+2)$를 만족시킬 때, $\sum_{k=1}^{20} a_k$의 값을 구하는 과정을 서술하시오.

12 수열 $\{a_n\}$이 모든 자연수 n에 대하여 $\sum_{k=1}^{n} a_k = \log(n+1)$을 만족시킨다. $10^{a_n} = 1.05$일 때, n의 값을 구하는 과정을 서술하시오.

13 수열 $\{a_n\}$이 모든 자연수 n에 대하여 $\sum_{k=1}^{n}(ka_k - 2k^2 + 1) = 2n^2 + 3n$을 만족시킬 때, $\sum_{n=1}^{10} a_n$의 값을 구하는 과정을 서술하시오.

정답

14 수열 $\{a_n\}$이 모든 자연수 n에 대하여 $a_n = {}_{n+1}\mathrm{C}_{n-1}$을 만족시킬 때, $\frac{5}{19}\sum_{n=1}^{19}\frac{10}{a_n}$의 값을 구하는 과정을 서술하시오.

정답

15 수열 $\{a_n\}$이 $\sum_{k=1}^{n} k^2 a_k = n^2 + n$을 만족시킬 때, $\sum_{k=1}^{15} \frac{2^3 a_k}{k+1}$의 값을 구하는 과정을 서술하시오.

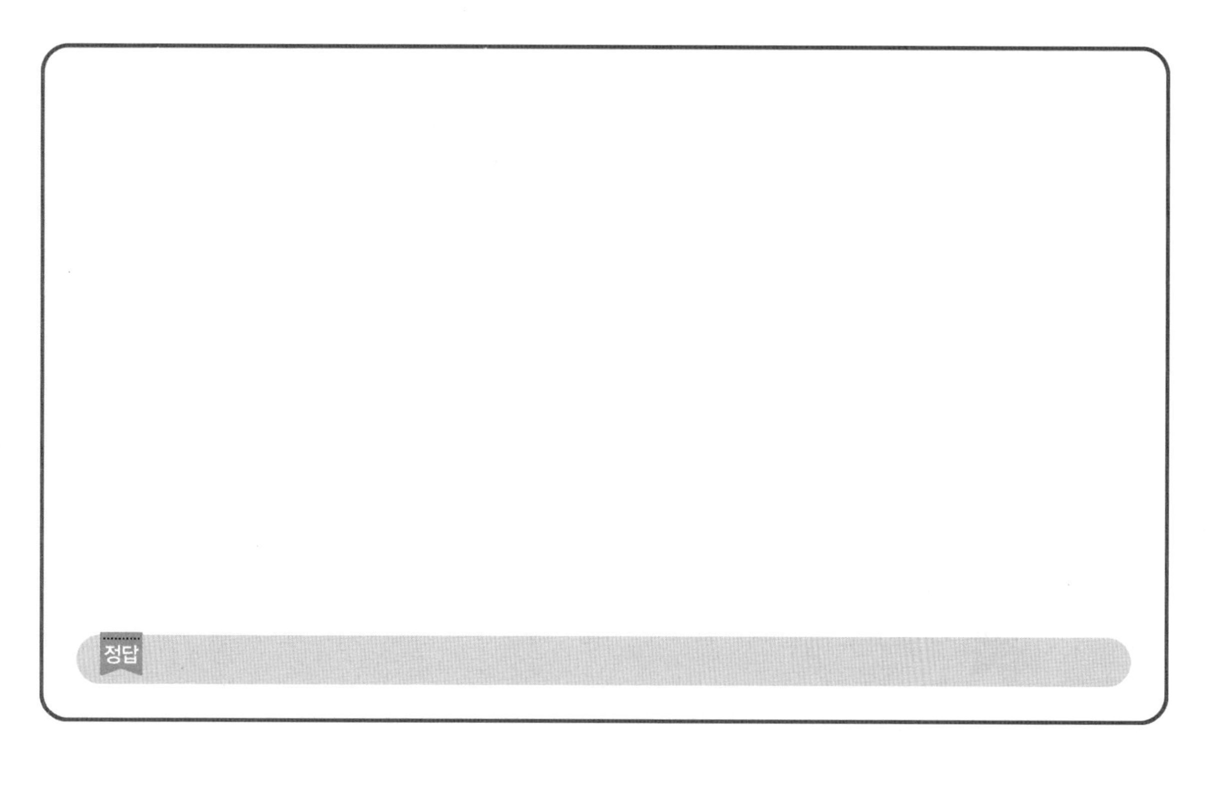

16 n이 자연수일 때, x에 대한 이차방정식 $x^2-(n+5)x+2n+6=0$의 두 근을 α_n, β_n $(\alpha_n > \beta_n)$이라 하자. $\sum_{n=1}^{9}(\alpha_n - \beta_n)$의 값을 구하는 과정을 서술하시오.

17 $\sum_{k=1}^{n} a_k = 2n^2 - n$일 때, $\sum_{k=1}^{6} ka_{2k-1}$의 값을 구하는 과정을 서술하시오.

정답

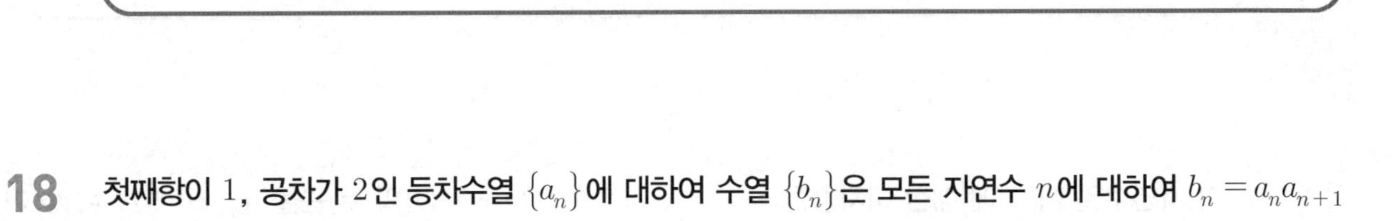

18 첫째항이 1, 공차가 2인 등차수열 $\{a_n\}$에 대하여 수열 $\{b_n\}$은 모든 자연수 n에 대하여 $b_n = a_n a_{n+1}$을 만족시킨다. $\sum_{k=1}^{m} \frac{b_k}{2k-1} = 99$가 성립할 때, 양수 m의 값을 구하는 과정을 서술하시오.

정답

19 수열 $\{a_n\}$에 대하여 $\sum_{k=1}^{n} a_k = 2^{n+1} - n$일 때, $a_n = \alpha^n - \beta$의 꼴로 나타난다. $\alpha\beta$의 값을 구하는 과정을 서술하시오.

정답

20 수열 $\{a_n\}$의 일반항은 $a_n = \log\left(1+\frac{1}{n+1}\right)$이다. $\sum_{n=1}^{198} a_n$의 값을 구하는 과정을 서술하시오.

정답

21 등차수열 $\{a_n\}$에 대하여 $\sum_{k=1}^{3}(a_{4k-3}+a_{4k-2}+a_{4k-1})=135$, $a_1=5$일 때, $\sum_{k=1}^{3}a_{4k}$의 값을 구하는 과정을 서술하시오.

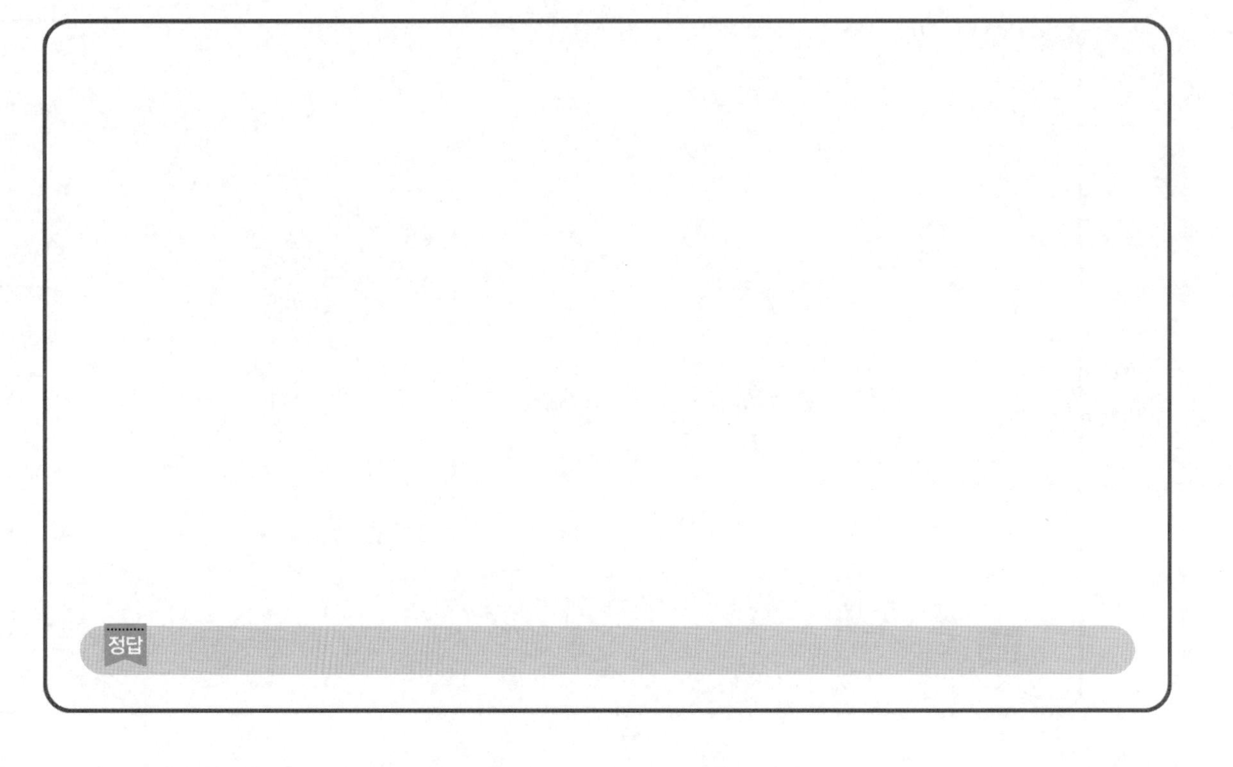

22 $\sum_{k=1}^{21}\frac{1}{\sqrt{5k+3}+\sqrt{5k-2}}$의 값을 구하는 과정을 서술하시오.

정답

08 수학적 귀납법

개념 CHECK

1 수열의 귀납적 정의

수열 $\{a_n\}$에 대하여 수열의 첫째항인 $a_1 = a$와 a_2, a_3, $\cdots$, a_n, a_{n+1}, $\cdots$의 다음 항들 사이의 관계를 알면 그 관계식에 $n=1$, 2, 3, $\cdots$을 차례로 대입하여 수열 $\{a_n\}$의 모든 항을 구할 수 있다.
일반적으로 처음 몇 개의 항과 이웃하는 여러 항 사이의 관계식으로 수열을 정의하는 것을 수열의 귀납적 정의라고 한다.

(1) 등차수열의 귀납적 정의
첫째항이 a, 공차가 d인 등차수열 $\{a_n\}$의 귀납적 정의는

$$a_1 = a,\ a_{n+1} = a_n + d\ (n=1,\ 2,\ 3,\ \cdots)$$

또는

$$2a_{n+1} = a_n + a_{n+2}$$

이다.

(2) 등비수열의 귀납적 정의
첫째항이 a, 공비가 r인 등비수열 $\{a_n\}$의 귀납적 정의는

$$a_1 = a,\ a_{n+1} = ra_n\ (n=1,\ 2,\ 3,\ \cdots)$$

또는

$$(a_{n+1})^2 = a_n a_{n+2}$$

이다.

2 수학적 귀납법

일반적으로 자연수 n에 대한 명제 $p(n)$이 순차적으로 성립함을 증명하는 것을 수학적 귀납법이라고 한다.
자연수 n에 대한 명제 $p(n)$이 모든 자연수 n에 대하여 성립함을 증명하려면 다음 두 가지를 보이면 된다.
① $n=1$일 때, 명제 $p(n)$이 성립한다.
② $n=k$일 때, 명제 $p(n)$이 성립한다고 가정하면 $n=k+1$일 때도 명제 $p(n)$이 성립한다.

08 수학적 귀납법

정답 · 해설 p. 29

01 수열 $\{a_n\}$이 모든 자연수 n에 대하여 $a_{n+1}=\begin{cases}-a_n+3 & (n\text{이 홀수인 경우})\\ 2a_n+1 & (n\text{이 짝수인 경우})\end{cases}$ 를 만족시킨다.

$a_1=a_6$일 때, a_3의 값을 구하는 과정을 서술하시오.

02 수열 $\{a_n\}$이 모든 자연수 n에 대하여 $a_{n+1}=2a_n$을 만족시킨다. $a_4=64$일 때, a_2의 값을 구하는 과정을 서술하시오.

03 두 수열 $\{a_n\}$, $\{b_n\}$이 $a_n=$(자연수 n을 3으로 나누었을 때의 나머지), $b_n=(-1)^{n-1}\times 3^{a_n}$일 때, $\sum_{k=1}^{25} b_k$의 값을 구하는 과정을 서술하시오.

정답

04 첫째항이 2 이상의 자연수인 수열 $\{a_n\}$이 모든 자연수 n에 대하여

$$a_{n+1}=\begin{cases} a_n+3 & (a_n\text{이 홀수인 경우}) \\ a_n-1 & (a_n\text{이 짝수인 경우}) \end{cases}$$

를 만족시킨다. $a_5=18$일 때, a_3+a_6의 값을 구하는 과정을 서술하시오.

정답

05 수열 $\{a_n\}$이 $a_1=2$이고, 모든 자연수 n에 대하여 $a_{n+1}=\dfrac{n+2}{1+a_n}+n+1$을 만족시킬 때, a_{99}의 값을 구하는 과정을 서술하시오.

정답

06 $a_4=16$인 수열 $\{a_n\}$이 모든 자연수 n에 대하여 $a_{n+1}=\begin{cases} 0 & (a_n\text{이 홀수인 경우}) \\ \dfrac{a_n}{2} & (a_n\text{이 짝수인 경우}) \end{cases}$를 만족시킨다. $\displaystyle\sum_{k=1}^{\infty}a_k$의 값을 구하는 과정을 서술하시오.

정답

07 수열 $\{a_n\}$에 대하여 $a_1=2$, $a_{n+1}=a_n+3^n$ $(n=1,\ 2,\ 3,\ \cdots)$일 때, a_5의 값을 구하는 과정을 서술하시오.

08 수열 $\{a_n\}$이 모든 자연수 n에 대하여 $a_{n+1}=\frac{n+5}{2n-1}a_n$을 만족시킨다. $a_1=1$일 때, $a_5=\frac{n}{m}$의 꼴로 나타난다. 이때 $m+n$의 값을 구하는 과정을 서술하시오. (단, m, n은 서로소이다.)

09 수열 $\{a_n\}$이 모든 자연수 n에 대하여 $a_{n+1}+a_n=2n^2+n$을 만족시킨다. $a_3+a_6=10a_1$일 때, a_2의 값을 구하는 과정을 서술하시오.

정답

10 첫째항이 3인 수열 $\{a_n\}$이 모든 자연수 n에 대하여 $a_{n+1}=\frac{1}{3}(a_n)^2+3$을 만족시킨다. $\frac{a_5}{12}=\frac{n}{m}$일 때, $n-m$의 값을 구하는 과정을 서술하시오. (단, m, n은 서로소이다.)

정답

11 모든 항이 양수인 수열 $\{a_n\}$이 $a_1=3$, $a_2=1$, $2\log_2 a_{n+1}=\log_2 a_n+\log_2 a_{n+2}$ $(n \geq 1)$로 정의될 때, a_6의 값을 구하는 과정을 서술하시오.

정답

12 모든 항이 양수인 수열 $\{a_n\}$이 $a_1=5$, $a_2=10$, $9^{a_{n+1}}=3^{a_n}\times 3^{a_{n+2}}$ $(n \geq 1)$로 정의될 때, a_{20}의 값을 구하는 과정을 서술하시오.

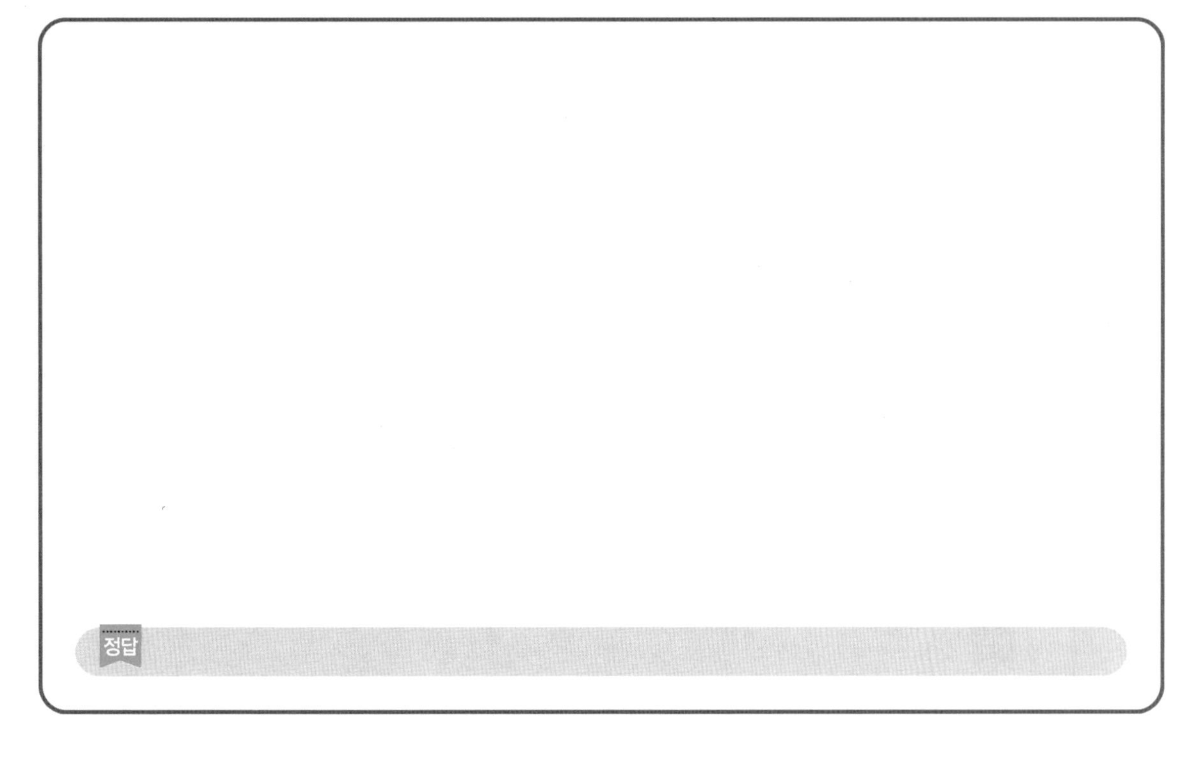

13 수열 $\{a_n\}$의 첫째항부터 제n항까지의 합을 S_n이라 할 때, 수열 $\{S_n\}$은 $S_1 = \frac{1}{3}$, $(n+1)S_{n+1} = 3nS_n \ (n \geq 1)$을 만족시킨다. a_5의 값을 구하는 과정을 서술하시오.

정답

14 $a_3 = 5$인 수열 $\{a_n\}$이 모든 자연수 n에 대하여 $a_{n+1} = \begin{cases} \frac{a_n + 1}{2} & (a_n\text{이 홀수인 경우}) \\ \frac{a_n}{2} & (a_n\text{이 짝수인 경우}) \end{cases}$를 만족시킨다. $a_1 < 20$일 때, 가능한 모든 a_1의 값의 합을 구하는 과정을 서술하시오.

정답

15 다음은 모든 자연수 n에 대하여 $1+3+5+\cdots+(2n-1)=n^2$이 성립함을 수학적 귀납법으로 증명한 것이다.

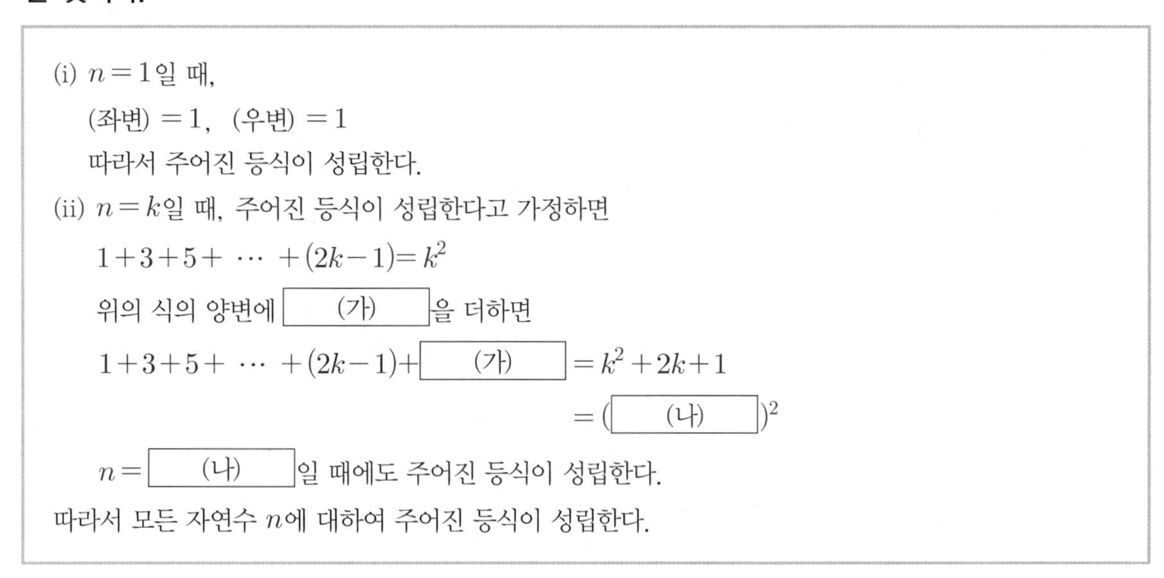
(i) $n=1$일 때,
(좌변) $=1$, (우변) $=1$
따라서 주어진 등식이 성립한다.
(ii) $n=k$일 때, 주어진 등식이 성립한다고 가정하면
$1+3+5+\cdots+(2k-1)=k^2$
위의 식의 양변에 (가) 을 더하면
$1+3+5+\cdots+(2k-1)+$ (가) $=k^2+2k+1$
$=($ (나) $)^2$
$n=$ (나) 일 때에도 주어진 등식이 성립한다.
따라서 모든 자연수 n에 대하여 주어진 등식이 성립한다.

위의 (가), (나)에 알맞은 식을 각각 $f(k)$, $g(k)$라 할 때, $\frac{g(3)}{f(3)}$의 값을 구하시오.

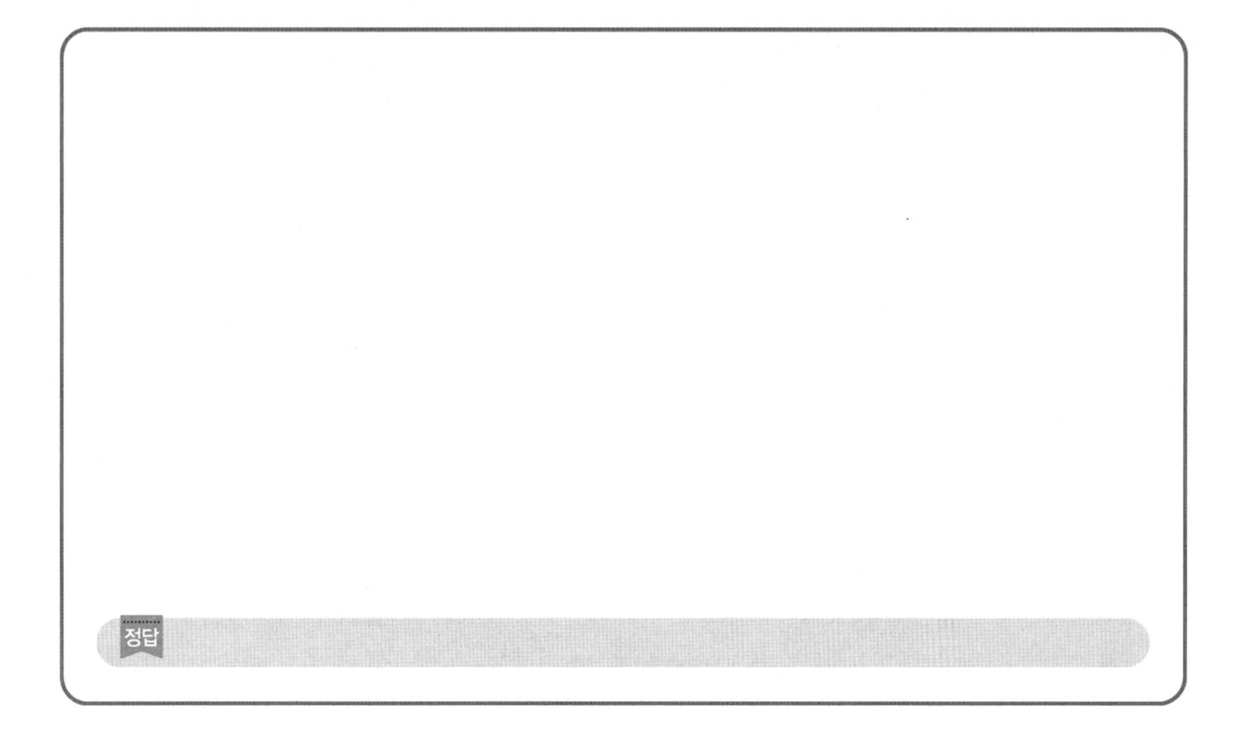

약술형 논술 **수학**

수학

II

약술형 논술

01 함수의 극한과 연속

개념 CHECK

1 함수의 극한

(1) 특정 값에서의 함수의 극한값(수렴)

① 함수 $f(x)$에서 x의 값이 a가 아니지만 a에 한없이 가까워질 때, $f(x)$의 값이 일정한 값 p에 한없이 가까워지면 함수 $f(x)$는 p에 수렴한다고 한다.

② 이때 p를 함수 $f(x)$의 $x=a$에서의 극한값 또는 극한이라 하고, 이것을 기호로 다음과 같이 나타낸다.

$$\lim_{x\to a}f(x)=p \quad \text{또는} \quad x\to a\text{일 때 } f(x)\to p$$

③ 상수함수 $f(x)=c$ (c는 상수)는 모든 x의 값에 대하여 함숫값이 c이므로 a의 값에 관계없이 다음의 식이 성립한다.

$$\lim_{x\to a}f(x)=\lim_{x\to a}c=c$$

(2) 무한대에서의 함수의 극한값(수렴)

① x의 값이 한없이 커지는 것을 기호 ∞를 사용해 표현하면 $x\to\infty$와 같이 나타내고, 이때 기호 ∞를 무한대라고 한다.

② 같은 방식으로 x의 값이 음수이면서 그 값이 한없이 작아지는 것을 기호로 $x\to-\infty$와 같이 나타낸다.

③ 함수 $f(x)$에서 x의 값이 한없이 커질 때, $f(x)$의 값이 일정한 값 p에 한없이 가까워지면 이것을 기호로 다음과 같이 나타낸다.

$$\lim_{x\to\infty}f(x)=p \quad \text{또는} \quad x\to\infty\text{일 때 } f(x)\to p$$

④ 함수 $f(x)$에서 x의 값이 음수이면서 그 절댓값이 한없이 커질 때, $f(x)$의 값이 일정한 값 p에 한없이 가까워지면 이것을 기호로 다음과 같이 나타낸다.

$$\lim_{x\to-\infty}f(x)=p \quad \text{또는} \quad x\to-\infty\text{일 때 } f(x)\to p$$

(3) 극한값이 없다(발산)

① 함수 $f(x)$에서 x의 값이 a가 아니지만 a에 한없이 가까워질 때, $f(x)$가 특정 값으로도 수렴하지 않으면 함수 $f(x)$는 발산한다고 한다.

② 함수 $f(x)$에서 x의 값이 a가 아니지만 a에 한없이 가까워질 때, $f(x)$의 값이 한없이 커지면 함수 $f(x)$는 양의 무한대로 발산한다고 하고, 이것을 기호로 다음과 같이 나타낸다.

$$\lim_{x\to a}f(x)=\infty \quad \text{또는} \quad x\to a\text{일 때 } f(x)\to\infty$$

③ 함수 $f(x)$에서 x의 값이 a가 아니지만 a에 한없이 가까워질 때, $f(x)$의 값이 음수이면서 한없이 작아지면 함수 $f(x)$는 음의 무한대로 발산한다고 하고, 이것을 기호로 다음과 같이 나타낸다.

$$\lim_{x\to a}f(x)=-\infty \quad \text{또는} \quad x\to a\text{일 때 } f(x)\to-\infty$$

(4) 함수의 우극한과 좌극한

① 함수 $f(x)$에서 x의 값이 a보다 크면서 a에 한없이 가까워질 때, $f(x)$의 값이 일정한 값 p에 한없이 가까워지면 p를 함수 $f(x)$의 $x=a$에서의 우극한이라 하고, 이것을 기호로 다음과 같이 나타낸다.

$\lim_{x \to a+} f(x) = p$ 또는 $x \to a+$일 때 $f(x) \to p$

② 함수 $f(x)$에서 x의 값이 a보다 작으면서 a에 한없이 가까워질 때, $f(x)$의 값이 일정한 값 q에 한없이 가까워지면 q를 함수 $f(x)$의 $x=a$에서의 좌극한이라 하고, 이것을 기호로 다음과 같이 나타낸다.

$\lim_{x \to a-} f(x) = q$ 또는 $x \to a-$일 때 $f(x) \to q$

③ 함수 $f(x)$의 $x=a$에서의 극한값이 L이라면 $x=a$에서의 우극한과 좌극한이 모두 존재하고 그 값은 모두 L과 같다. 또한 그 역도 성립한다. 이를 기호로 나타내면 다음과 같다.

$$\lim_{x \to a} f(x) = L \iff \lim_{x \to a+} f(x) = \lim_{x \to a-} f(x) = L$$

④ 여기서 매우 중요하게 생각해야 할 부분은 함수 $f(x)$의 $x=a$에서의 우극한과 좌극한이 둘 다 존재하더라도 그 값이 다르면 극한값 $\lim_{x \to a} f(x)$는 존재하지 않는다.

(5) 함수의 극한에 대한 성질

두 함수 $f(x)$, $g(x)$에서 극한값 $\lim_{x \to a} f(x)$, $\lim_{x \to a} g(x)$가 존재할 때

① $\lim_{x \to a} cf(x) = c\lim_{x \to a} f(x)$ (단, c는 상수)

② $\lim_{x \to a} \{f(x)+g(x)\} = \lim_{x \to a} f(x) + \lim_{x \to a} g(x)$

③ $\lim_{x \to a} \{f(x)-g(x)\} = \lim_{x \to a} f(x) - \lim_{x \to a} g(x)$

④ $\lim_{x \to a} f(x)g(x) = \lim_{x \to a} f(x) \times \lim_{x \to a} g(x)$

⑤ $\lim_{x \to a} \dfrac{f(x)}{g(x)} = \dfrac{\lim_{x \to a} f(x)}{\lim_{x \to a} g(x)}$ (단, $\lim_{x \to a} g(x) \neq 0$)

(6) 함수의 극한의 대소 관계

세 함수 $f(x)$, $g(x)$, $h(x)$와 a 근처의 모든 실수 x에 대하여

① $f(x) \le g(x)$이고 $\lim_{x \to a} f(x)$와 $\lim_{x \to a} g(x)$가 존재하면 $\lim_{x \to a} f(x) \le \lim_{x \to a} g(x)$

② $f(x) \le h(x) \le g(x)$이고 $\lim_{x \to a} f(x) = \lim_{x \to a} g(x) = K$이면 $\lim_{x \to a} h(x) = K$

2 함수의 연속

(1) 함수의 연속과 불연속

① 함수의 연속 : 함수 $f(x)$가 실수 a에 대하여 다음 세 조건을 모두 만족시킬 때, 함수 $f(x)$는 $x=a$에서 연속이라고 한다.

1. 함수 $f(x)$가 $x=a$에서 정의되어 있다.
2. 극한값 $\lim_{x \to a} f(x)$가 존재한다.
3. $\lim_{x \to a} f(x) = f(a)$

② **함수의 불연속** : 위의 세 조건 중 하나라도 만족시키지 못한다면 함수 $f(x)$는 $x=a$에서 불연속이라고 한다.

예를 들어 다음과 같은 그림은 세 조건을 모두 만족시키기 때문에 연속인 함수라고 할 수 있다.

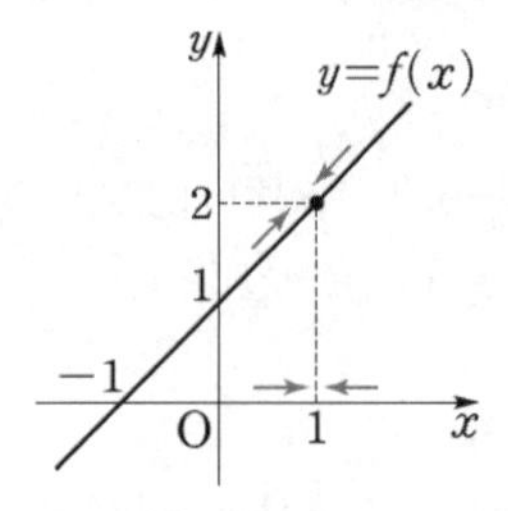

그러나 다음 함수는 [조건 1]은 만족시키지만 [조건 2]를 만족하지 못하므로 불연속이다.

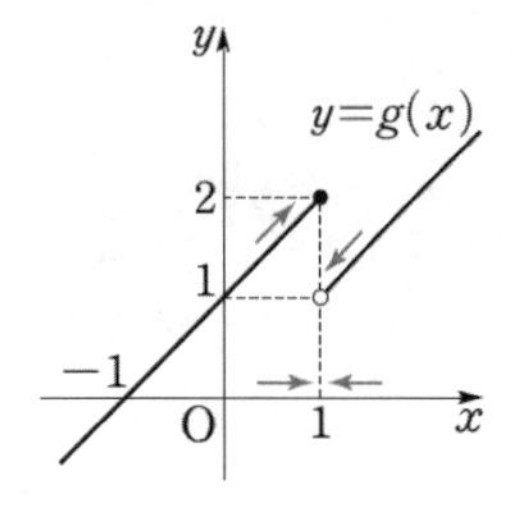

또한 다음 함수는 [조건 1]과 [조건 2]를 모두 만족시키지만 [조건 3]을 만족시키지 못하므로 불연속이다.

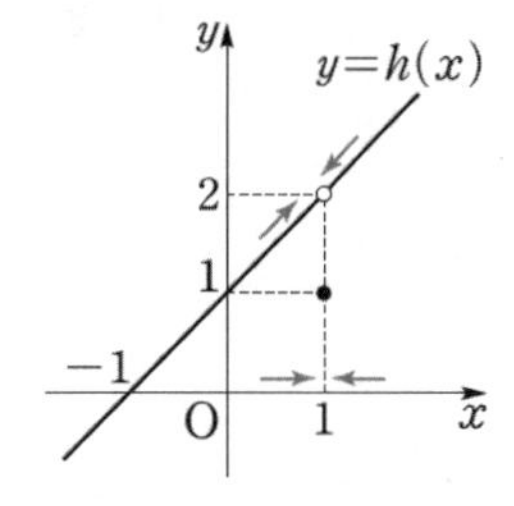

(2) 연속함수의 정의

① 함수 $f(x)$가 특정 구간에 속하는 모든 실수 x에서 연속일 경우, 함수 $f(x)$는 그 구간에서 연속 또는 그 구간에서 연속함수라고 한다.

② 요약하자면 함수 $f(x)$가 다음 두 조건을 모두 만족시킬 때, 함수 $f(x)$는 닫힌구간 $[a,\ b]$에서 연속이라고 한다.

> 1. 함수 $f(x)$는 열린구간 $(a,\ b)$에서 연속이다.
> 2. $\lim_{x\to a+} f(x)=f(a)$, $\lim_{x\to b-} f(x)=f(b)$

(3) 연속함수의 성질

두 함수 $f(x)$, $g(x)$가 $x=a$에서 연속이면

$$\lim_{x\to a}f(x)=f(a),\ \lim_{x\to a}g(x)=g(a)$$

이므로 함수의 극한에 대한 성질에 의하여 다음이 성립한다.

① $\lim_{x\to a}cf(x)=c\lim_{x\to a}f(x)=cf(a)$ (단, c는 상수)

② $\lim_{x\to a}\{f(x)+g(x)\}=\lim_{x\to a}f(x)+\lim_{x\to a}g(x)=f(a)+g(a)$

③ $\lim_{x\to a}\{f(x)-g(x)\}=\lim_{x\to a}f(x)-\lim_{x\to a}g(x)=f(a)-g(a)$

④ $\lim_{x\to a}f(x)g(x)=\lim_{x\to a}f(x)\times\lim_{x\to a}g(x)=f(a)g(a)$

⑤ $\lim_{x\to a}\dfrac{f(x)}{g(x)}=\dfrac{\lim_{x\to a}f(x)}{\lim_{x\to a}g(x)}=\dfrac{f(a)}{g(a)}$ (단, $g(a)\neq 0$)

따라서 위 ①~⑤의 좌변의 모든 함수 또한 연속이다. 단, ⑤의 분모, 즉 $\lim_{x\to a}g(x)=0$인 경우는 제외한다.

01 함수의 극한과 연속

정답·해설 p. 32

01 함수 $f(x)$가 $\lim_{x \to 2} \frac{f(x-3)}{x-3} = 7$을 만족시킬 때, $\lim_{x \to 2} \frac{3xf(x-3)}{x^2+2x-15}$의 값을 구하는 과정을 서술하시오.

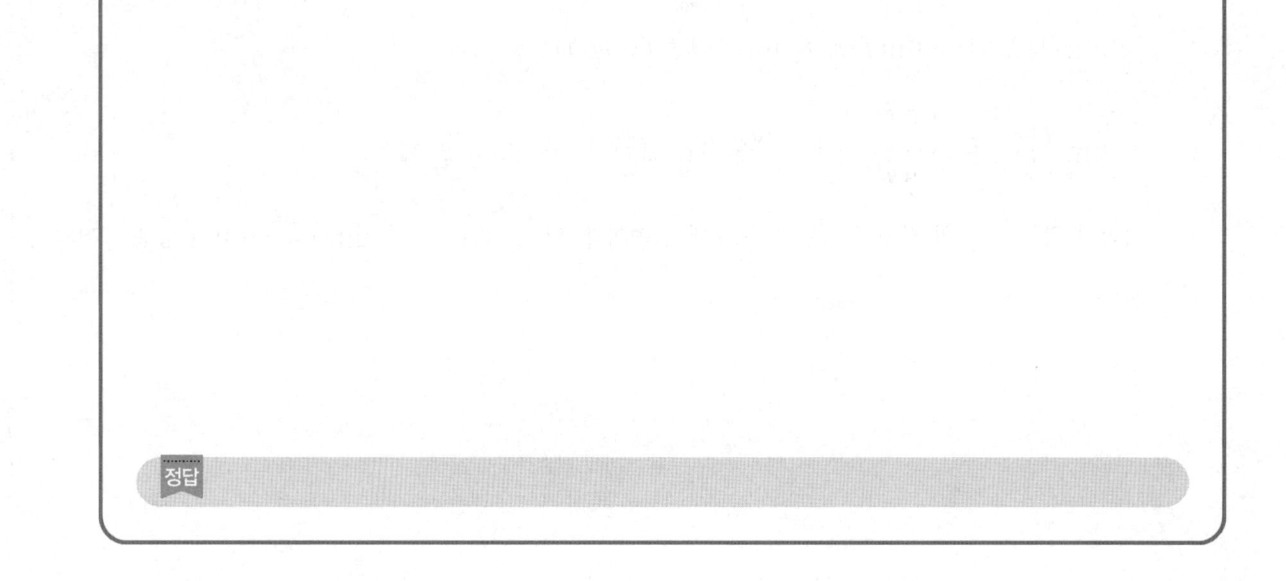

02 함수 $f(x)$가 $\lim_{x \to 2}(x-2)f(x) = 5$를 만족시킬 때, $\lim_{x \to 2}(x^2-x-2)f(x)$의 값을 구하는 과정을 서술하시오.

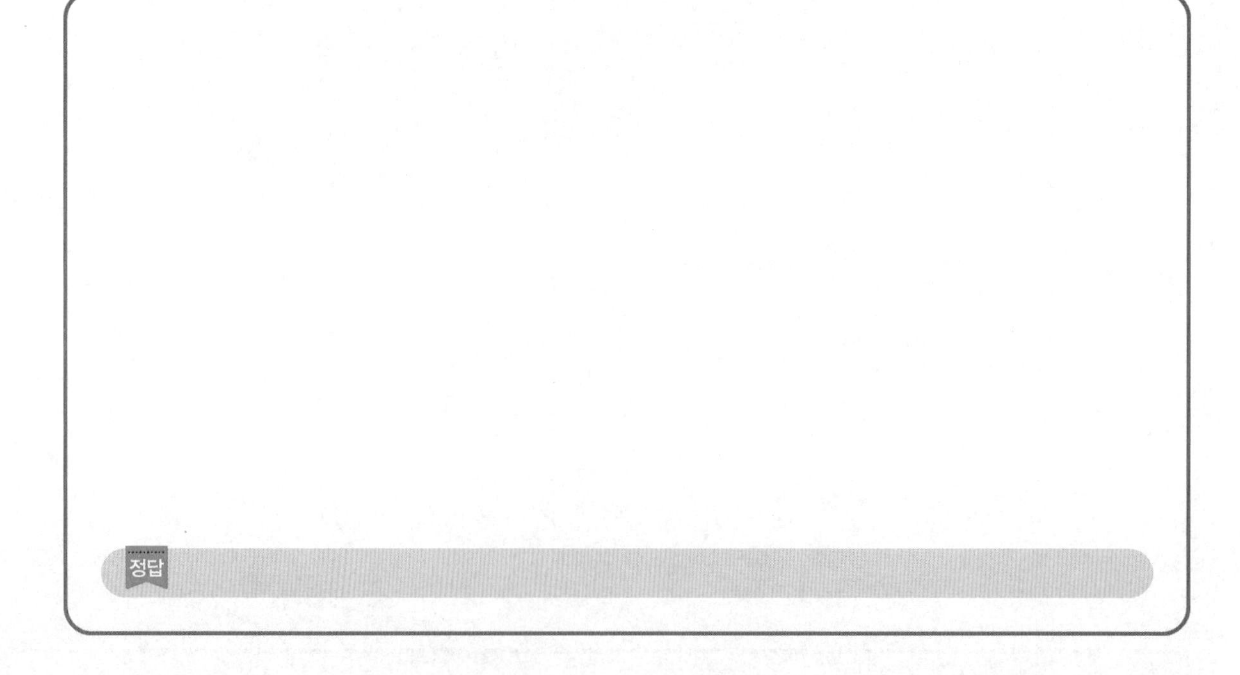

03 $\lim_{x \to n} \frac{x^3 - n^3}{x^2 - n^2} = 6$일 때, $\lim_{x \to 2n} \frac{x^3 - 2nx^2 + n^2x - 2n^3}{x - 2n}$의 값을 구하는 과정을 서술하시오.

04 두 함수 $f(x)$, $g(x)$가 $\lim_{x \to 1} f(x) = 3$, $\lim_{x \to 1}\{3f(x) + g(x)\} = 12$를 만족시킬 때, $\lim_{x \to 1} g(x)$의 값을 구하는 과정을 서술하시오.

05 $\lim_{x \to 1} \frac{x^3-1}{x-1}$의 값을 구하는 과정을 서술하시오.

정답

06 0이 아닌 실수 a에 대하여 $f(a)$를 $f(a)=\lim_{x \to a} \frac{x^2+(4a-3)x-5a^2+3a}{x^2+ax-2a^2}$라 하자. $-3 \le a \le -1$에서 함수 $f(a)$의 최댓값과 최솟값의 곱을 구하는 과정을 서술하시오.

정답

07 함수 $f(x)=\begin{cases} x+a & (x \ge 0) \\ x+a^2 & (x<0) \end{cases}$에 대하여 함수 $g(x)$를 $g(x)=f(x)\{f(x)+1\}$이라 하자. $\lim_{x\to 0} g(x)$의 값이 존재하도록 하는 양의 정수 a의 값을 구하는 과정을 서술하시오.

08 $\lim_{x\to -\infty}\left(\sqrt{x^2+4}+mx\right)=n$을 만족시키는 상수 m, n에 대하여 $m-n$의 값을 구하는 과정을 서술하시오.

09 함수 $f(x)=a(x+1)^2-4$에 대하여 $\lim_{x \to \infty}\{\sqrt{f(x)}-\sqrt{f(-x)}\}=1$일 때, 양수 a의 값을 구하는 과정을 서술하시오.

10 $\lim_{x \to 1}\frac{3x^2+ax+b}{x^2+2x-3}=2$일 때, ab의 값을 구하는 과정을 서술하시오. (단, a와 b는 상수이다.)

11 최고차항의 계수가 1인 이차함수 $f(x)$에 대하여 $\lim_{x \to 2} \frac{f(x)-2x}{x-2}=6$일 때, $f(3)$의 값을 구하는 과정을 서술하시오.

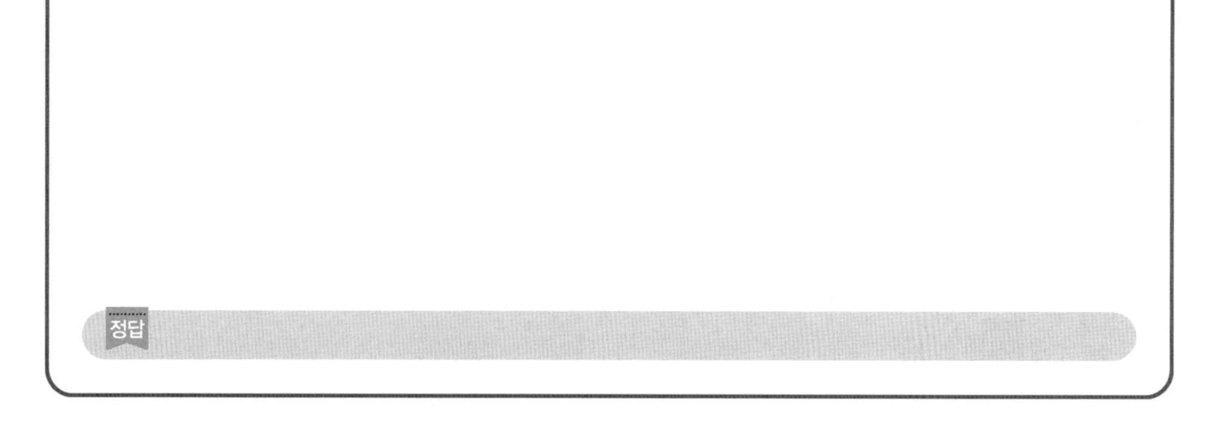

12 최고차항의 계수가 1인 이차함수 $f(x)$가 $\lim_{x \to 1} \frac{(x+1)f(x)}{x-1}=12$를 만족시킬 때, $f(2)$의 값을 구하는 과정을 서술하시오.

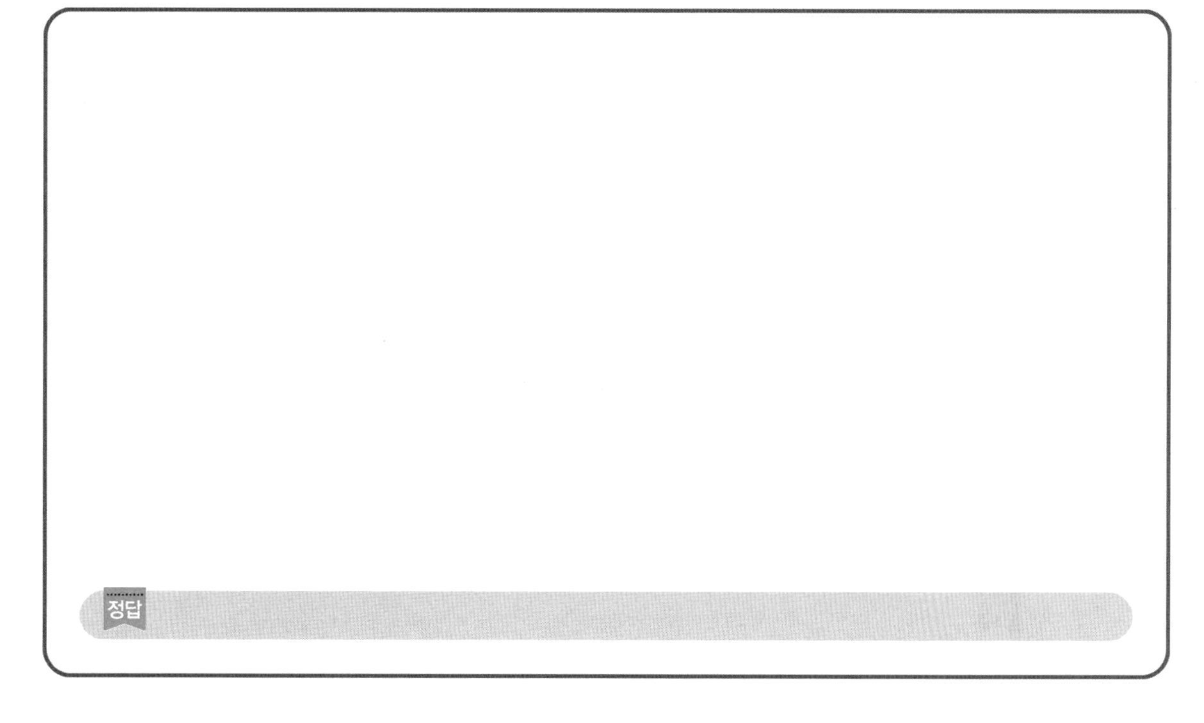

13 다항함수 $f(x)$가 $\lim_{x \to \infty} \frac{f(x)-2x^3}{3x^2}=5$, $\lim_{x \to 1} \frac{f(x)}{x-1}=-4$를 만족시킬 때, $f(-1)$의 값을 구하는 과정을 서술하시오.

정답

14 다항함수 $f(x)$가 $\lim_{x \to \infty} \frac{f(x)}{x^2}=2$, $\lim_{x \to -1} \frac{f(x)}{x^2-x-2}=3$을 만족시킬 때, $f(2)$의 값을 구하는 과정을 서술하시오.

정답

15 다항함수 $f(x)$가 $\lim_{x \to 0+} \dfrac{x^2 f\left(\dfrac{1}{x}\right) - \dfrac{2}{x}}{x^2 - 3} = 3$, $\lim_{x \to 0-} \dfrac{f(x)}{2x} = 3$을 만족시킬 때, $f(2)$의 값을 구하는 과정을 서술하시오.

정답

16 수열 $\{a_n\}$이 모든 자연수 n에 대하여 $\dfrac{\sqrt{3n^2+2n}-1}{n^2+1} < a_n < \dfrac{\sqrt{3n^2+2n}+7}{n^2+1}$을 만족시킬 때, $(\lim_{n \to \infty} n a_n)^2$의 값을 구하는 과정을 서술하시오.

정답

17 함수 $y=f(x)$의 그래프가 그림과 같다.

$\lim_{x\to0+}f(x)+\lim_{x\to2-}f(x)-f(0)$의 값을 구하는 과정을 서술하시오.

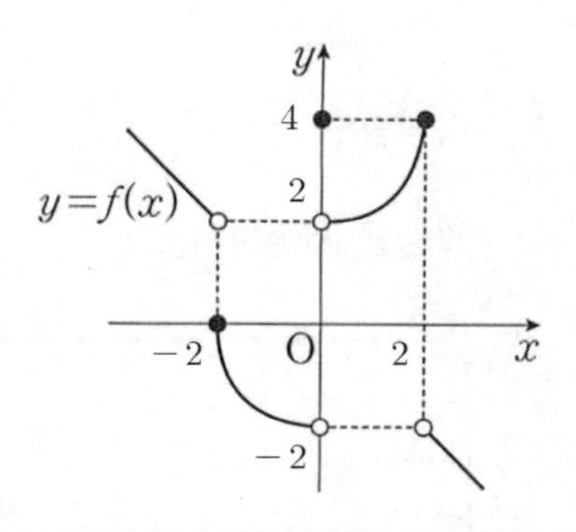

정답

18 다항함수 $f(x)$가 $f(x)=\begin{cases} x^2-2x+8 & (x<1) \\ x-5 & (1\le x<4) \\ \log_2 x+3 & (x\ge4) \end{cases}$ 를 만족시킬 때,

$\lim_{x\to1-}f(x)+\lim_{x\to1+}f(x)-\lim_{x\to4+}f(x)$의 값을 구하는 과정을 서술하시오.

정답

19 함수 $f(x)$가 모든 실수 x에 대하여 부등식 $x^2 \le f(x) \le 2x^2-2x+1$을 만족시킬 때, $\lim_{x \to 1} \frac{f(x)-x}{x-1}$의 값을 구하는 과정을 서술하시오.

20 함수 $f(x)=\begin{cases} x^2-5x+3 & (x \ne 2) \\ a & (x=2) \end{cases}$가 실수 전체의 집합에서 연속일 때, 상수 a의 값을 구하는 과정을 서술하시오.

21 함수 $f(x)=\begin{cases} \dfrac{x^2+ax-3}{x-1} & (x \neq 1) \\ b & (x=1) \end{cases}$이 실수 전체의 집합에서 연속일 때, 두 상수 a, b에 대하여 ab의 값을 구하는 과정을 서술하시오.

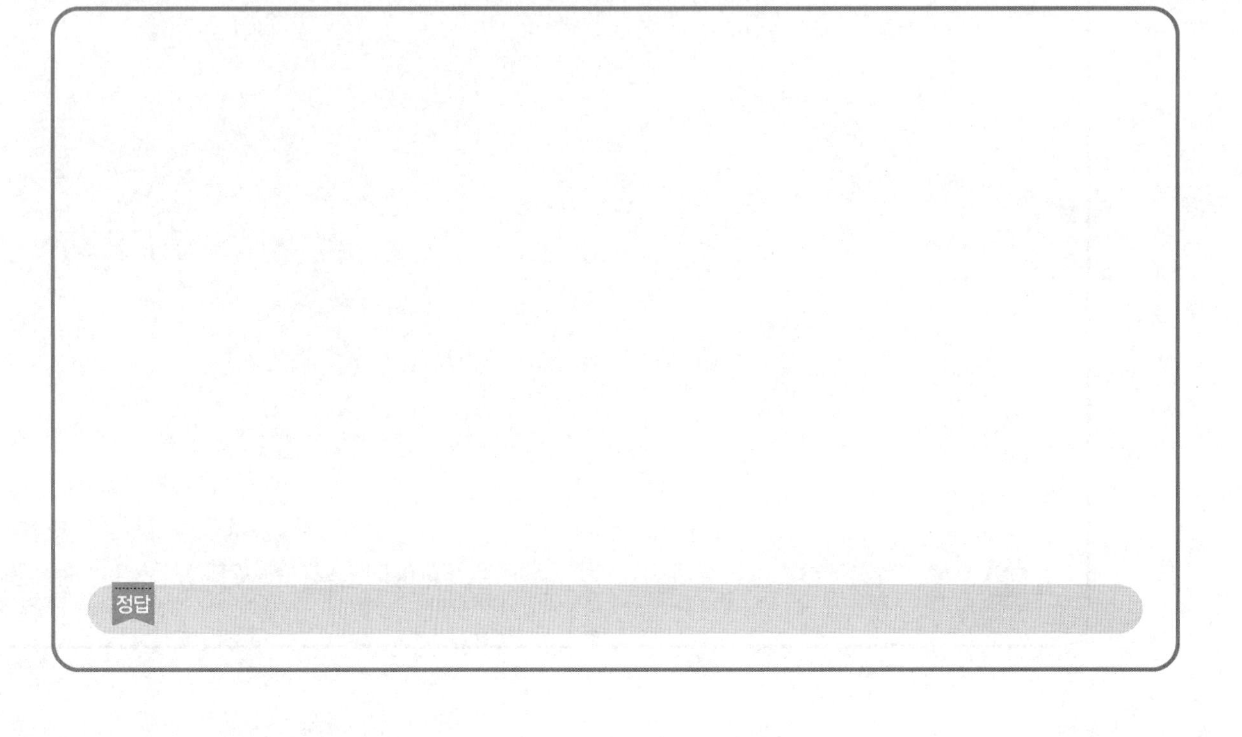

22 실수 전체의 집합에서 연속인 함수 $f(x)$가 $(x-2)f(x)=2x^2+ax-6$을 만족시킬 때, a의 값을 구하는 과정을 서술하시오. (단, a는 상수이다.)

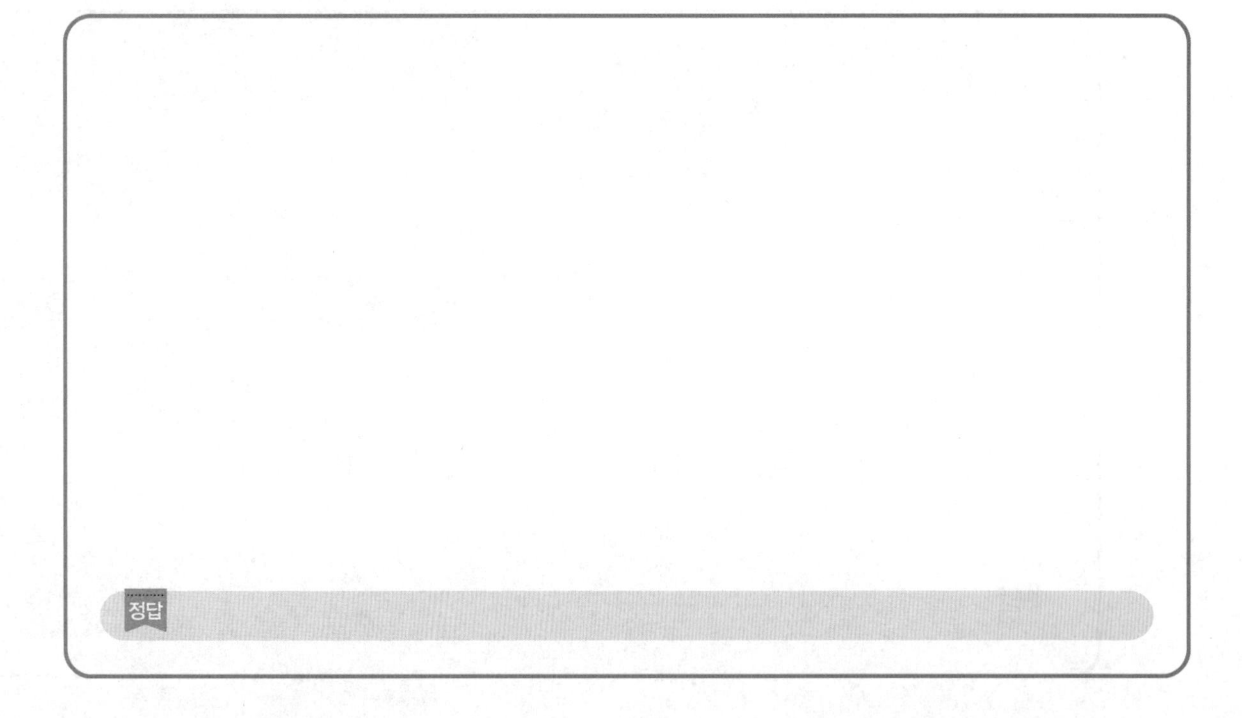

23 두 함수 $f(x)=\begin{cases}-x^2+2 & (x<2)\\ -x+5 & (x\geq 2)\end{cases}$, $g(x)=x^2+ax-2$일 때, 함수 $f(x)g(x)$가 $x=2$에서 연속이 되도록 하는 상수 a의 값을 구하는 과정을 서술하시오.

24 두 함수 $f(x)=\begin{cases}(x-3)^2 & (x\neq 2)\\ 4 & (x=2)\end{cases}$, $g(x)=x+4k$에 대하여 함수 $f(x)g(x)$가 실수 전체의 집합에서 연속이 되도록 하는 상수 k의 값을 구하는 과정을 서술하시오.

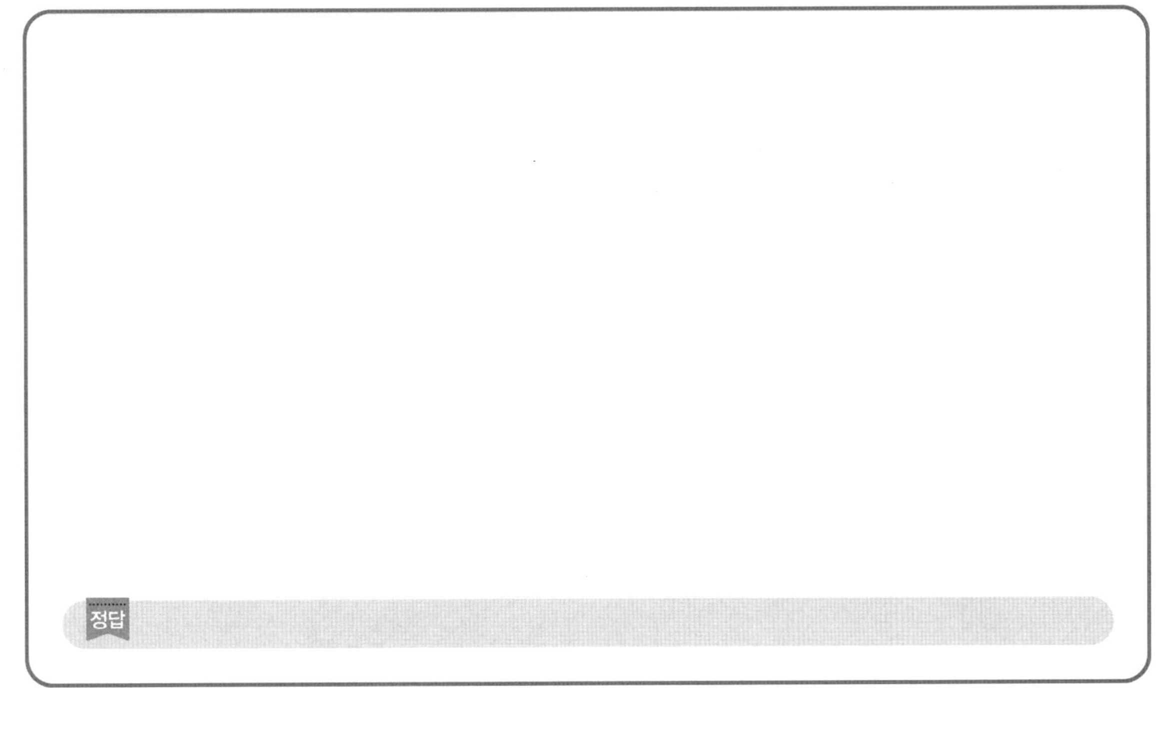

25 함수 $f(x)=\begin{cases} x^2-6x+10 & (x \le 3) \\ x-3 & (x>3) \end{cases}$과 최고차항의 계수가 1인 이차함수 $g(x)$에 대하여 함수 $\dfrac{g(x)}{f(x)}$가 실수 전체의 집합에서 연속일 때, $g(1)$의 값을 구하는 과정을 서술하시오.

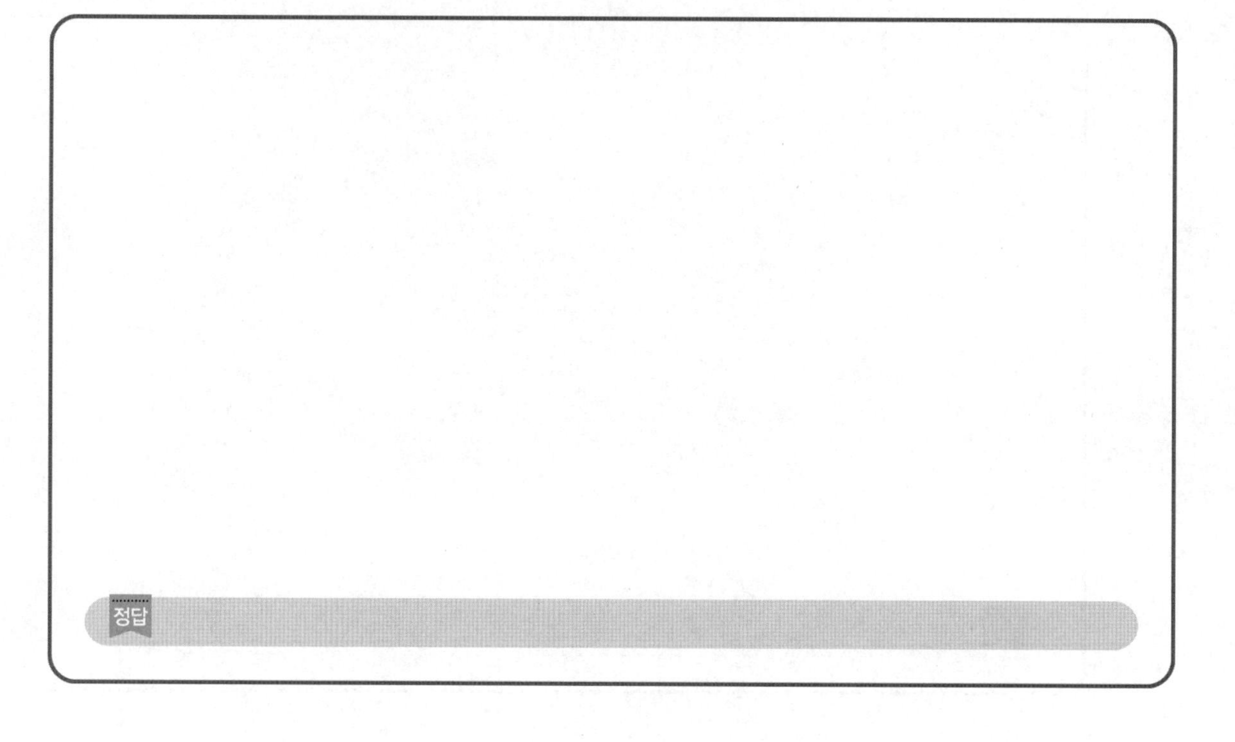

26 두 함수 $f(x)=\begin{cases} -x+3 & (x<0) \\ 3x^2 & (x \ge 0) \end{cases}$, $g(x)=\begin{cases} -x^2-2 & (x<0) \\ 2x+k & (x \ge 0) \end{cases}$에 대하여 함수 $f(x)+g(x)$가 $x=0$에서 연속이 되도록 하는 상수 k의 값을 구하는 과정을 서술하시오.

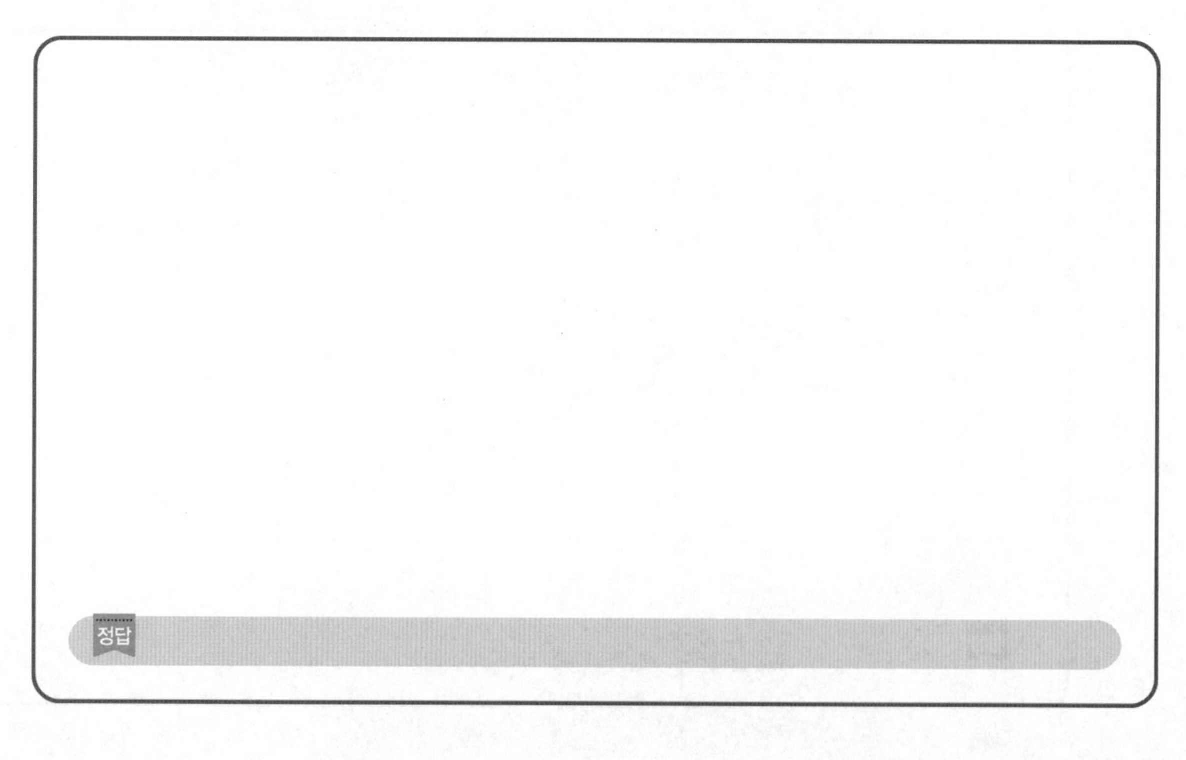

27 두 함수 $f(x)=\begin{cases} x^2-2x+3 & (x<1) \\ 1 & (x \geq 1) \end{cases}$, $g(x)=ax+1$에 대하여 함수 $\dfrac{g(x)}{f(x)}$가 실수 전체의 집합에서 연속일 때, 상수 a의 값을 구하는 과정을 서술하시오.

28 좌표평면에서 반지름의 길이가 r인 원 $x^2+y^2=r^2$의 내부에 포함되고 x좌표와 y좌표가 모두 정수인 점의 개수를 $f(r)$이라 하자. 예를 들어, $f(1)=1$이고 $f(\sqrt{2})=5$이다. $0<r<3$인 실수 r에 대하여 함수 $f(r)$이 불연속이 되는 r의 개수를 구하는 과정을 서술하시오.

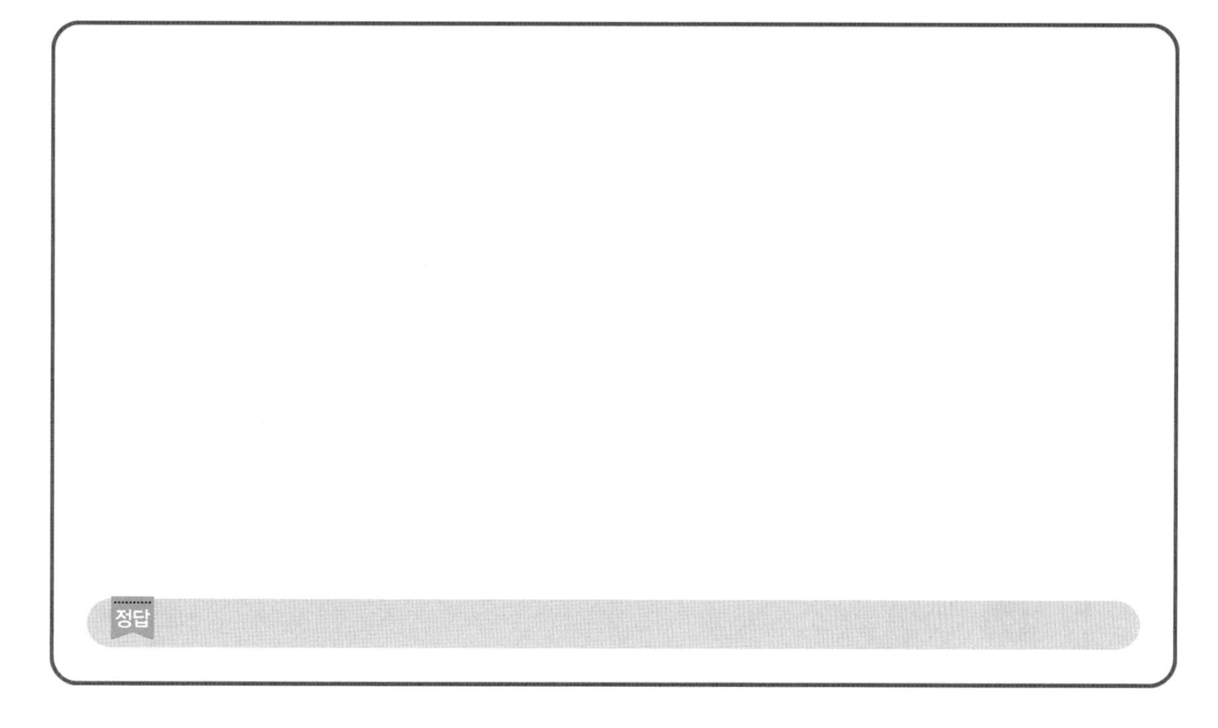

29 함수 $f(x)=\begin{cases} 2x^2+ax+b & (x<-1) \\ 3 & (x=-1) \\ -x+b & (x>-1) \end{cases}$ 이 실수 전체의 집합에서 연속일 때, $a+b$의 값을 구하는 과정을 서술하시오. (단, a와 b는 상수이다.)

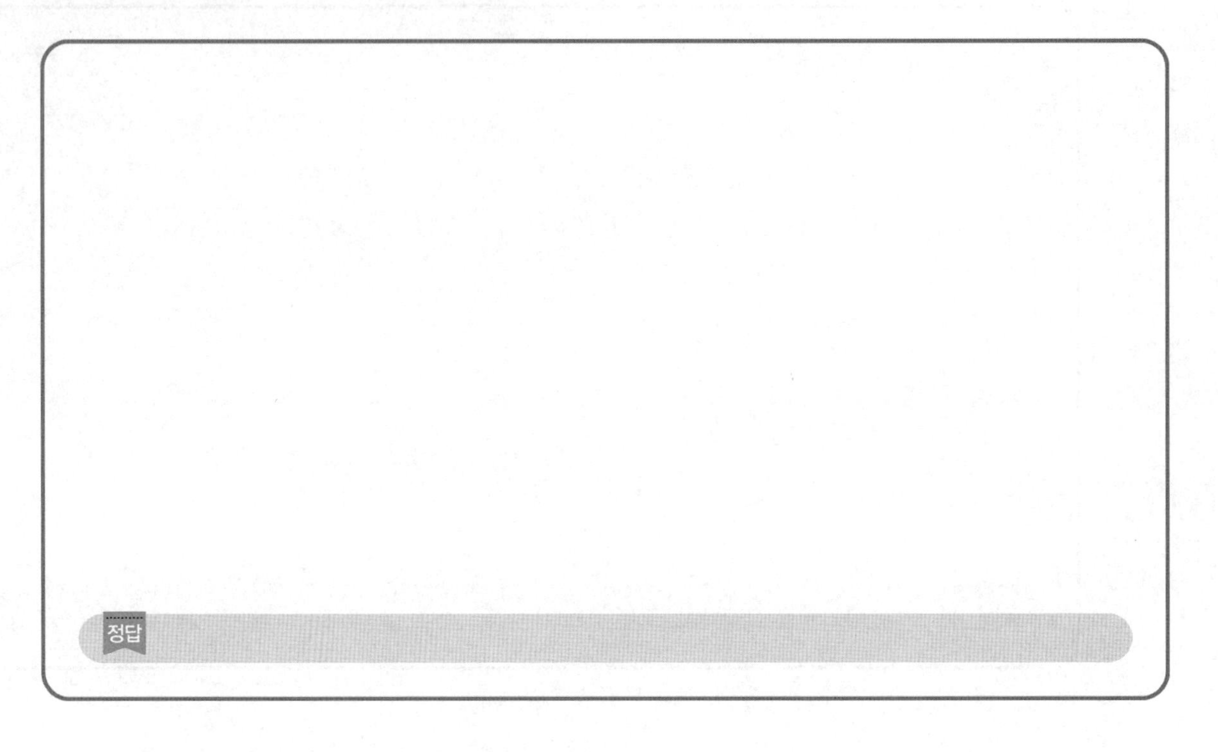

30 함수 $f(x)=\begin{cases} -x+3 & (x<1) \\ x^2-3ax+a^2-3 & (x\geq 1) \end{cases}$ 이 실수 전체의 집합에서 연속일 때, 양수 a의 값을 구하는 과정을 서술하시오.

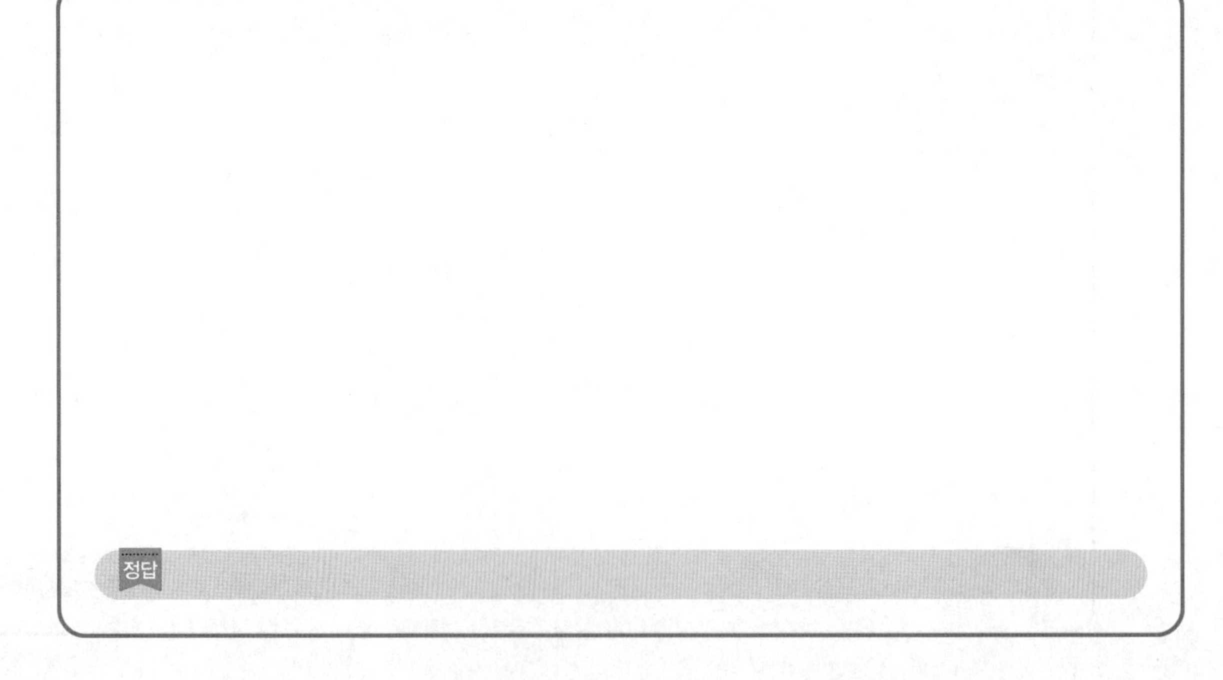

31 모든 실수에서 연속인 함수 $f(x)$가 $(x^2+2x+k)f(x)=(x-1)(x-5)$를 만족시킬 때, 가능한 모든 k의 값의 곱을 구하는 과정을 서술하시오. (단, $x^2+2x+k=0$의 두 근은 정수이며 $k<0$이다.)

32 두 함수 $f(x)=\begin{cases} \dfrac{1}{x-1} & (x<1) \\ \dfrac{1}{x^2+3x+1} & (x \geq 1) \end{cases}$, $g(x)=x^3+ax+b$에 대하여 함수 $f(x)g(x)$가 실수 전체의 집합에서 연속일 때, $b-a$의 값을 구하는 과정을 서술하시오. (단, a, b는 상수이다.)

33 함수 $f(x)=\begin{cases} x+3 & (x \le a) \\ x^2-9 & (x > a) \end{cases}$에 대하여 함수 $|f(x)|$가 실수 전체의 집합에서 연속이 되도록 하는 모든 실수 a의 값의 곱을 구하는 과정을 서술하시오.

정답

34 최고차항의 계수가 1인 이차함수 $f(x)$가 $\lim_{x \to 3} \frac{f(x+3)}{x-3}=2$를 만족시킬 때, $\lim_{x \to a} f(x)=0$인 모든 실수 a의 값의 합을 구하는 과정을 서술하시오.

정답

35 함수 $f(x)=\begin{cases} x^2-3x+7 & (x \neq 2) \\ \sqrt{a^2} & (x=2) \end{cases}$가 실수 전체의 집합에서 연속일 때, 음수 a의 값을 구하는 과정을 서술하시오.

36 함수 $f(x)=\begin{cases} x+k & (x \geq -2) \\ |x-4| \times |x+1| & (x < -2) \end{cases}$가 실수 전체의 집합에서 연속일 때, 상수 k의 값을 구하는 과정을 서술하시오.

정답

37 함수 $f(x)=\begin{cases} x+8 & (x<a) \\ x^2+|x| & (x \geq a) \end{cases}$가 실수 전체의 집합에서 연속일 때, 모든 실수 a의 값의 곱을 구하는 과정을 서술하시오.

38 상수 a, b에 대하여 함수 $f(x)=\begin{cases} \dfrac{x^2+ax+b}{x+1} & (x \neq -1) \\ 10 & (x=-1) \end{cases}$이 모든 실수 x에서 연속일 때, $f(4)$의 값을 구하는 과정을 서술하시오.

정답

39 다항함수 $f(x)$에 대하여 함수 $g(x)$를 $g(x)=\begin{cases} \dfrac{f(x)-f(0)}{x} & (x \neq 0) \\ f(0) & (x=0) \end{cases}$으로 정의할 때, 함수 $g(x)$가 $x=0$에서 연속이 되도록 하는 함수 $f(x)$를 〈보기〉에서 있는 대로 고르시오.

보기

ㄱ. $f(x)=x^2+x+1$

ㄴ. $f(x)=2x^3+3x+3$

ㄷ. $f(x)=\dfrac{2}{x+2}$

정답

02 미분계수와 도함수

개념 CHECK

1 미분계수

(1) 미분계수의 정의

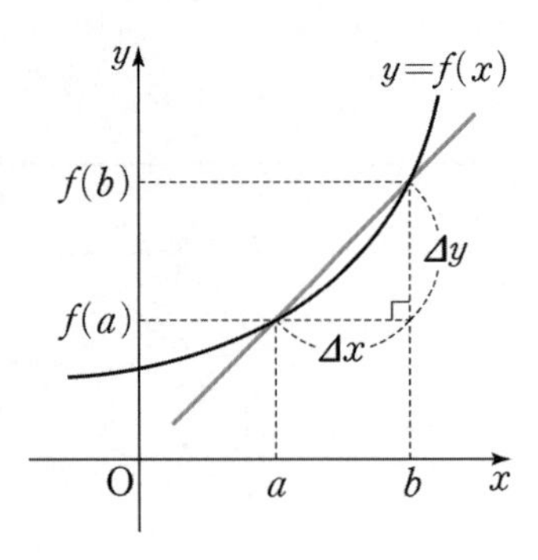

① 함수 $y=f(x)$에서 x의 값이 a에서 $a+\Delta x$까지 변할 때의 평균변화율(기울기)은 다음과 같다.

$$\frac{\Delta y}{\Delta x}=\frac{f(b)-f(a)}{b-a}=\frac{f(a+\Delta x)-f(a)}{\Delta x}$$

② $\Delta x \to 0$일 때의 평균변화율의 극한값

$$\lim_{\Delta x \to 0}\frac{\Delta y}{\Delta x}=\lim_{\Delta x \to 0}\frac{f(a+\Delta x)-f(a)}{\Delta x}$$

가 존재할 때 함수 $y=f(x)$는 $x=a$에서 미분가능하다고 한다.

③ 극한값을 함수 $y=f(x)$의 $x=a$에서의 순간변화율 또는 미분계수라 하고, 이것을 기호로 $f'(a)$로 나타낸다.

④ 함수 $f(x)$가 특정 구간에 속하는 모든 x에서 미분가능할 때 함수 $f(x)$는 그 구간에서 미분가능하다고 한다.

⑤ 함수 $f(x)$가 정의역에 속하는 모든 x에서 미분가능하면 $f(x)$는 미분가능한 함수라고 한다.

⑥ 함수 $y=f(x)$의 $x=a$에서의 미분계수는 다음과 같이 나타낼 수 있다.

$$f'(a)=\lim_{\Delta x \to 0}\frac{\Delta y}{\Delta x}=\lim_{\Delta x \to 0}\frac{f(a+\Delta x)-f(a)}{\Delta x}=\lim_{x \to a}\frac{f(x)-f(a)}{x-a}$$

(2) 미분계수의 기하학적 의미

① 함수 $y=f(x)$가 $x=a$에서 미분가능할 때, $x=a$에서의 미분계수 $f'(a)$는 곡선 $y=f(x)$ 위의 점 $(a,\ f(a))$에서의 접선의 기울기와 같다.

② 예를 들어 다음과 같은 그림에서 $x=1$에서의 미분계수가 $x=1$에서의 접선의 기울기를 뜻한다.

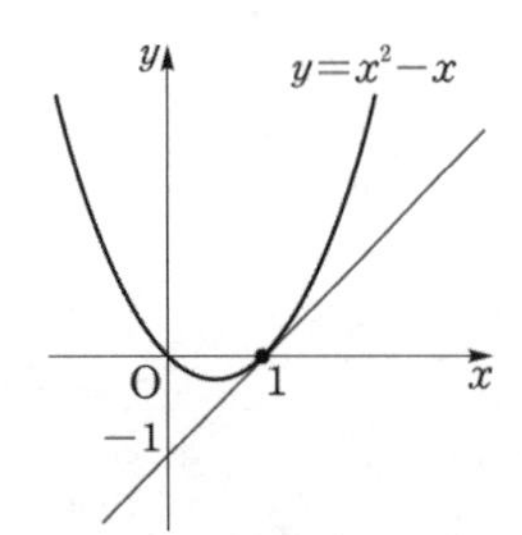

(3) 미분가능과 함수의 연속의 관계

① 함수 $f(x)$가 $x=a$에서 미분가능하면 함수 $f(x)$는 $x=a$에서 연속이다.

② 매우 중요한 것은 $f(x)$가 $x=a$에서 연속이라고 해서 함수 $f(x)$가 $x=a$에서 미분가능한 것은 아니다. 즉, 역은 성립하지 않는다.

2 도함수

함수 $y=f(x)$가 정의역에 속하는 모든 x에서 미분가능할 때, 정의역에 속하는 각 x에 미분계수 $f'(x)$를 대응시키면 새로운 함수

$$f'(x)=\lim_{\Delta x \to 0}\frac{f(x+\Delta x)-f(x)}{\Delta x}$$

를 얻을 수 있다. 식으로 보면 어렵게 느껴지지만 기하학적으로 접근하여 $y=f(x)$의 그래프 위의 어떤 x의 값을 넣으면 그 점에서의 접선의 기울기가 나오게 하는 함수라고 생각할 수 있다.

(1) 도함수의 정의

미분가능한 함수 $y=f(x)$의 도함수는 다음의 식으로 정의한다.

$$f'(x)=\lim_{\Delta x \to 0}\frac{f(x+\Delta x)-f(x)}{\Delta x}$$

(2) 도함수의 표현

도함수는 함수 또는 문제의 상황에 따라 $f'(x)$, y', $\frac{dy}{dx}$, $\frac{d}{dx}f(x)$ 등으로 표현할 수 있다.

(3) 여러 가지 함수의 도함수

① 기본함수의 도함수

- $f(x)=x^n$이면 $f'(x)=nx^{n-1}$
- $f(x)=x$이면 $f'(x)=1$
- $f(x)=c$ (c는 상수)이면 $f'(x)=0$

② 함수의 실수배, 합, 차, 곱 형태의 함수의 도함수

두 함수 $f(x)$, $g(x)$가 미분가능할 때

- $\{cf(x)\}'=cf'(x)$ (단, c는 상수)
- $\{f(x)+g(x)\}'=f'(x)+g'(x)$
- $\{f(x)-g(x)\}'=f'(x)-g'(x)$
- $\{f(x)g(x)\}'=f'(x)g(x)+f(x)g'(x)$

02 미분계수와 도함수

정답 · 해설 p. 40.

01 함수 $f(x)=2x^2-1$에서 x의 값이 1에서 3까지 변할 때의 평균변화율을 구하는 과정을 서술하시오.

정답

02 다음 곡선 위의 점 P에서의 접선의 기울기를 구하는 과정을 서술하시오.

(1) $y=x^2+x+1$, $\mathrm{P}(1,\ 3)$

(2) $y=2x^2-3x+1$, $\mathrm{P}(-1,\ 6)$

정답

03 함수 $f(x)=x^3$에 대하여 x의 값이 0에서 3까지 변할 때의 평균변화율과 $x=a$에서의 미분계수가 같을 때, 양의 실수 a의 값을 구하는 과정을 서술하시오.

정답

04 함수 $f(x)=x(x+1)(x-2)$에서 x의 값이 0에서 4까지 변할 때의 평균변화율과 x의 값이 0에서 a까지 변할 때의 평균변화율이 서로 같을 때, 양수 a의 값을 구하는 과정을 서술하시오.

정답

05 그림과 같은 함수 $f(x)$에 대하여 역함수 $g(x)$가 존재할 때, 함수 $g(x)$에 대하여 닫힌구간 $[b,\ d]$에서의 평균변화율을 구하는 과정을 서술하시오.

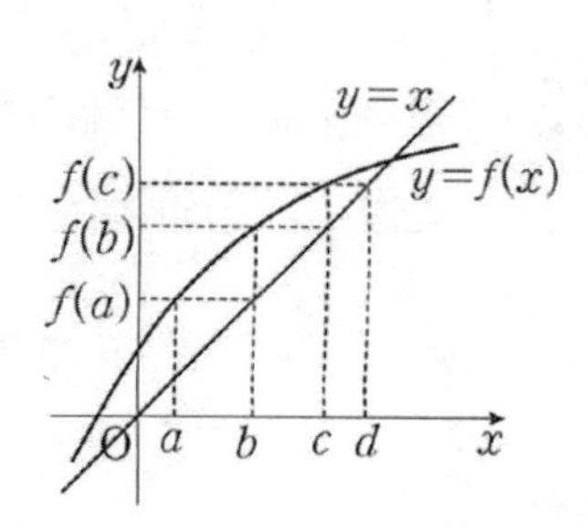

정답

06 시각 t일 때, 어떤 전선을 지나는 전하량이 $Q(t)=\frac{1}{3}t^3-4t^2+12t+3$이라 할 때, 전선을 지나는 전하량의 순간변화율이 $t=2$일 때와 같은 시각을 구하는 방법을 서술하시오.

정답

07 $f'(1)=4$일 때, $\lim_{h \to 0} \frac{f(1+3h)-f(1)}{2h}$의 값을 구하는 과정을 서술하시오.

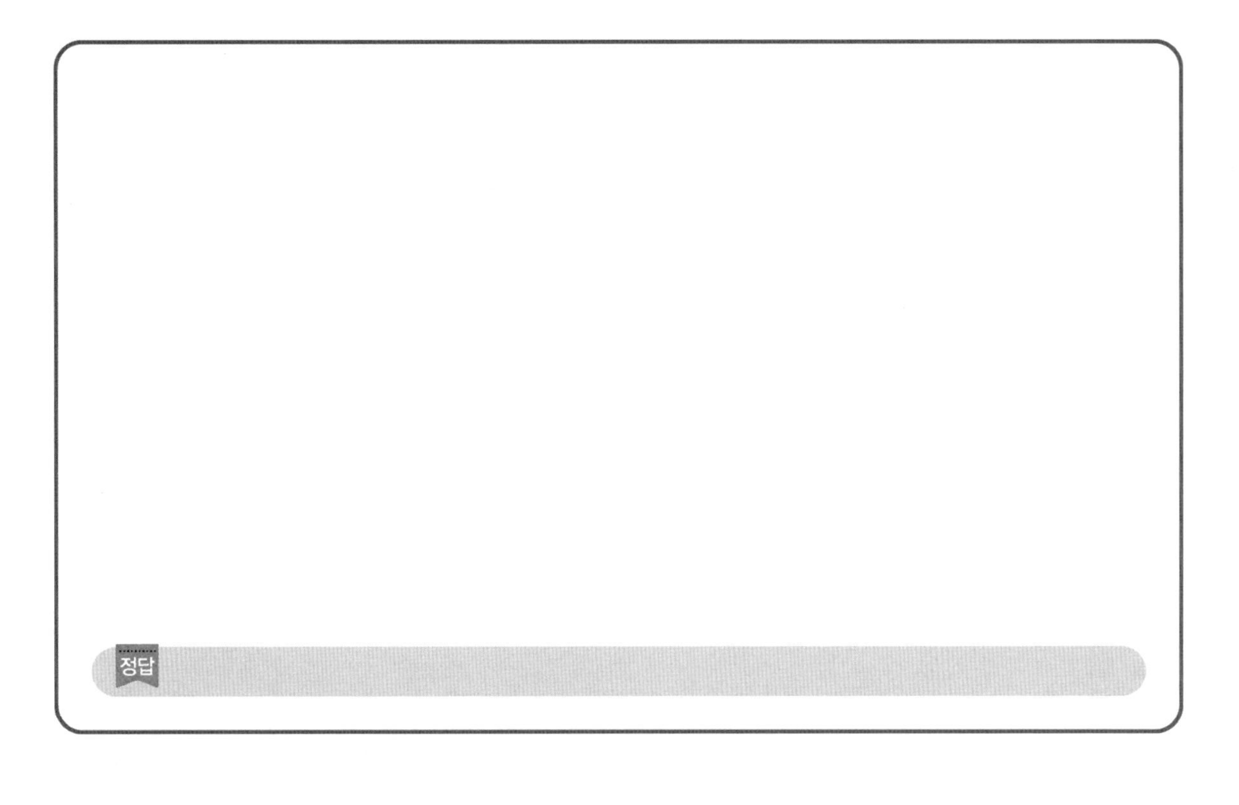

08 다항함수 $f(x)$에 대하여 $\lim_{h \to 0} \frac{f(-1+3h)-f(-1)}{h}=6$일 때, $f'(-1)$의 값을 구하는 과정을 서술하시오.

09 닫힌구간 $[0,\ 6]$에서 함수 $y=f(x)$의 그래프가 그림과 같을 때, 함수 $g(x)=\dfrac{f(x)-f(1)}{x-1}$ $(1<x\leq 6)$에 대하여 〈보기〉에서 옳은 것만을 있는 대로 고르시오.

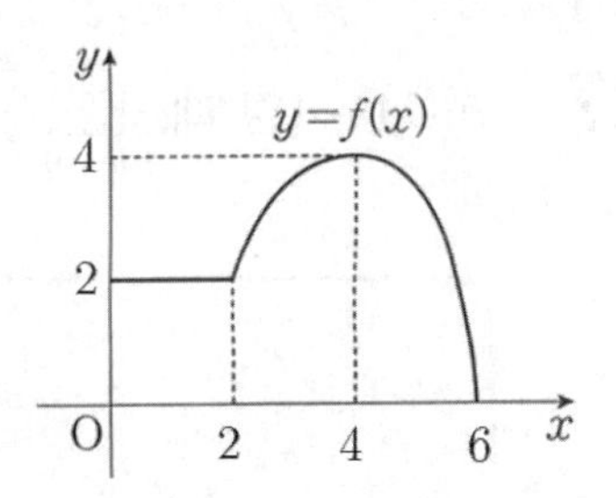

보기

ㄱ. $g(4)<g(6)$

ㄴ. $g(x)=\dfrac{1}{2}$인 x의 값은 2개이다.

ㄷ. $g(x)$는 $x=2$일 때, 최솟값을 갖는다.

정답

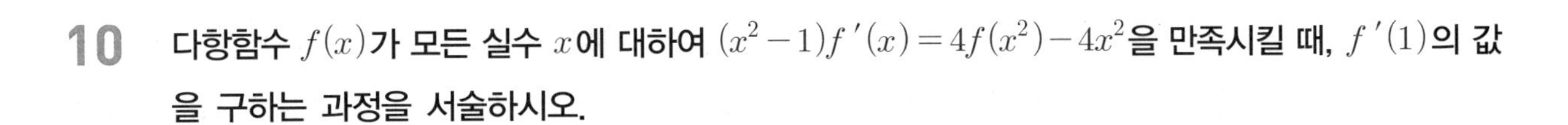

10 다항함수 $f(x)$가 모든 실수 x에 대하여 $(x^2-1)f'(x)=4f(x^2)-4x^2$을 만족시킬 때, $f'(1)$의 값을 구하는 과정을 서술하시오.

정답

11 다항함수 $f(x)$가 $\lim_{h\to0}\frac{f(2+h)-4}{2h}=1$을 만족시킬 때, $f(2)+f'(2)$의 값을 구하는 과정을 서술하시오.

정답

12 양의 실수 전체의 집합에서 증가하는 함수 $f(x)$가 $x=1$에서 미분가능하다. 1보다 큰 모든 실수 a에 대하여 점 $(1,\ f(1))$과 점 $(a,\ f(a))$ 사이의 거리가 a^2-1일 때, $f'(1)$의 값을 구하는 과정을 서술하시오.

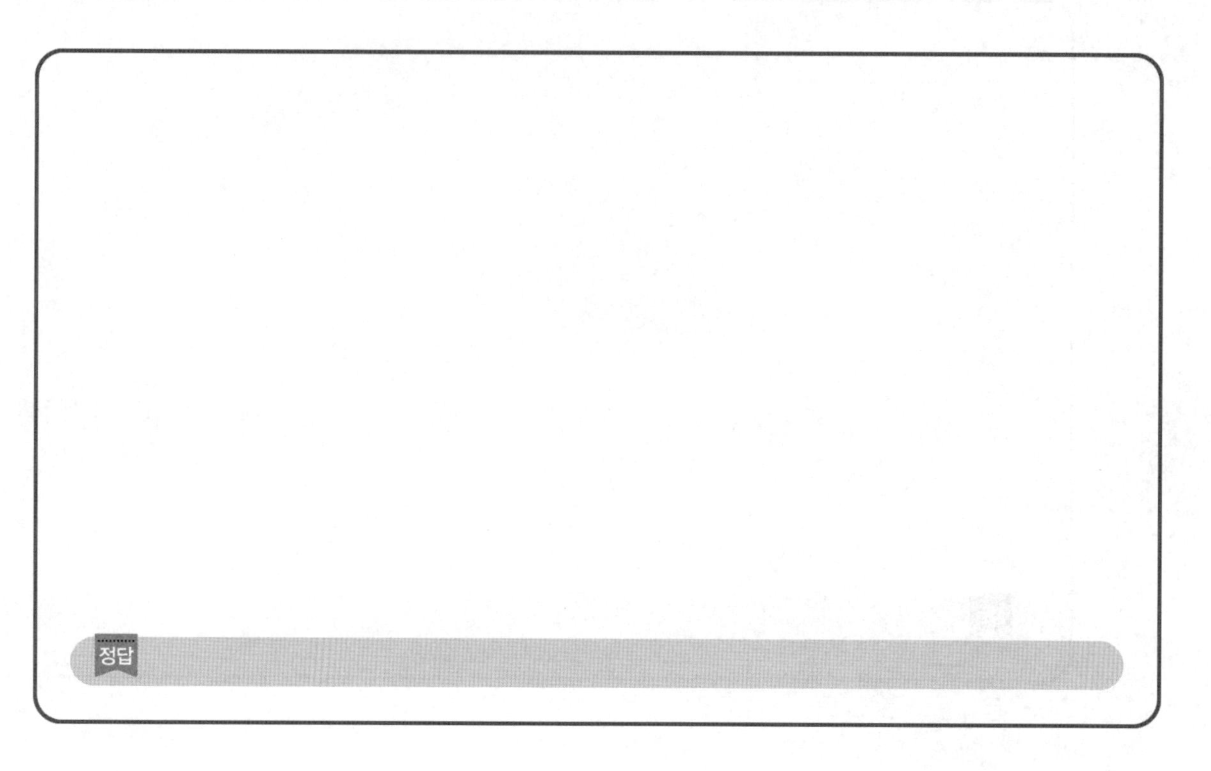

13 함수 $f(x)=|x-a|(x+1)$이 $x=a$에서 미분가능할 때, $f(4)$의 값을 구하는 과정을 서술하시오. (단, a는 상수이다.)

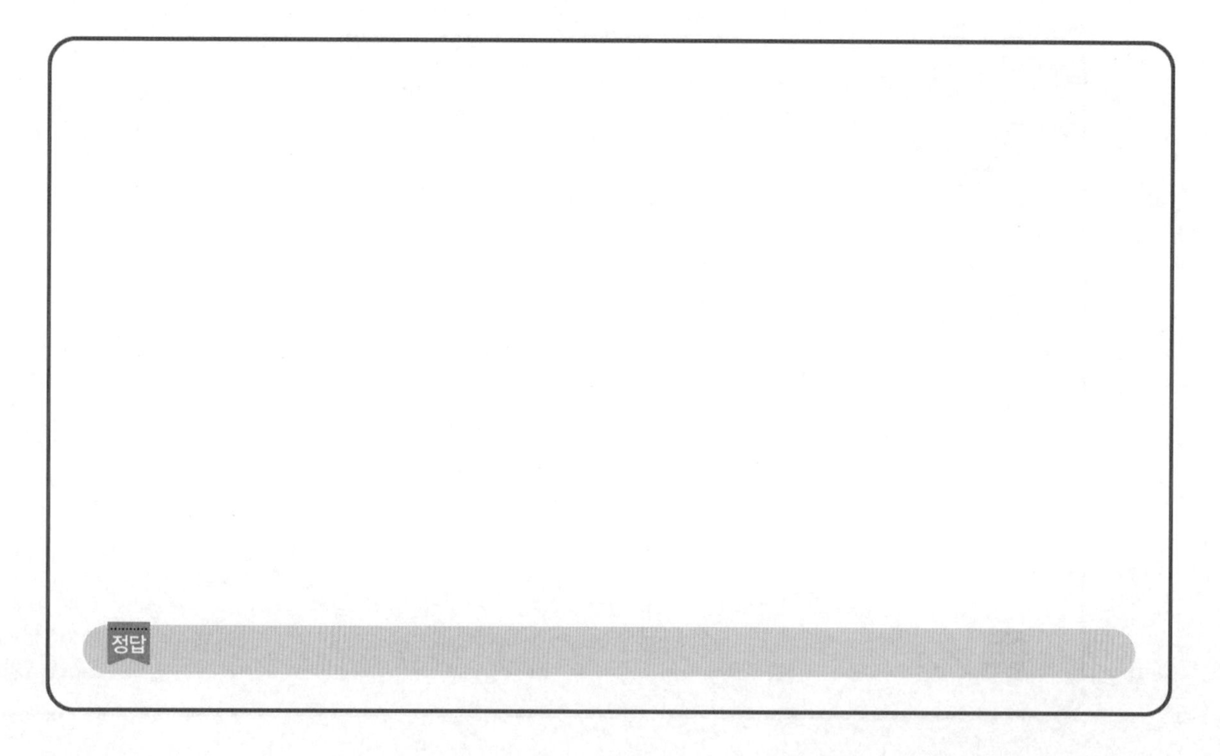

14 두 상수 a, b에 대하여 함수 $f(x)=\begin{cases}4x^2+ax+b & (x<1)\\ 5ax-12 & (x\geq 1)\end{cases}$이 $x=1$에서 미분가능할 때, a^2+b^2의 값을 구하는 과정을 서술하시오.

정답

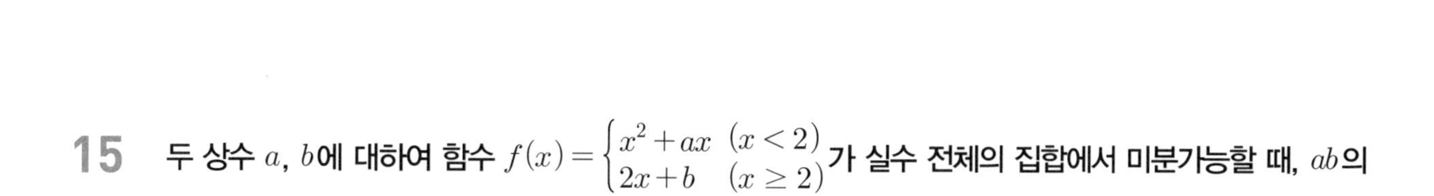

15 두 상수 a, b에 대하여 함수 $f(x)=\begin{cases}x^2+ax & (x<2)\\ 2x+b & (x\geq 2)\end{cases}$가 실수 전체의 집합에서 미분가능할 때, ab의 값을 구하는 과정을 서술하시오.

정답

16 실수 전체의 집합에서 정의된 함수 $f(x)=\begin{cases}-x^2+a & (x<1)\\ 3x^2+bx+3 & (x\geq 1)\end{cases}$이 $x=1$에서 미분가능할 때, a^2+b^2의 값을 구하는 과정을 서술하시오.

정답

17 최고차항의 계수가 1인 삼차함수 $f(x)$와 함수 $g(x)=\begin{cases}\dfrac{1}{x-2} & (x\neq 2)\\ 2 & (x=2)\end{cases}$에 대하여 $h(x)=f(x)g(x)$라 할 때, 함수 $h(x)$는 실수 전체의 집합에서 미분가능하고 $h'(2)=6$이다. $f(1)$의 값을 구하는 과정을 서술하시오.

정답

18 함수 $f(x)=x^2$에 대하여 실수 전체의 집합에서 정의된 함수 $g(x)$를 $g(x)=\begin{cases} f(x) & (f(x)\le 2x) \\ 2x & (f(x)>2x) \end{cases}$

라 할 때, 〈보기〉에서 옳은 것만을 있는 대로 고르시오.

보기

ㄱ. $g(1)=1$

ㄴ. 모든 실수 x에 대하여 $g(x)\le 2x$이다.

ㄷ. 실수 전체의 집합에서 함수 $g(x)$가 미분가능하지 않은 점의 개수는 2이다.

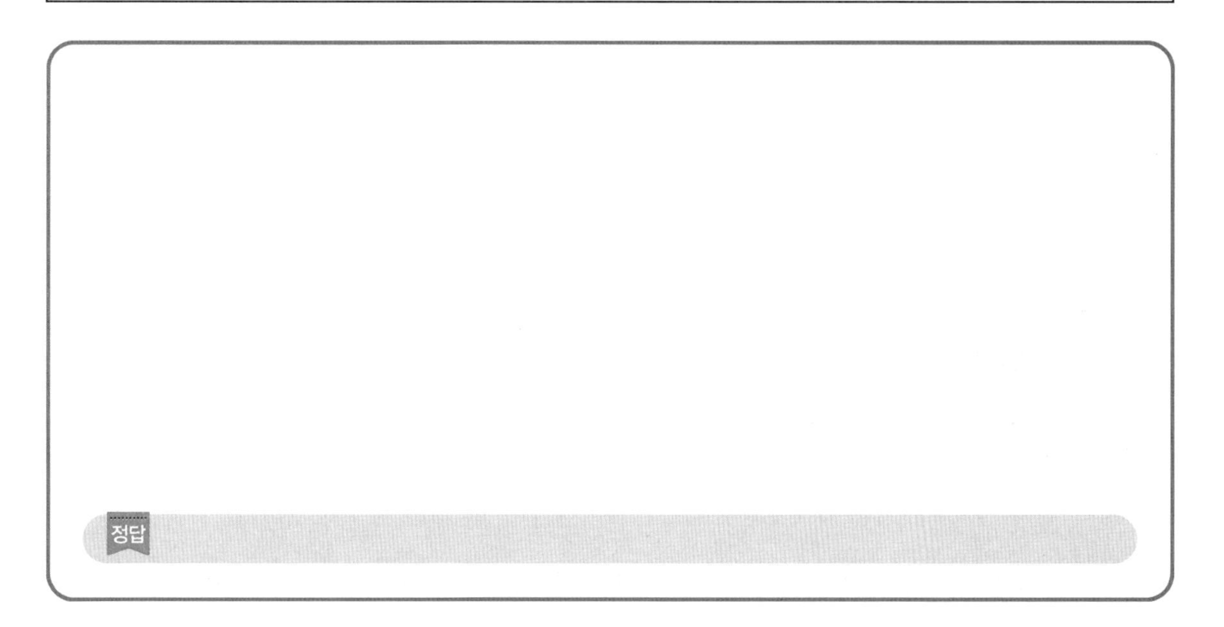

19 최고차항의 계수가 1인 이차함수 $f(x)$에 대하여 함수 $g(x)$를 $g(x)=\begin{cases} \sqrt{x^2+8} & (x\ge 1) \\ f(x) & (x<1) \end{cases}$이라

하자. 함수 $g(x)$가 $x=1$에서 미분가능할 때, $g(-2)$의 값을 구하는 과정을 서술하시오.

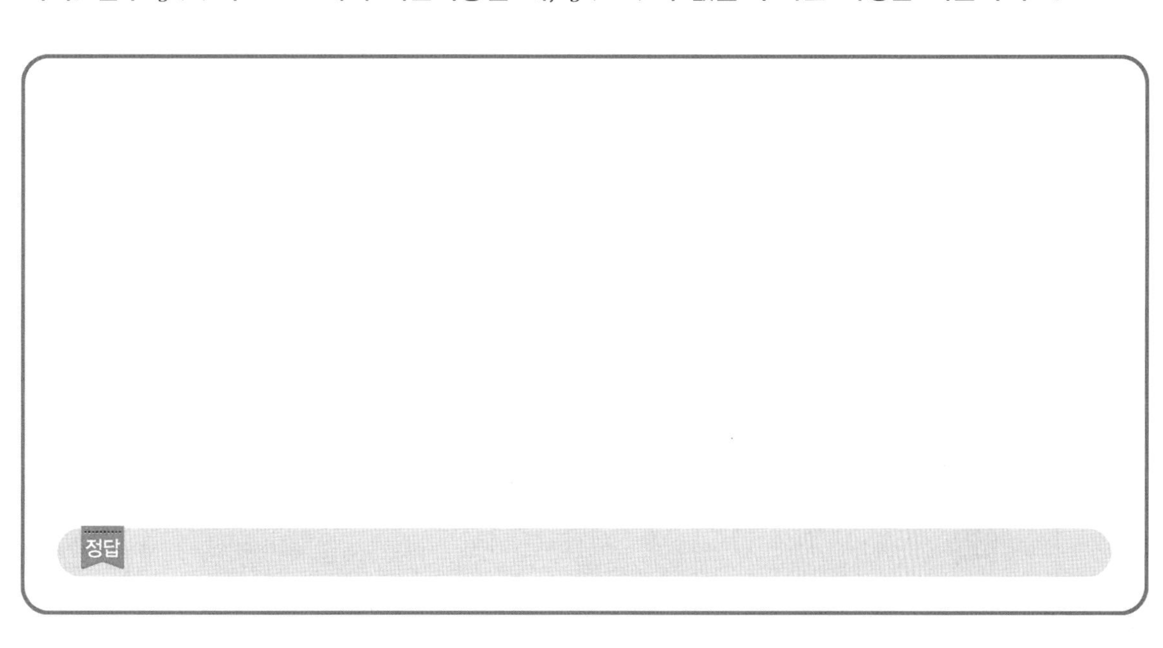

20 곡선 $y=f(x)$ 위의 점 $(1,\ 7)$에서의 접선의 기울기가 2일 때, $\lim_{x \to 1} \frac{x^2 f(1) - f(x)}{x-1}$의 값을 구하는 과정을 서술하시오.

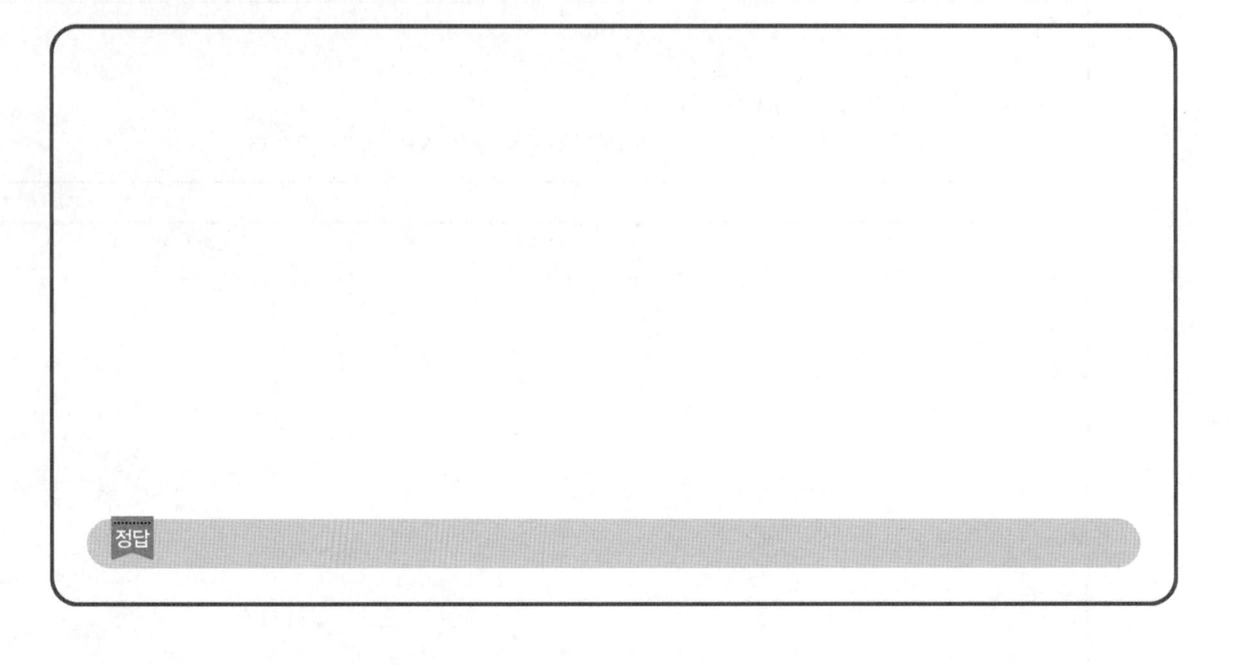

21 최고차항의 계수가 2인 삼차함수 $f(x)$가 다음 조건을 만족시킬 때, $f(5)$의 값을 구하는 과정을 서술하시오.

> (가) $f(0)=0$
> (나) 함수 $f(x)$에서 x의 값이 -2에서 0까지 변할 때의 평균변화율과 x의 값이 0에서 4까지 변할 때의 평균변화율은 모두 3이다.

정답

22 함수 $f(x)=\frac{1}{3}x^3-ax^2+7x+3$에 대하여 $f'(1)=2$일 때, 상수 a의 값을 구하는 과정을 서술하시오.

23 함수 $f(x)=\frac{2}{3}x^3+\frac{1}{2}x^2-2x+5$에 대하여 $x=k$에서의 미분계수와 $x=2k$에서의 미분계수의 합이 0일 때, 양수 k의 값을 구하는 과정을 서술하시오.

24 함수 $f(x)=2x^3+3x^2-x$에 대하여 $\lim_{x\to1}\frac{f(x^2)-xf(1)}{x-1}$의 값을 구하는 과정을 서술하시오.

정답

25 다항함수 $f(x)$가 모든 실수 x에 대하여 $f'(2)+\lim_{h\to0}\frac{f(x+2h)-f(x)}{f(2+h)-f(2)}=x^2+x-2$를 만족시킬 때, $f'(3)$의 값을 구하는 과정을 서술하시오. (단, $f'(2)\neq0$)

정답

26 함수 $f(x)=x^2+5x+12$에 대하여 $f'(3)$의 값을 구하는 과정을 서술하시오.

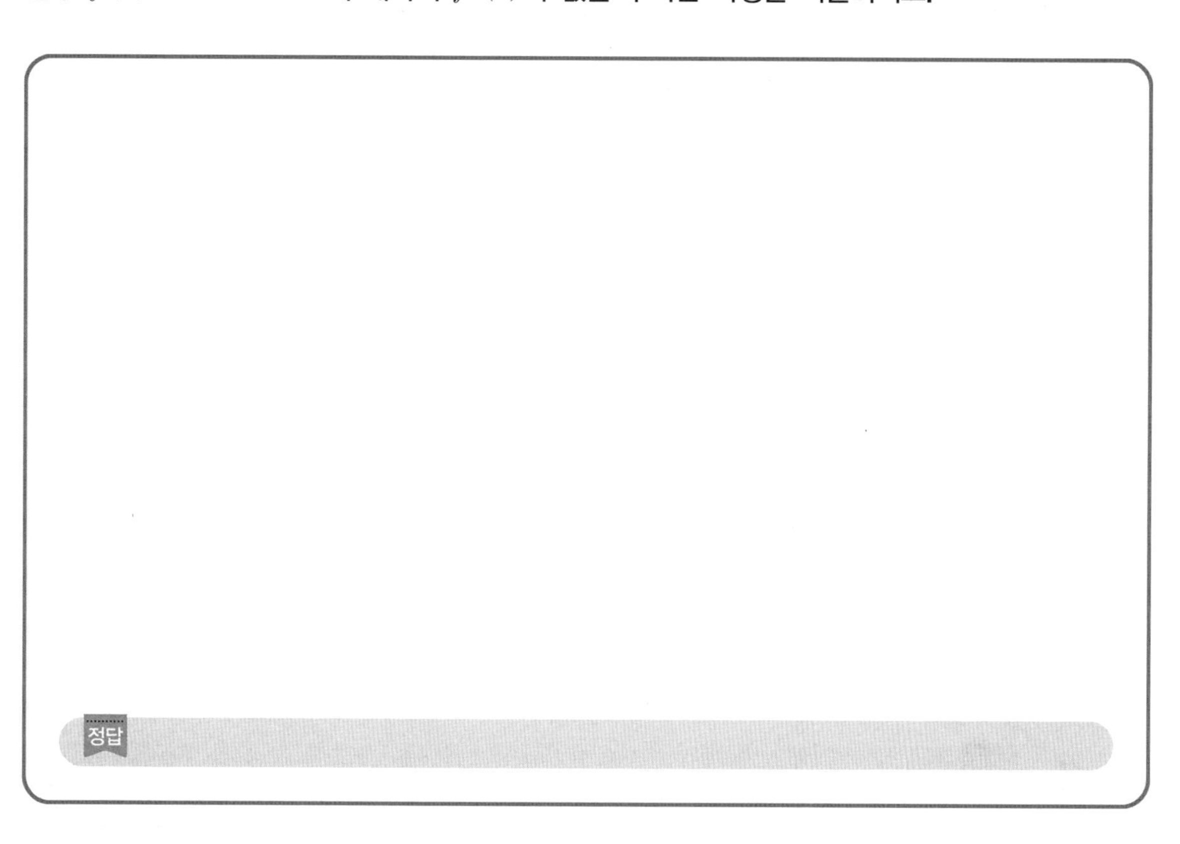

27 함수 $f(x)=x^3+x^2-3x+3$에 대하여 $f'(2)$의 값을 구하는 과정을 서술하시오.

28 다항함수 $f(x)$가 $\lim_{x\to1}\frac{f(x)-4}{x^2-1}=4$를 만족시킬 때, 함수 $g(x)=(x^2+3x+1)f(x)$에 대하여 $g(1)+g'(1)$의 값을 구하는 과정을 서술하시오.

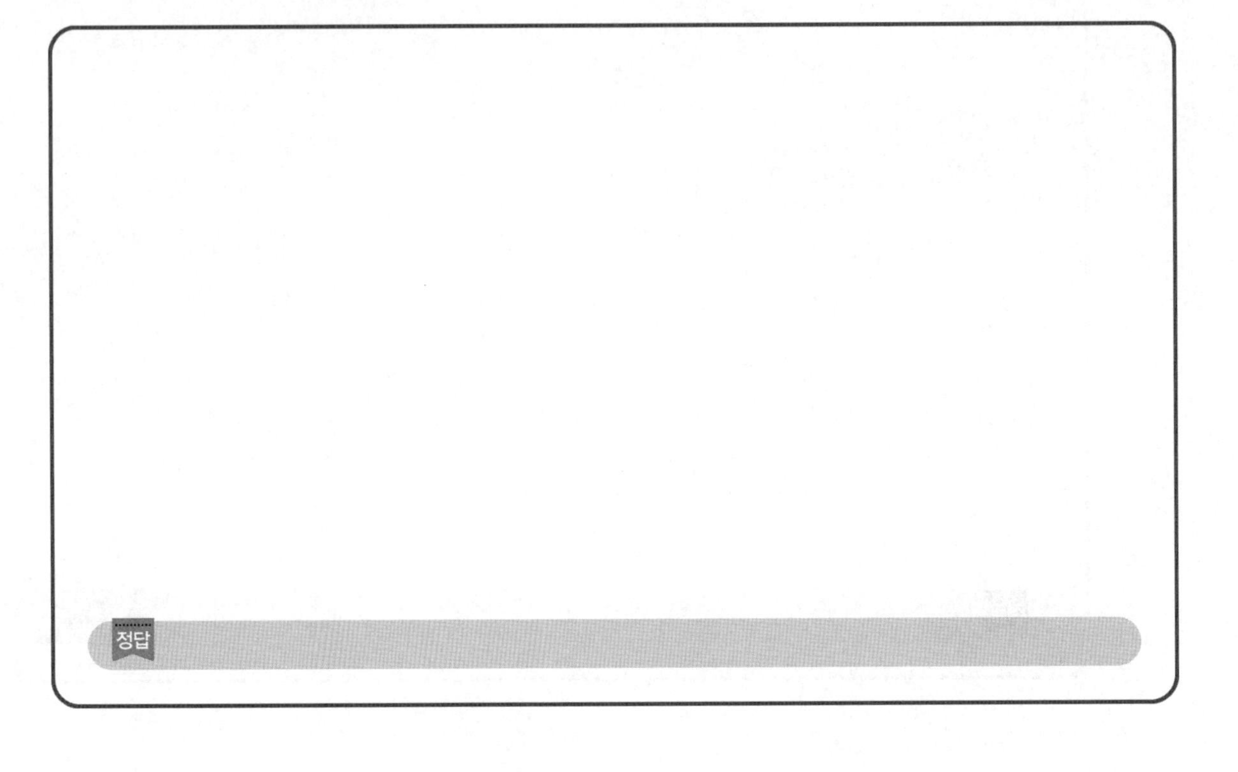

29 미분가능한 함수 $f(x)$가 모든 실수 x, y에 대하여 $f(x+y)=f(x)+f(y)+x^2y-xy^2-2xy$를 만족시키고 $f'(1)=2$일 때, 함수 $f'(x)$의 최솟값을 구하는 과정을 서술하시오.

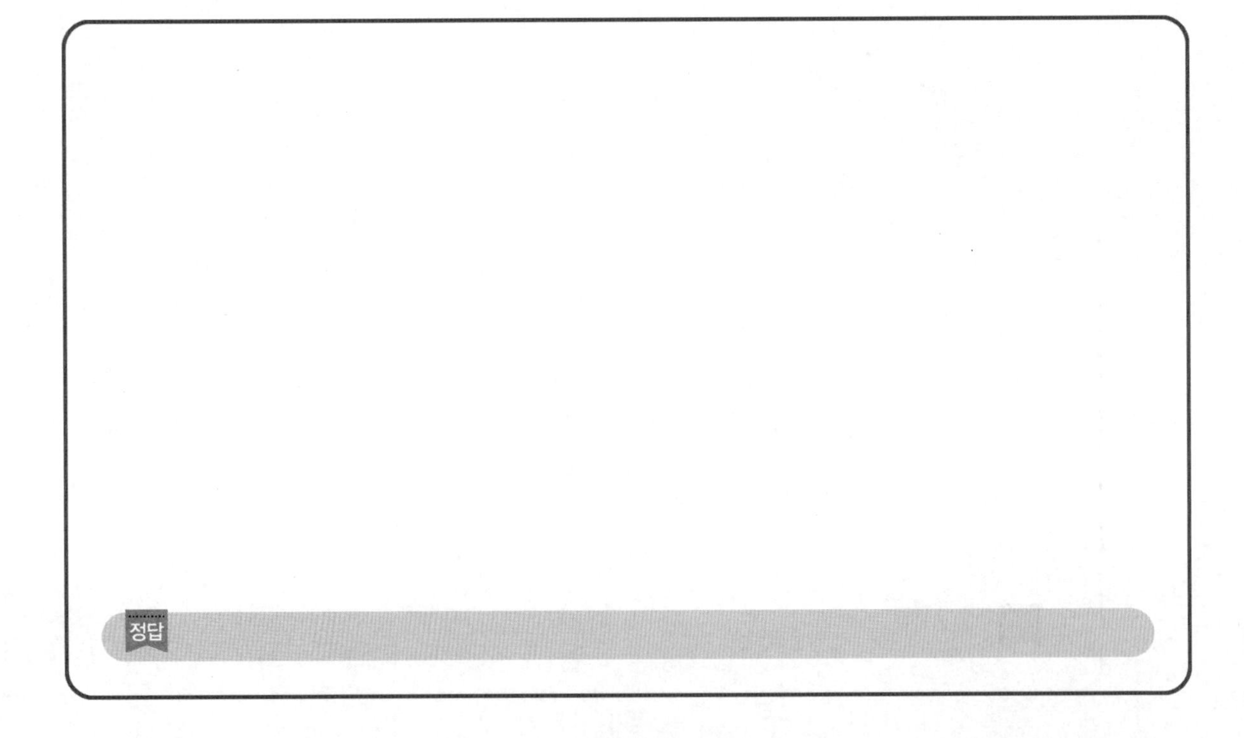

30 함수 $f(x)=2x^2+ax+b$에 대하여 $\lim_{x\to 1}\frac{f(x)}{x-1}=6$일 때, $f(2)$의 값을 구하는 과정을 서술하시오. (단, a와 b는 상수이다.)

31 다항함수 $f(x)$가 $\lim_{x\to 2}\frac{f(x)-f(2)}{x^3-8}=2$를 만족시킬 때, $\frac{f'(2)}{6}$의 값을 구하는 과정을 서술하시오.

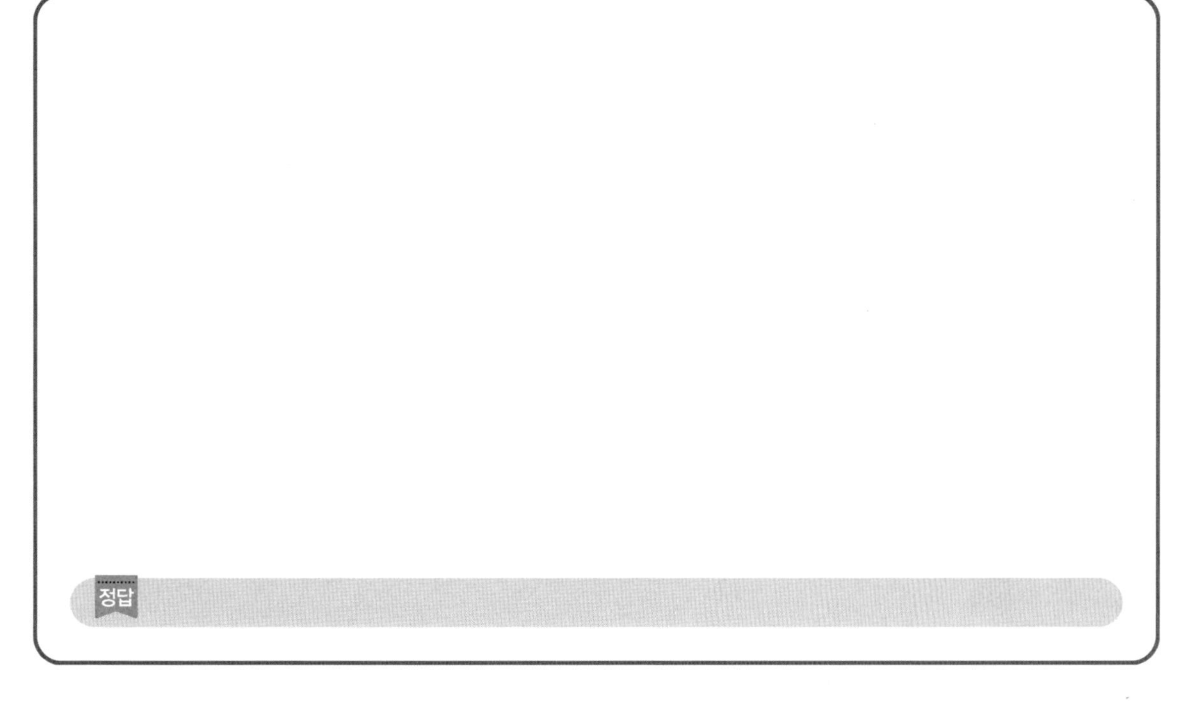

32 함수 $f(x)=(x+1)(x^3-4x+a)$에 대하여 $f'(1)=2$일 때, 상수 a의 값을 구하는 과정을 서술하시오.

33 다항함수 $f(x)$에 대하여 $f(1)=1$, $f'(1)=3$이고, 함수 $g(x)=x^2+4x$일 때, $\lim_{x \to 1}\frac{f(x)g(x)-f(1)g(1)}{x-1}$의 값을 구하는 과정을 서술하시오.

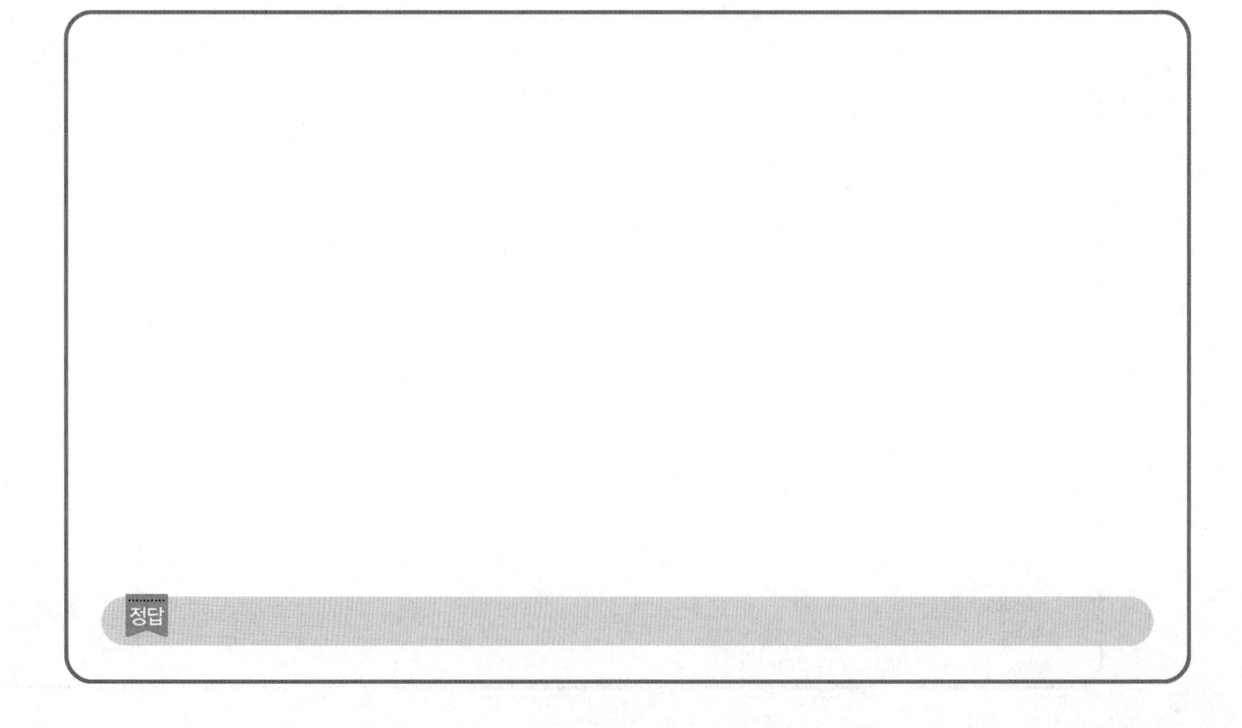

34 두 다항함수 $f(x)$, $g(x)$가 $\lim_{x\to 0}\frac{f(x)-2}{x}=5$, $\lim_{x\to 3}\frac{g(x-3)-3}{x-3}=4$를 만족시킨다.

함수 $h(x)=f(x)g(x)$일 때, $h'(0)$의 값을 구하는 과정을 서술하시오.

정답

35 다항함수 $f(x)$에 대하여 함수 $g(x)$를 $g(x)=(ax^2-3ax+7)f(x)$라 하자. $g(2)=3$,

$\lim_{x\to 2}\frac{g(x)-f(2)}{x^2-4}=1$일 때, $a-f'(2)$의 값을 구하는 과정을 서술하시오. (단, $f(2)\neq 0$이고, a는 상수이다.)

36 최고차항의 계수가 1인 이차함수 $y=f(x)$의 그래프가 x축에 접한다. 함수 $g(x)=(x-2)f'(x)$에 대하여 곡선 $y=g(x)$가 y축에 대하여 대칭일 때, $f(1)$의 값을 구하는 과정을 서술하시오.

정답

37 다항함수 $f(x)$가 다음 조건을 만족시킬 때, $f'(4)$의 값을 구하는 과정을 서술하시오.

(가) $\lim_{x \to \infty} \frac{f(x)-2x^2}{x^2-1}=3$

(나) $\lim_{x \to 1} \frac{f(x)-2x^2}{x^2-1}=3$

정답

38 최고차항의 계수가 1인 두 다항함수 $f(x)$, $g(x)$가 모든 실수 x에 대하여 $f(-x)=-f(x)$, $g(-x)=-g(x)$를 만족시킨다. 두 함수 $f(x)$, $g(x)$에 대하여 $\lim_{x \to \infty} \frac{f'(x)}{x^2 g'(x)}=3$, $\lim_{x \to 0} \frac{f(x)g(x)}{x^2}=2$일 때, $f(1)+g(4)$의 값을 구하는 과정을 서술하시오.

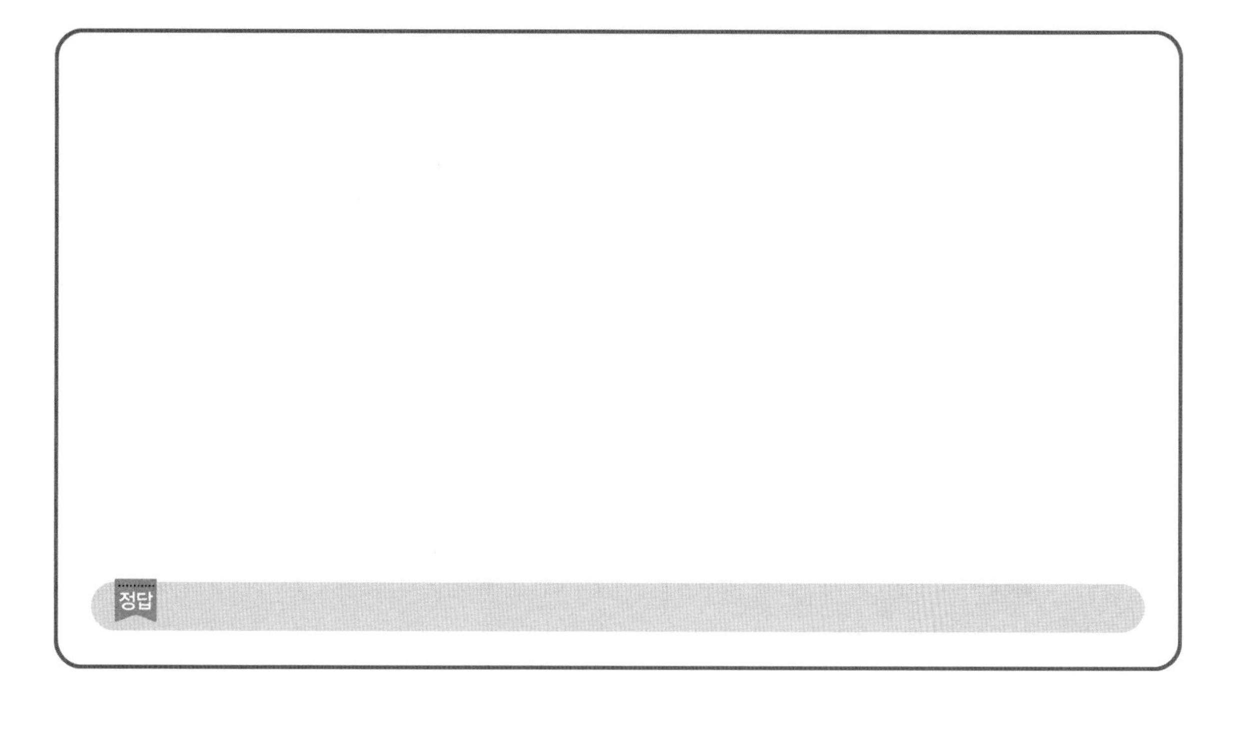

39 두 다항함수 $f(x)$, $g(x)$가 $\lim_{x \to 2} \frac{f(x)-3}{x-2}=2$, $\lim_{x \to 2} \frac{f(x)g(x)+3}{x-2}=10$을 만족시킬 때, $g'(2)$의 값을 구하는 과정을 서술하시오.

40 다항함수 $f(x)$가 다음 조건을 만족시킬 때, $f(6)$의 값을 구하는 과정을 서술하시오.

(가) 모든 실수 x에 대하여 $\{3a+(a+1)x\}f'(x)=f(x)$이다. (a는 정수)
(나) $f(1)=3$

정답

41 삼차함수 $f(x)$에 대하여 실수 전체의 집합에서 미분가능한 함수 $g(x)$를

$g(x)=\begin{cases} 3 & (x \geq 3) \\ f(x) & (-1<x<3) \\ -1 & (x \leq -1) \end{cases}$이라 할 때, $g(1)$의 값을 구하는 과정을 서술하시오.

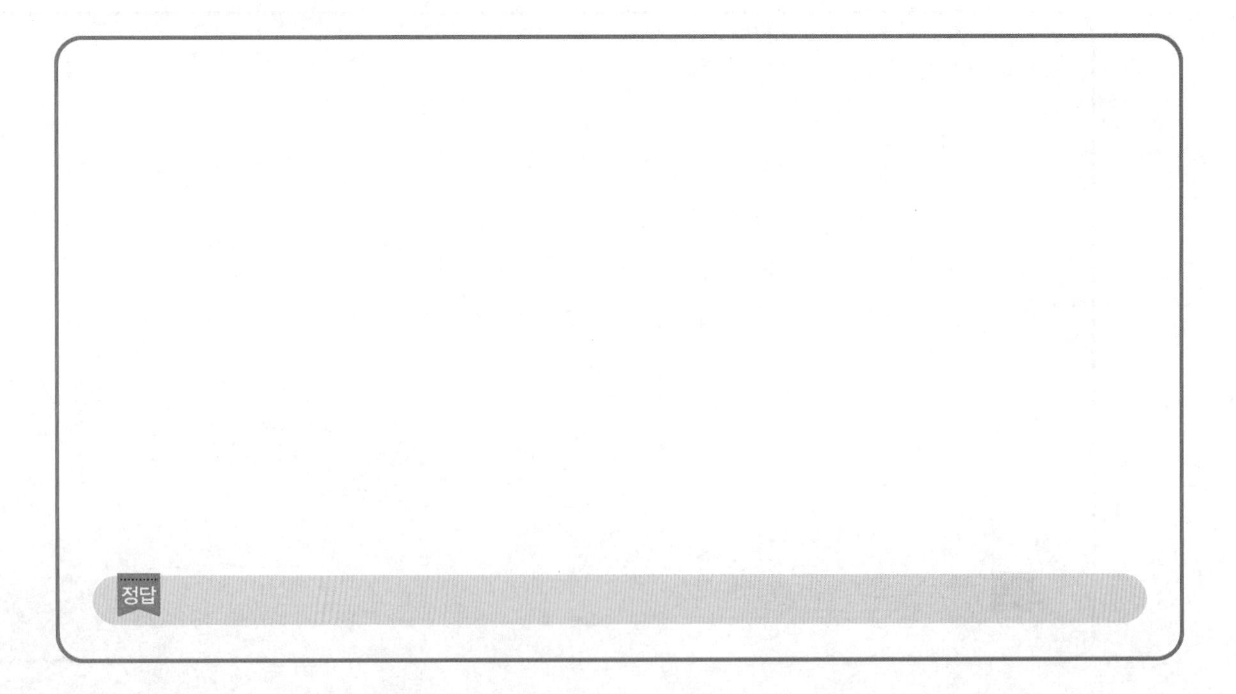

42 상수 a와 최고차항의 계수가 1인 이차함수 $f(x)$에 대하여 함수 $g(x)$를 $g(x)=(x^2-x+a)f(x)$라 할 때, 두 함수 $f(x)$, $g(x)$는 다음 조건을 만족시킨다. $g(\alpha-1)$의 값을 구하는 과정을 서술하시오.

(가) $\lim_{x\to1}\frac{g(x)-2f(x)}{x-1}=0$

(나) $g'(1)\neq0$

(다) $f(\alpha)=f'(\alpha)$이고 $g'(\alpha)=3f'(\alpha)$인 실수 α가 존재한다.

03 도함수의 활용

개념 CHECK

1 접선의 방정식

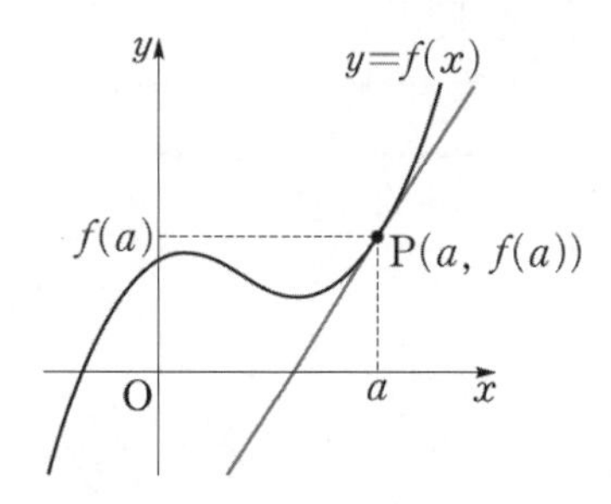

수학 상의 '직선의 방정식' 단원에서 점 $(x_1,\ y_1)$을 지나고 기울기가 m인 직선의 방정식은

$$y-y_1=m(x-x_1)$$

함수 $f(x)$가 $x=a$에서 미분가능할 때, 곡선 $y=f(x)$ 위의 점 $\mathrm{P}(a,\ f(a))$에서 접하는 접선의 기울기는 $x=a$에서의 미분계수 $f'(a)$와 같다.
따라서 곡선 $y=f(x)$ 위의 점 $\mathrm{P}(a,\ f(a))$에서 접하는 접선은 점 $\mathrm{P}(a,\ f(a))$를 지나고 기울기가 $f'(a)$인 직선이므로 접선의 방정식은 다음과 같이 나타낼 수 있다.

$$y-f(a)=f'(a)(x-a)$$

2 평균값 정리

(1) 평균값 정리

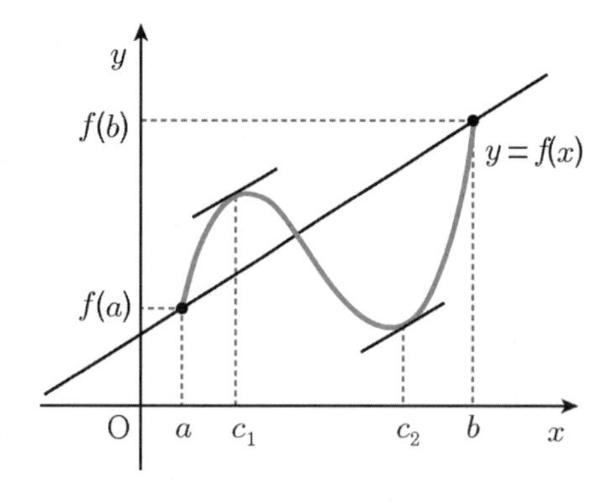

함수 $f(x)$가 닫힌구간 $[a,\ b]$에서 연속이고 열린구간 $(a,\ b)$에서 미분가능하면

$$\frac{f(b)-f(a)}{b-a}=f'(c)$$

인 c가 열린구간 $(a,\ b)$에 적어도 하나 존재한다.

(2) 롤의 정리

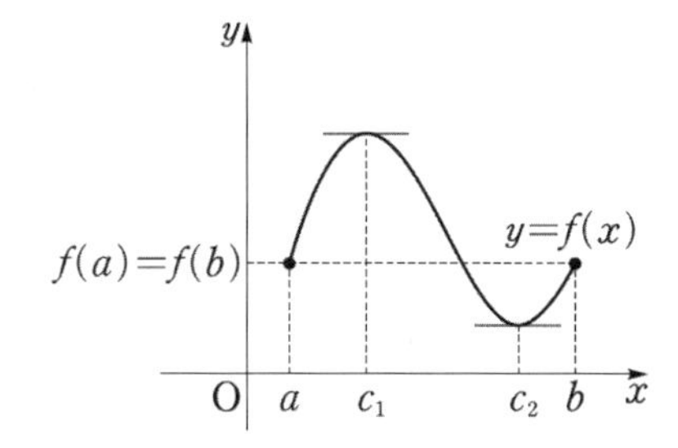

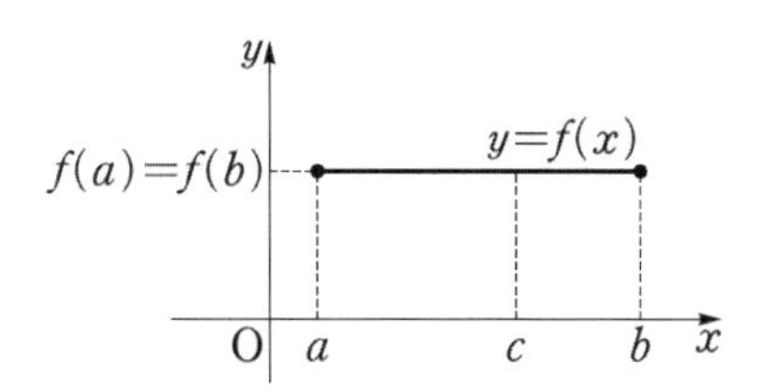

평균값 정리 중 $f'(c)=0$인 경우를 롤의 정리라고 한다. 즉, 함수 $f(x)$가 닫힌구간 $[a,\ b]$에서 연속이고 열린구간 $(a,\ b)$에서 미분가능할 때, $f(a)=f(b)$이면

$$f'(c)=0$$

인 c가 열린구간 $(a,\ b)$에 적어도 하나 존재한다.

3 함수의 증가와 감소

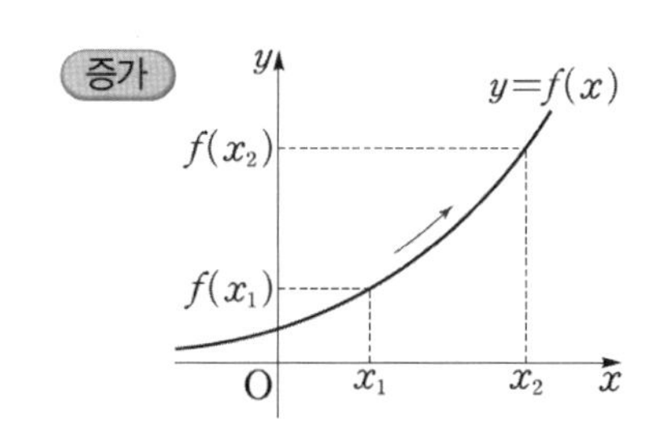

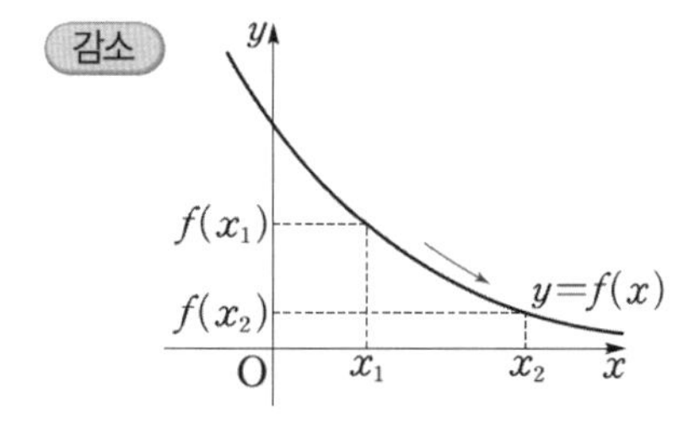

함수 $f(x)$가 임의의 두 실수 x_1, x_2에 대하여

① $x_1 < x_2$일 때, $f(x_1) < f(x_2)$이면 함수 $f(x)$는 그 구간에서 증가한다고 한다.

② $x_1 < x_2$일 때, $f(x_1) > f(x_2)$이면 함수 $f(x)$는 그 구간에서 감소한다고 한다.

4 함수의 극대와 극소 및 최대와 최소

(1) 함수의 극대와 극소

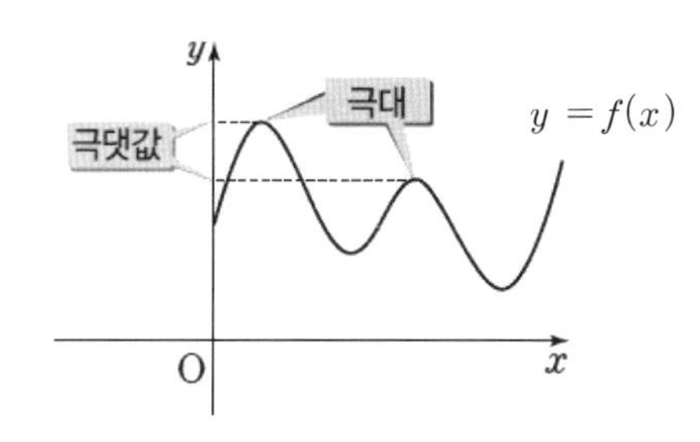

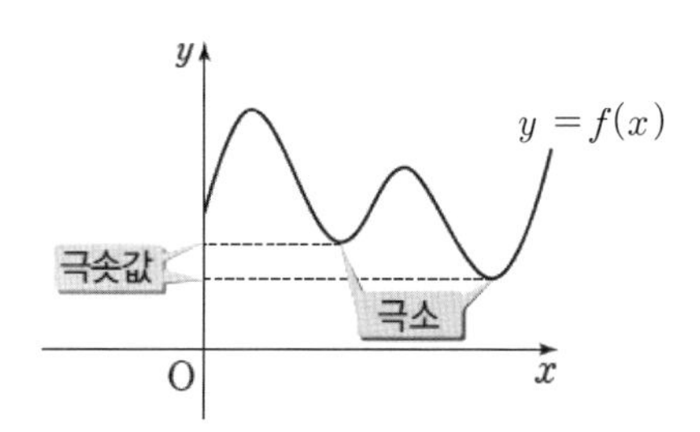

① 함수 $f(x)$에서 $x=a$를 포함하는 어떤 열린구간에 속하는 모든 x에 대하여 $f(x) \le f(a)$일 때, 함수 $f(x)$는 $x=a$에서 극대라 하고, $f(a)$를 극댓값이라고 한다.

② 함수 $f(x)$에서 $x=a$를 포함하는 어떤 열린구간에서 속하는 모든 x에 대하여 $f(x) \ge f(a)$일 때, 함수 $f(x)$는 $x=a$에서 극소라 하고, $f(a)$를 극솟값이라고 한다.

③ 이를 통틀어 극값이라고 한다.

(2) 극대와 극소의 판정

극값을 판단할 때 주의해야 할 개념이 미분가능한 함수와 미분가능하지 않은 함수의 극값을 판정하는 것이다. 위의 그림에서 제시한 바와 같은 미분가능한 함수의 극값은 그림의 표시처럼 극값을 판정하면 된다. 다음 그림과 같이 미분가능하지 않은 함수에서의 극값은 느낌적으로 주변의 값보다 특별히 크면 극대, 주변의 값보다 특별히 작으면 극소로 판정한다.

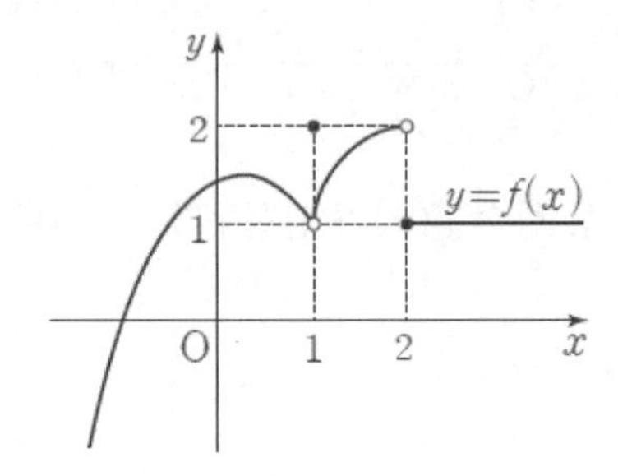

따라서 위의 그림에서 $x=1$에서 극댓값은 2라고 할 수 있다.

(3) 함수의 최댓값과 최솟값

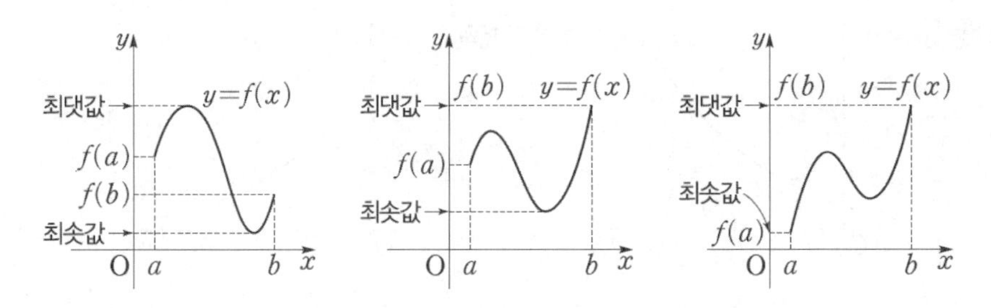

극대와 극소를 판정할 때 특정 구간이 주어진 경우 구간 내의 값 중 가장 큰 함숫값이 최댓값, 가장 작은 함숫값이 최솟값이다.

5 속도와 가속도

도함수를 이용하여 수직선 위를 움직이는 점의 속도와 가속도를 구해 보자.

(1) 수직선 위를 움직이는 점의 속도

점 P가 수직선 위를 움직인다고 할 때, 시각 t에서의 점 P의 위치를 x라고 하면 x는 t의 함수가 되므로 $x=f(t)$로 나타낼 수 있다.

시각이 t에서 $t+\Delta t$까지 변할 때, 점 P의 평균속도는 다음과 같이 나타낼 수 있으며, 이것이 $x=f(t)$의 평균변화율이다.

$$\frac{\Delta x}{\Delta t}=\frac{f(t+\Delta t)-f(t)}{\Delta t}$$

이때 시각 t에서의 위치 x의 순간변화율을 시각 t에서의 점 P의 순간속도라고 한다.

즉, 속도 v는 다음과 같이 나타낼 수 있다.

$$v=\lim_{\Delta t \to 0}\frac{\Delta x}{\Delta t}=\lim_{\Delta t \to 0}\frac{f(t+\Delta t)-f(t)}{\Delta t}=\frac{dx}{dt}$$

(2) 수직선 위를 움직이는 점의 가속도

점 P의 속도 v도 시각 t의 함수이므로 이 함수의 순간변화율을 생각할 수 있다.
이때 시각 t에서 속도 v의 순간변화율을 시각 t에서의 점 P의 가속도라고 한다.
즉, 가속도 a는 다음과 같이 나타낼 수 있다.

$$a=\lim_{\Delta t \to 0}\frac{\Delta v}{\Delta t}=\frac{dv}{dt}$$

03 도함수의 활용

정답 · 해설 p. 50

01 곡선 $y=-2x^3+4x+3$ 위의 점 $\mathrm{P}(1,\ 5)$에서의 접선의 기울기를 구하는 과정을 서술하시오.

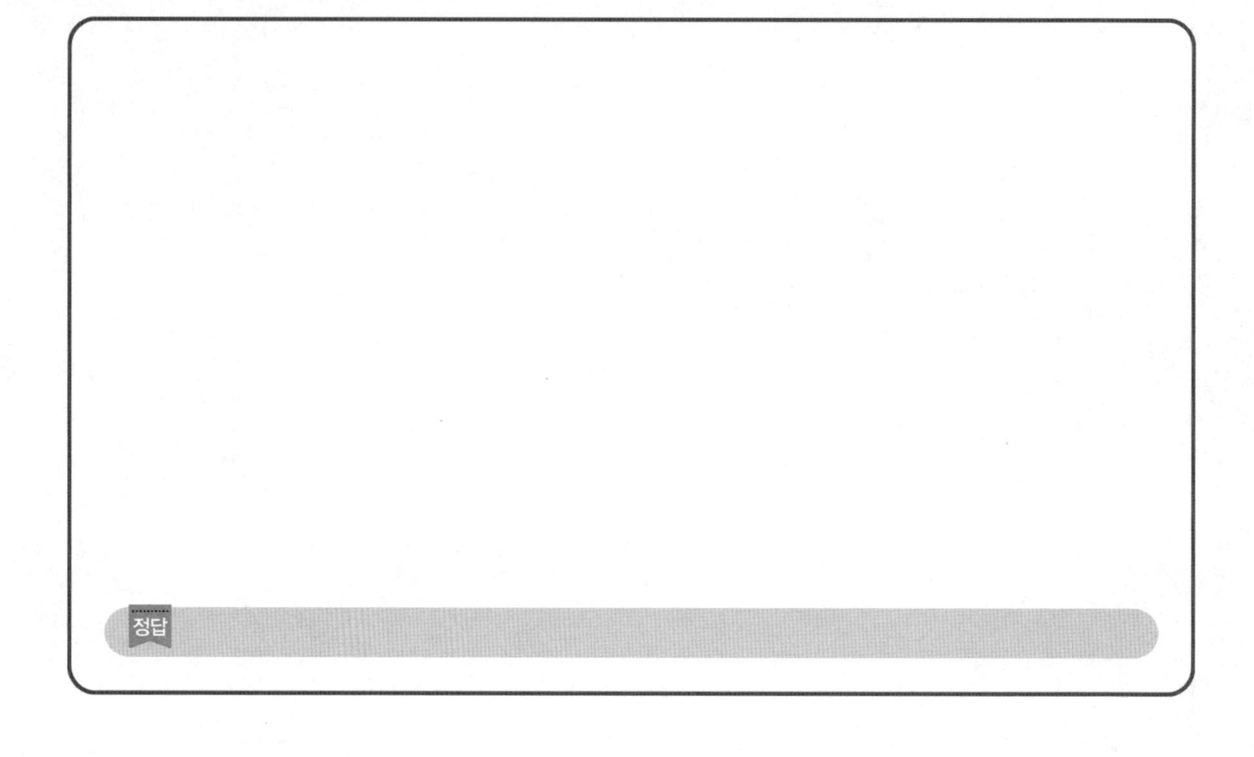

정답

02 곡선 $y=x^3+x^2-\frac{1}{x^2}-\frac{1}{x^3}$ 위의 점 $\mathrm{P}(1,\ 0)$에서의 접선의 기울기를 구하는 과정을 서술하시오.

정답

03 곡선 $y=2x^2-x+5$에 접하는 직선 중 기울기가 3인 직선에 대하여 접점의 좌표가 $(a,\ b)$일 때, $a+b$의 값을 구하는 과정을 서술하시오.

정답

04 곡선 $y=x^3+px^2-q$ 위의 점 $(2,\ -4)$에서 그은 접선이 원점을 지날 때, 상수 $p,\ q$에 대하여 pq의 값을 구하는 과정을 서술하시오.

정답

05 곡선 $y=x^3-5x+3$ 위의 점 $(2,\ 1)$에서의 접선의 방정식이 $y=mx+n$일 때, 두 상수 $m,\ n$의 차를 구하는 과정을 서술하시오.

정답

06 최고차항의 계수가 1인 삼차함수 $f(x)$에 대하여 곡선 $y=f(x)$ 위의 점 $(2,\ 7)$에서의 접선이 점 $(-1,\ 1)$에서 이 곡선과 만날 때, $f'(2)$의 값을 구하는 과정을 서술하시오.

정답

07 최고차항의 계수가 1이고 $f(0)=2$인 삼차함수 $f(x)$가 $\lim_{x \to 1} \frac{f(x)-x^2}{x-1}=-3$을 만족시킨다. 곡선 $y=f(x)$ 위의 점 $(4,\ f(4))$에서의 접선의 기울기를 구하는 과정을 서술하시오.

08 곡선 $y=x^4+2x^2+a$가 직선 $y=8x+5$에 접하도록 하는 상수 a의 값을 구하는 과정을 서술하시오.

09 함수 $f(x)=x^3-ax$에 대하여 점 $(0,\ 2)$에서 곡선 $y=f(x)$에 그은 접선의 기울기가 1일 때, $f(a)$의 값을 구하는 과정을 서술하시오. (단, a는 상수이다.)

정답

10 곡선 $y=\frac{1}{3}x^3-2x^2+3x+\frac{4}{3}$ 위의 점 $(a,\ b)$에서의 접선과 직선 $2x-2y+6=0$이 서로 수직일 때, 상수 $a,\ b$에 대하여 $a+b$의 값을 구하는 과정을 서술하시오. (단, 점 $(a,\ b)$는 제1사분면 위의 점이다.)

정답

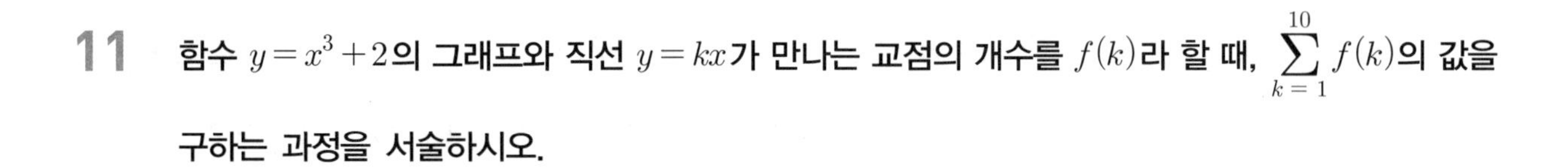

11 함수 $y=x^3+2$의 그래프와 직선 $y=kx$가 만나는 교점의 개수를 $f(k)$라 할 때, $\sum_{k=1}^{10} f(k)$의 값을 구하는 과정을 서술하시오.

정답

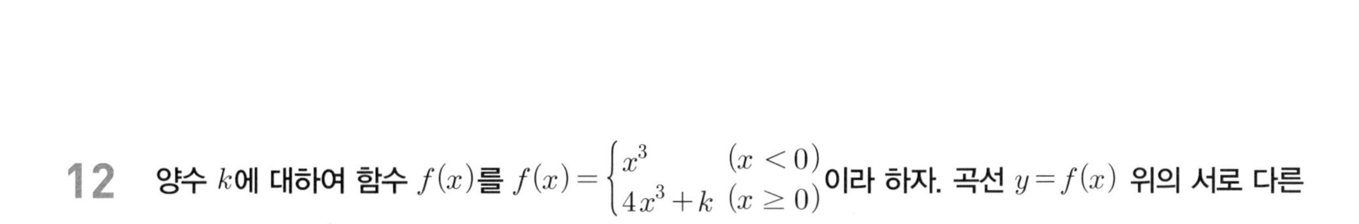

12 양수 k에 대하여 함수 $f(x)$를 $f(x)=\begin{cases} x^3 & (x<0) \\ 4x^3+k & (x \geq 0) \end{cases}$이라 하자. 곡선 $y=f(x)$ 위의 서로 다른 두 점 $\mathrm{P}(-1,\ -1)$, Q에서의 접선이 서로 같을 때, k의 값을 구하는 과정을 서술하시오.

정답

13 함수 $f(x)=x^3-2kx+4$에 대하여 닫힌구간 $[-2,\ 3]$에서 $\frac{f(3)-f(-2)}{3-(-2)}=f'(c)$를 만족시키는 c의 값이 열린구간 $(-2,\ 3)$에 두 개 존재한다. c의 값을 $c_1,\ c_2$라 할 때, $3\times c_1\times c_2$의 값을 구하는 과정을 서술하시오.

정답

14 점 $(1,\ a)$에서 곡선 $y=x^3+3$에 그을 수 있는 접선이 2개일 때, 모든 실수 a의 값의 합을 구하는 과정을 서술하시오.

정답

15 그림과 같이 곡선 $y=x^2$ 위의 점 $\mathrm{P}(t,\ t^2)\ (0<t<1)$에서의 접선 l이 x축과 만나는 점을 Q, 점 P에서 x축에 내린 수선의 발을 R이라 할 때, 삼각형 PQR의 넓이를 $f(t)$라 하자. 또한, 점 P를 지나고 기울기가 -1인 직선 m이 곡선 $y=\sqrt{x}$와 만나는 점을 A라 할 때, 선분 PA를 대각선으로 하는 정사각형 PCAB의 넓이를 $g(t)$라 하자. $\lim_{t\to0+}\dfrac{2t\times g(t)}{f(t)}$의 값을 구하는 과정을 서술하시오.

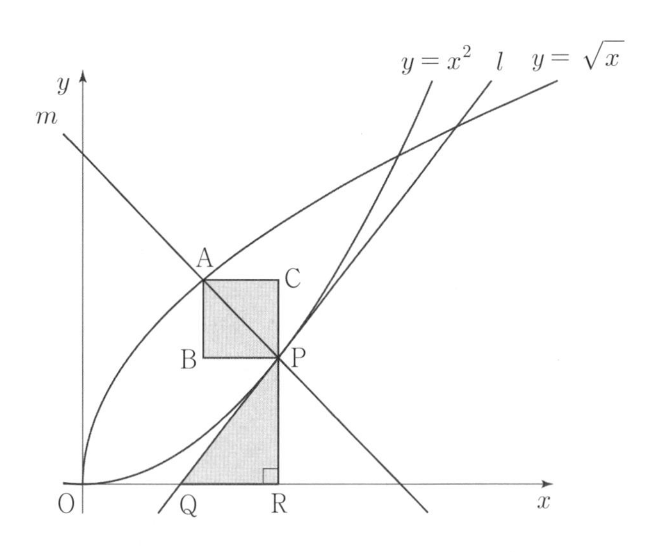

16 함수 $f(x)=x^2-4x-4$에 대하여 닫힌구간 $[-2,\ 6]$에서 롤의 정리를 만족시키는 상수 c의 값을 구하는 과정을 서술하시오.

17 함수 $f(x)=x^3-9x$에 대하여 닫힌구간 $[0,\ 3]$에서 롤의 정리를 만족시키는 상수 c의 값을 구하는 과정을 서술하시오.

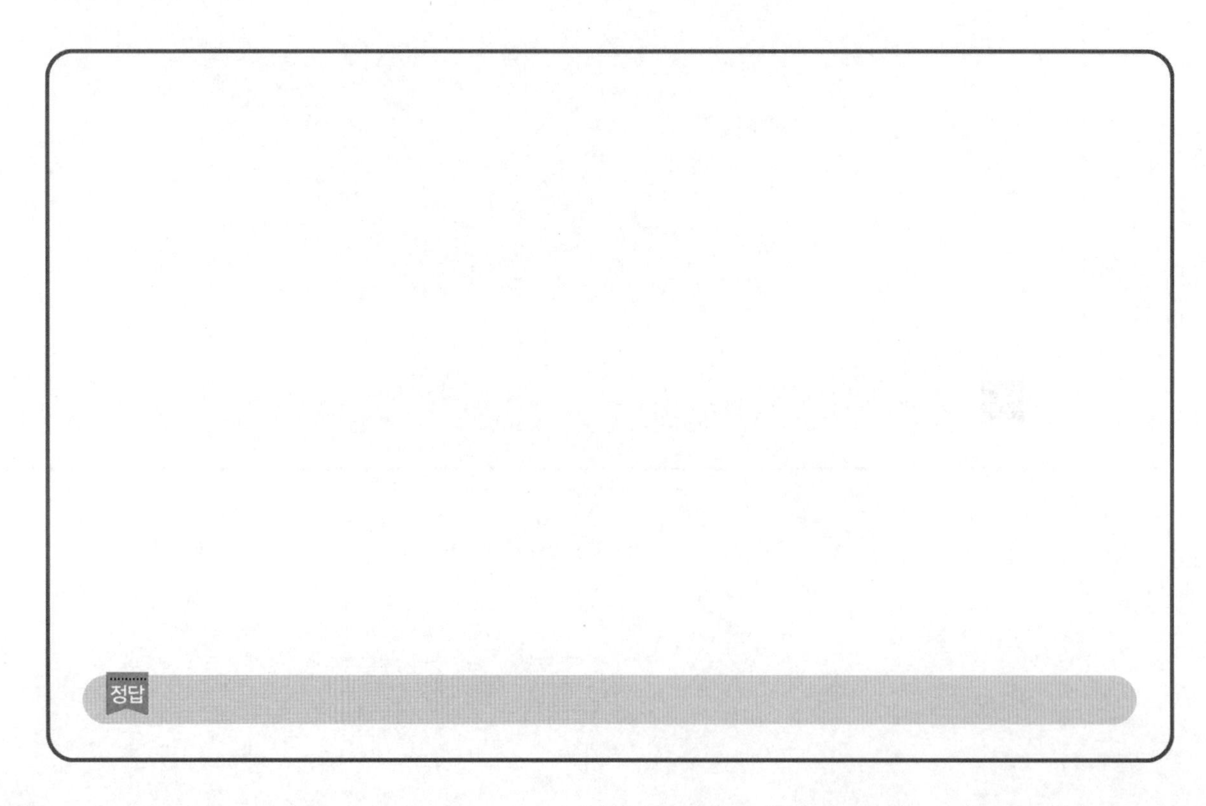

18 함수 $f(x)=-2x^2-12x-10$에 대하여 닫힌구간 $[-4,\ -1]$에서 평균값 정리를 만족시키는 상수 c의 값을 구하는 과정을 서술하시오.

정답

19 함수 $f(x)=x^2-5x+1$에 대하여 닫힌구간 $[0,\ 6]$에서 평균값 정리를 만족시키는 상수 c의 값을 구하는 과정을 서술하시오.

정답

20 함수 $y=-x^2+ax+2$에 대하여 닫힌구간 $[0,\ b]$에서 롤의 정리를 만족시키는 상수가 1일 때, 상수 $a,\ b$에 대하여 $a+b$의 값을 구하는 과정을 서술하시오. (단, $b>1$)

정답

21 함수 $f(x)=2x^2-6x+7$에 대하여 닫힌구간 $[3,\ k]$에서 평균값 정리를 만족시키는 상수가 4일 때, k의 값을 구하는 과정을 서술하시오. (단, $k>4$)

정답

22 x에 대한 방정식 $x^3-3x^2+4=0$의 서로 다른 실근의 개수를 구하는 과정을 서술하시오.

정답

23 x에 대한 방정식 $x^3-27x+4=k$가 서로 다른 두 실근을 갖도록 하는 모든 실수 k의 값을 구하는 과정을 서술하시오.

정답

24 곡선 $y=x^3-3x+2$와 직선 $y=k$가 서로 다른 세 점에서 만나도록 하는 실수 k의 값의 범위를 구하는 과정을 서술하시오.

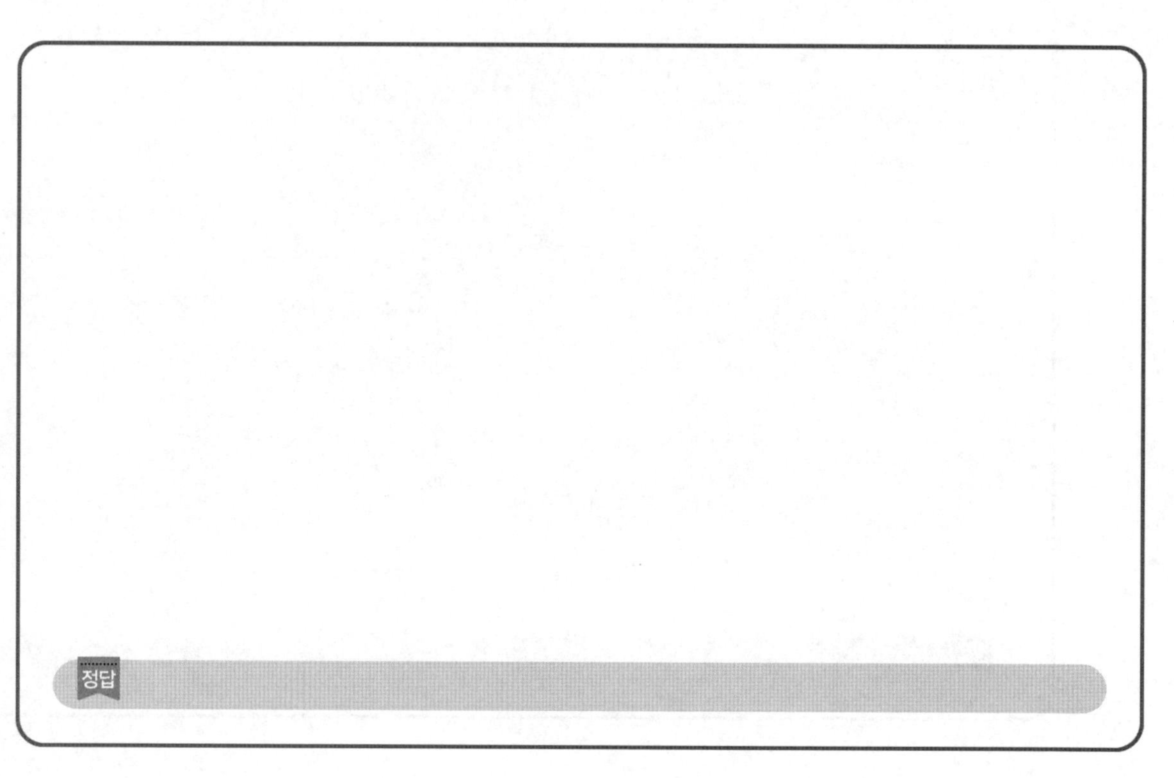

25 x에 대한 방정식 $x^3-3x^2-9x-a=0$에 대하여 하나의 근을 갖도록 하는 실수 a의 값의 범위를 구하는 과정을 서술하시오.

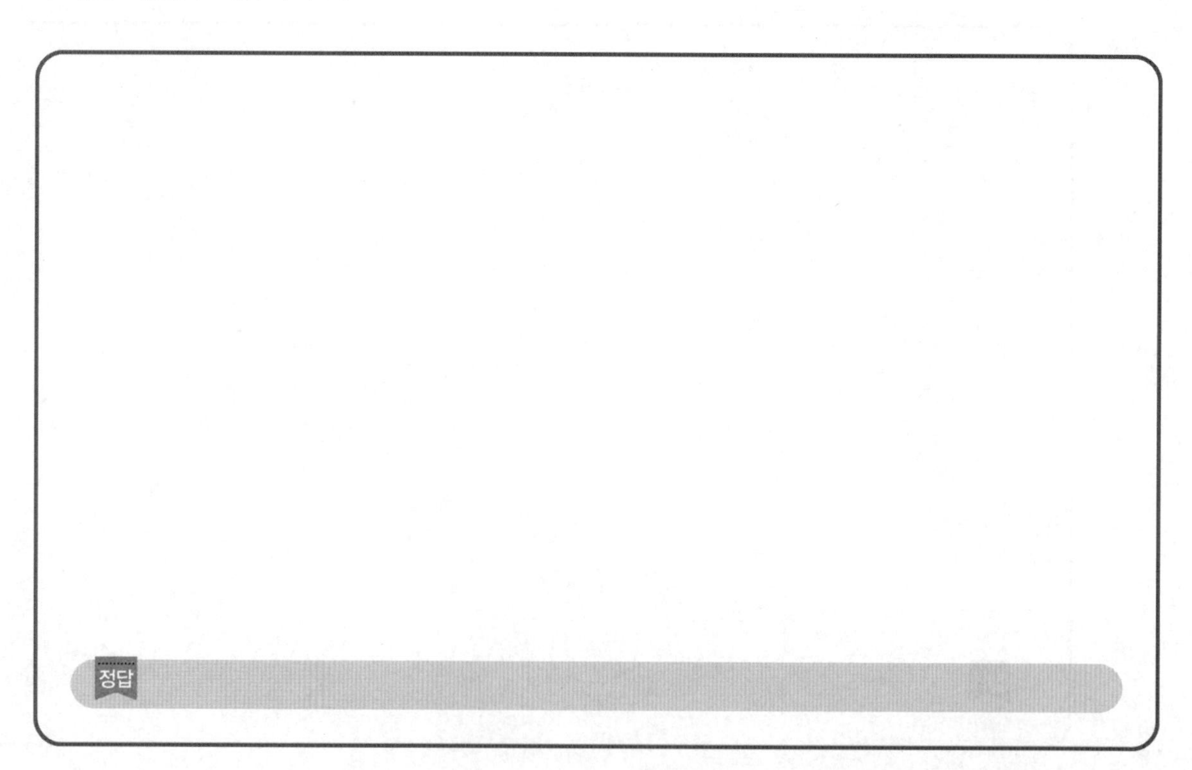

26 x에 대한 방정식 $x^3-\frac{3}{2}x^2-6x-a=0$에 대하여 서로 다른 두 실근을 갖도록 하는 모든 실수 a의 값의 합을 구하는 과정을 서술하시오.

정답

27 모든 실수 x에 대하여 부등식 $x^4-32x+a\geq 0$이 성립하도록 하는 실수 a의 최솟값을 구하는 과정을 서술하시오.

28 $x \geq 0$일 때, 부등식 $x^3 - 12x > a$가 성립하도록 하는 정수 a의 최댓값을 구하는 과정을 서술하시오.

정답

29 두 함수 $f(x) = x^4 - 2x$, $g(x) = -6x + a$가 모든 실수 x에 대하여 $f(x) \geq g(x)$가 성립하도록 하는 실수 a의 최댓값을 구하는 과정을 서술하시오.

30 삼차방정식 $x^3-\frac{3}{2}x^2-6x+2-k=0$이 서로 다른 세 실근을 갖도록 하는 모든 정수 k의 개수를 구하는 과정을 서술하시오.

31 함수 $f(x)=\frac{2}{3}x^3+a$의 역함수를 $g(x)$라 하자. 두 함수 $y=f(x)$와 $y=g(x)$의 그래프가 서로 다른 두 점에서 만나도록 하는 모든 상수 a의 값의 곱을 구하는 과정을 서술하시오.

32 자연수 k에 대하여 삼차방정식 $x^3-3x+8-2k=0$의 실근의 개수를 $f(k)$라 하자. $\sum_{k=1}^{7} f(k)$의 값을 구하는 과정을 서술하시오.

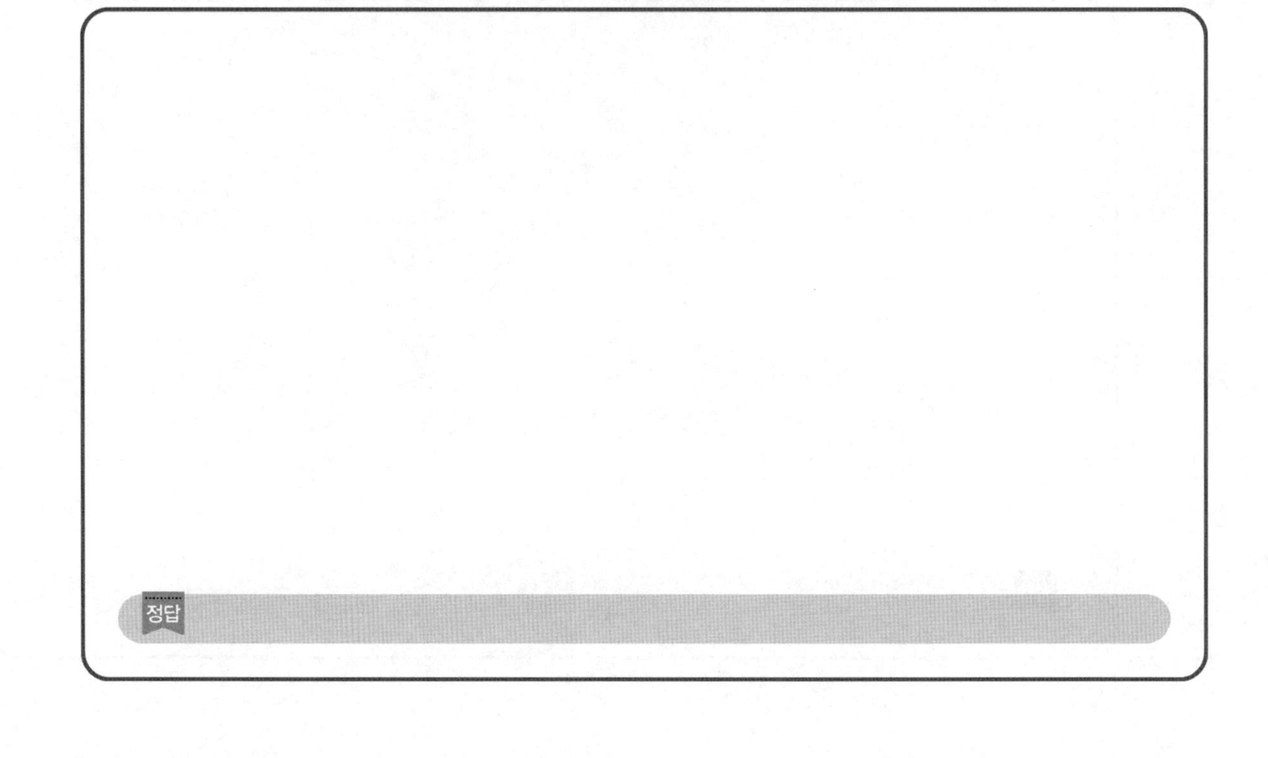

33 모든 실수 x에 대하여 부등식 $x^4-4x-a^2+a+15 \geq 0$이 항상 성립하도록 하는 정수 a의 개수를 구하는 과정을 서술하시오.

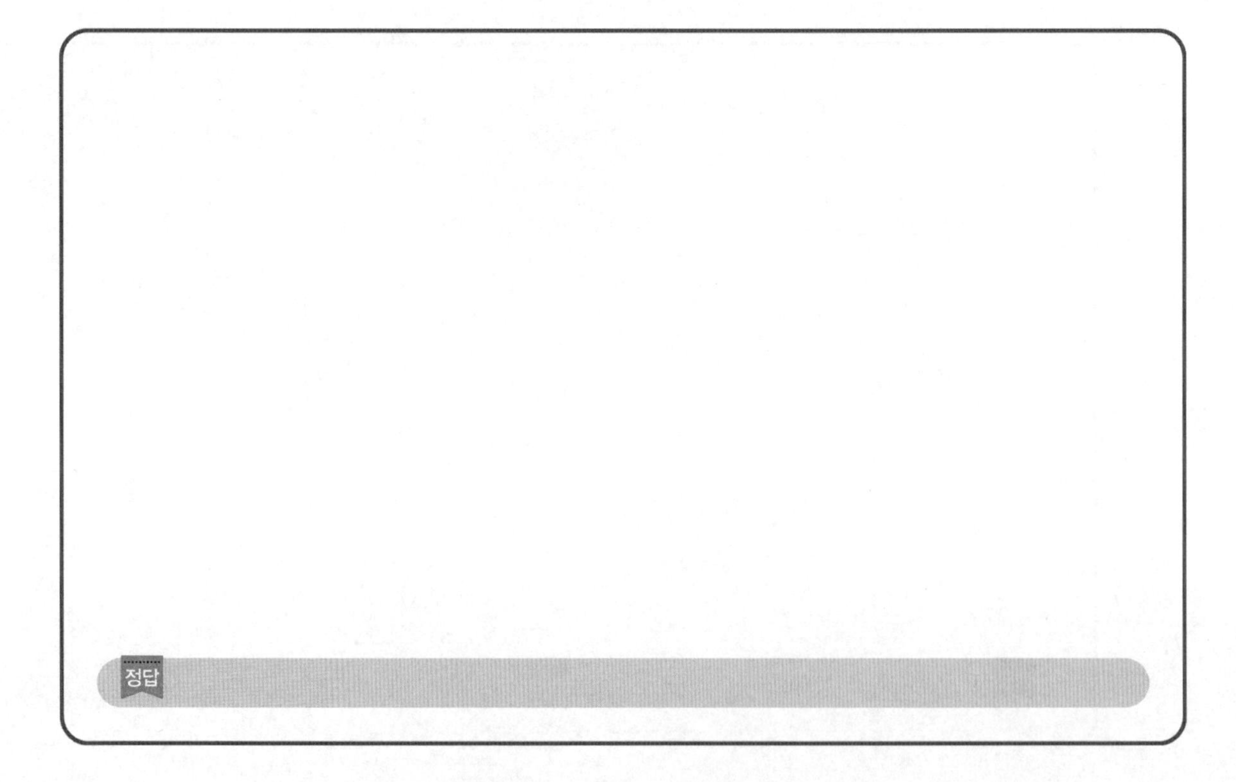

34 함수 $f(x)=2x^3+9x^2-24x+4$의 극솟값을 구하는 과정을 서술하시오.

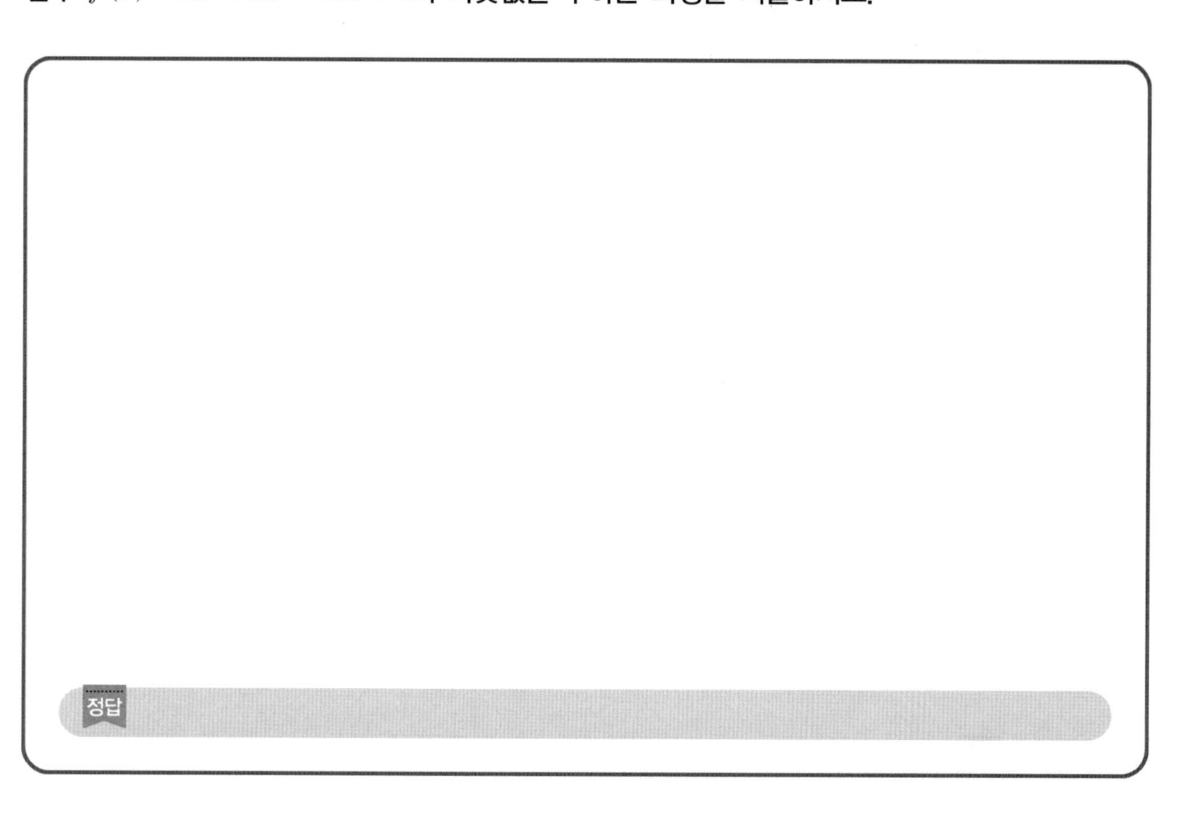

35 함수 $f(x)=x^3-\frac{15}{2}x^2+18x+1$이 $x=\alpha$에서 극댓값 M을 가질 때, $\alpha+M$의 값을 구하는 과정을 서술하시오.

36 함수 $f(x)=-x^3+12x+3$은 극솟값 a와 극댓값 b를 갖는다. 두 수 a, b의 합 $a+b$의 값을 구하는 과정을 서술하시오.

37 함수 $f(x)=x^3+ax^2+(a^2-2a)x+8$이 극값을 갖도록 하는 모든 정수 a의 개수를 구하는 과정을 서술하시오.

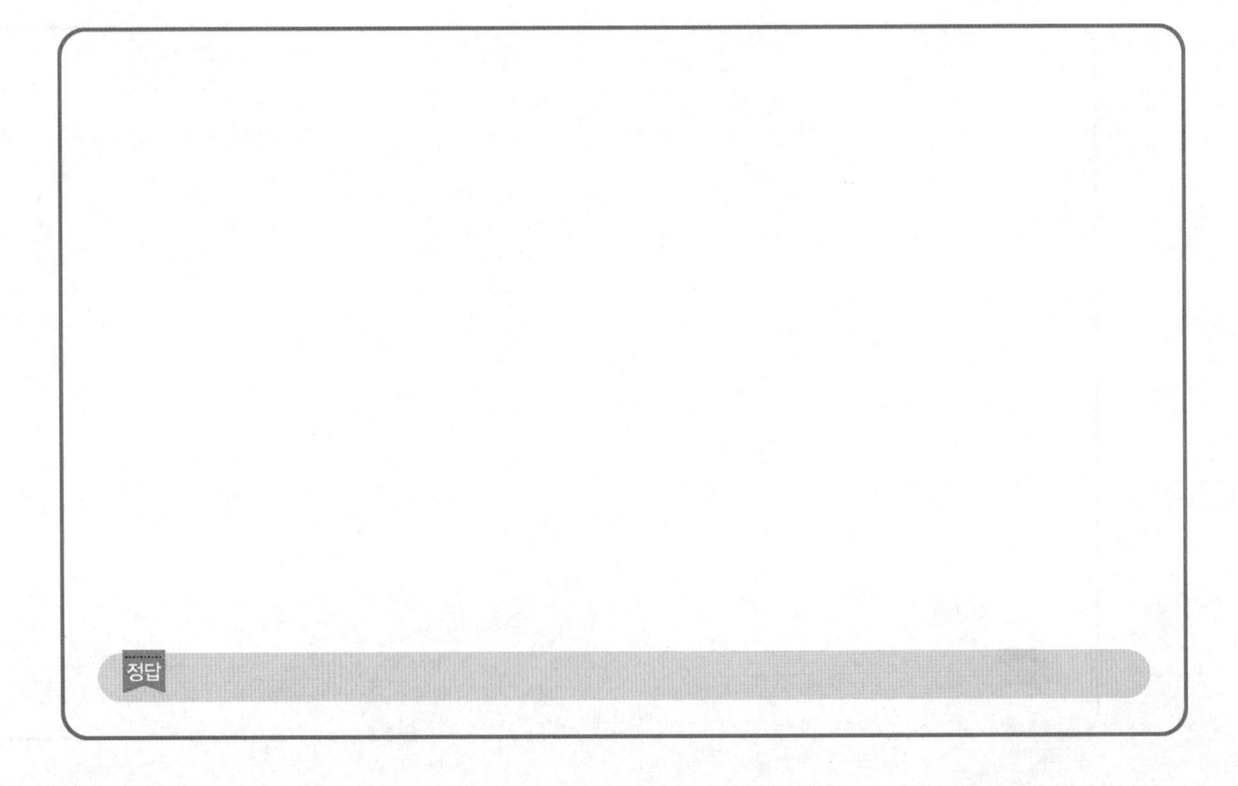

38 닫힌구간 $[1,\ 3]$에서 함수 $f(x)=-x^3+3x^2+5$의 최댓값을 M, 최솟값을 m이라 할 때, $M+m$의 값을 구하는 과정을 서술하시오.

정답

39 실수 k에 대하여 함수 $f(x)=x^3-kx^2+2kx+7$이 $x=k$에서 극값을 가질 때, 극댓값과 극솟값의 합은 $\frac{q}{p}$이다. $p+q$의 값을 구하는 과정을 서술하시오. (단, p와 q는 서로소인 자연수이다.)

정답

40 함수 $f(x)=2x^3-3ax^2+(2a^2-3a)x+3$이 극값을 갖도록 하는 모든 정수 a의 개수를 구하는 과정을 서술하시오.

정답

41 함수 $f(x)=x^3-3x^2-9x+a$의 극솟값이 3일 때, 상수 a의 값을 구하는 과정을 서술하시오.

정답

42 닫힌구간 $[0,\ 4]$에서 함수 $f(x)=-x^3+3x^2+8$의 최솟값을 구하는 과정을 서술하시오.

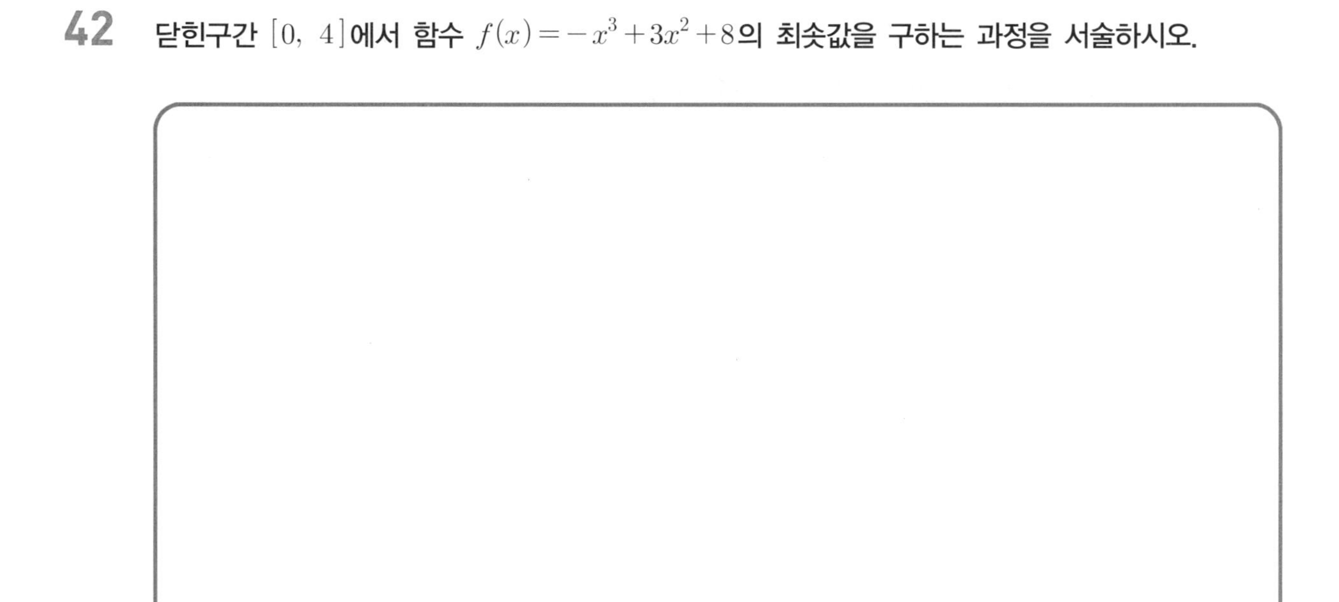

43 닫힌구간 $[-1,\ 4]$에서 함수 $f(x)=x^3-6x^2+4$의 최댓값을 구하는 과정을 서술하시오.

44 닫힌구간 $[-2,\ 6]$에서 정의된 함수 $f(x)=-x^3+3x^2+9x+a$의 최솟값이 -2일 때, 최댓값을 구하는 과정을 서술하시오. (단, a는 상수이다.)

정답

45 닫힌구간 $[-2,\ 3]$에서 정의된 함수 $f(x)=x^3-\frac{15}{2}x^2+18x+a$의 최솟값이 -24일 때, 최댓값을 구하는 과정을 서술하시오. (단, a는 상수이다.)

정답

46 닫힌구간 $[-1,\ 4]$에서 $f(x)=x^3-3x^2+a$의 최댓값과 최솟값의 합이 30일 때, 상수 a의 값을 구하는 과정을 서술하시오.

정답

47 함수 $f(x)=x^3+3x^2+4$에 대하여 닫힌구간 $[-2,\ 2]$에서의 최댓값과 최솟값의 합을 구하는 과정을 서술하시오.

정답

48 최고차항의 계수가 1인 사차함수 $f(x)$에 대하여 함수 $g(x)=|f(x)|$가 다음 조건을 만족시킨다.

(가) $g(x)$는 $x=2$에서 미분가능하고 $g(2)=g'(2)$이다.
(나) $g(x)$는 $x=-2$, $x=0$, $x=2$에서 극솟값을 갖는다.

$g(-1)$의 값을 구하는 과정을 서술하시오.

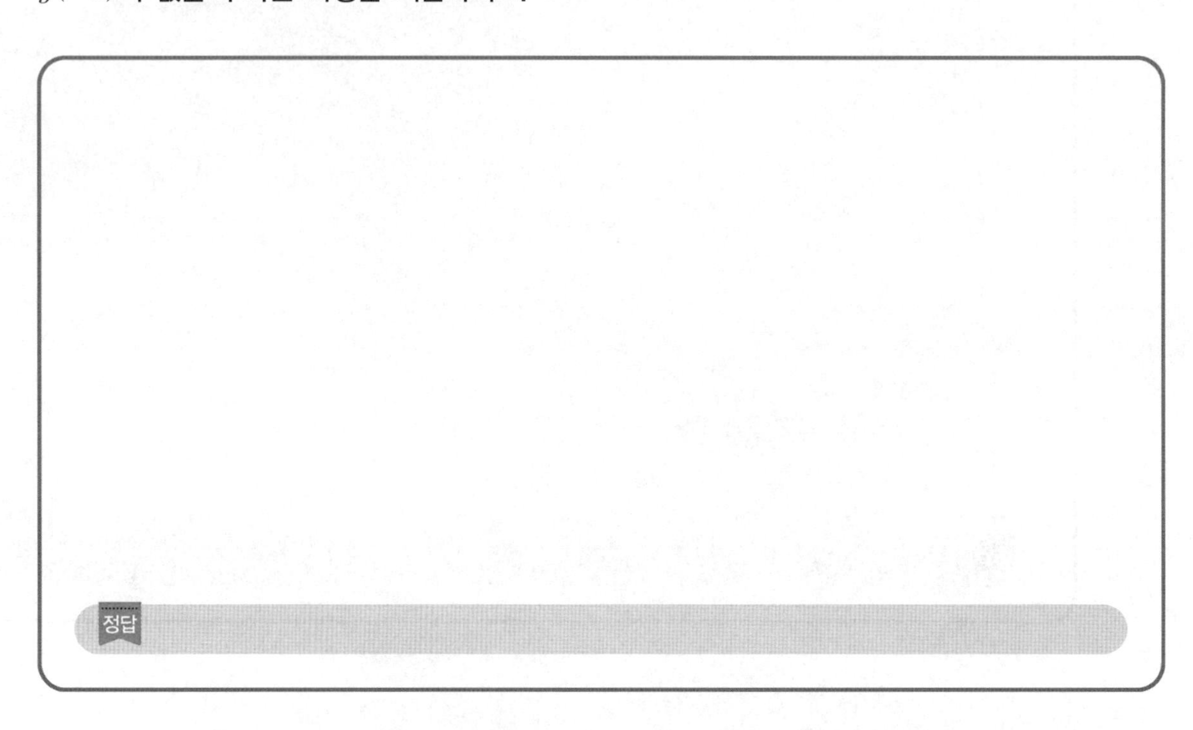

49 함수 $f(x)=2x^3+ax^2+6x+3$이 실수 전체의 집합에서 증가하도록 하는 실수 a의 값의 범위를 구하는 과정을 서술하시오.

50 그림과 같이 두 점 $\mathrm{P}(2,\ 0)$, $\mathrm{Q}(5,\ 0)$에 대하여 점 A가 곡선 $y=2x^2+1$ 위를 움직일 때, $\overline{\mathrm{AP}}^2+\overline{\mathrm{AQ}}^2$의 최솟값을 구하는 과정을 서술하시오.

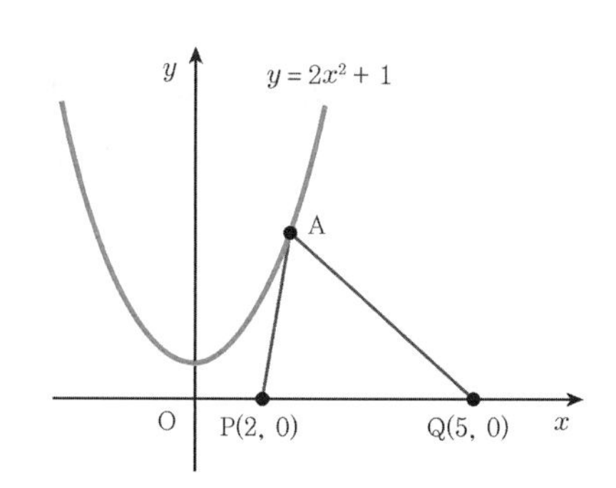

정답

51 삼차함수 $f(x)$에 대하여 방정식 $f'(x)=0$의 두 실근 $\alpha,\ \beta$는 다음 조건을 만족시킨다.

> (가) $|\alpha-\beta|=6$
> (나) 두 점 $(\alpha,\ f(\alpha))$, $(\beta,\ f(\beta))$ 사이의 거리는 10이다.

함수 $f(x)$의 극댓값과 극솟값의 차를 구하는 과정을 서술하시오.

정답

52 수직선 위를 움직이는 점 P의 시각 t에서의 위치 x가 $x=3t^2-2t+5$일 때, $t=2$에서의 속도를 구하는 과정을 서술하시오.

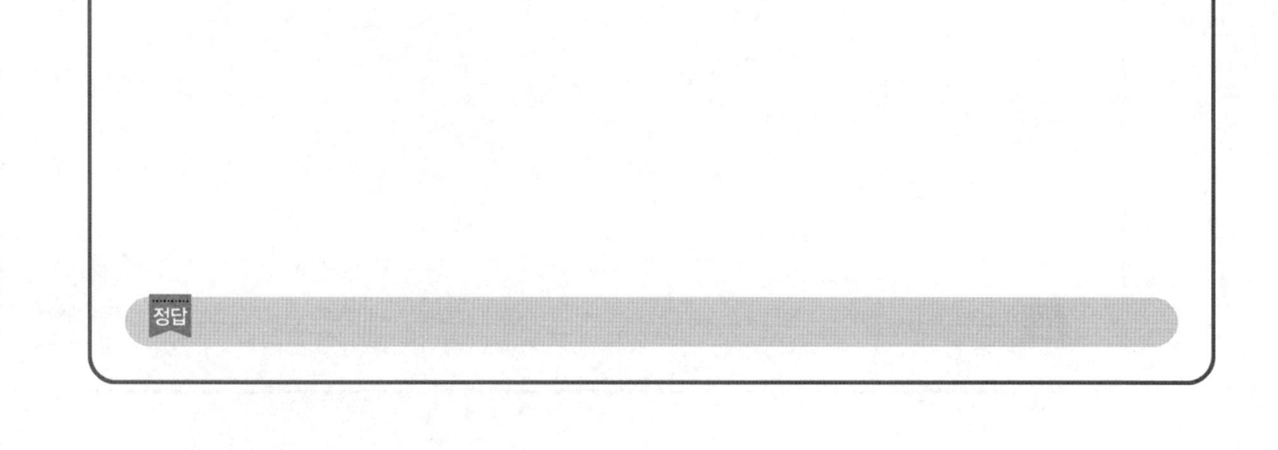

정답

53 수직선 위를 움직이는 점 P의 시각 t에서의 위치 x가 $x=t^3-t^2+5t+9$일 때, $t=3$에서의 가속도를 구하는 과정을 서술하시오.

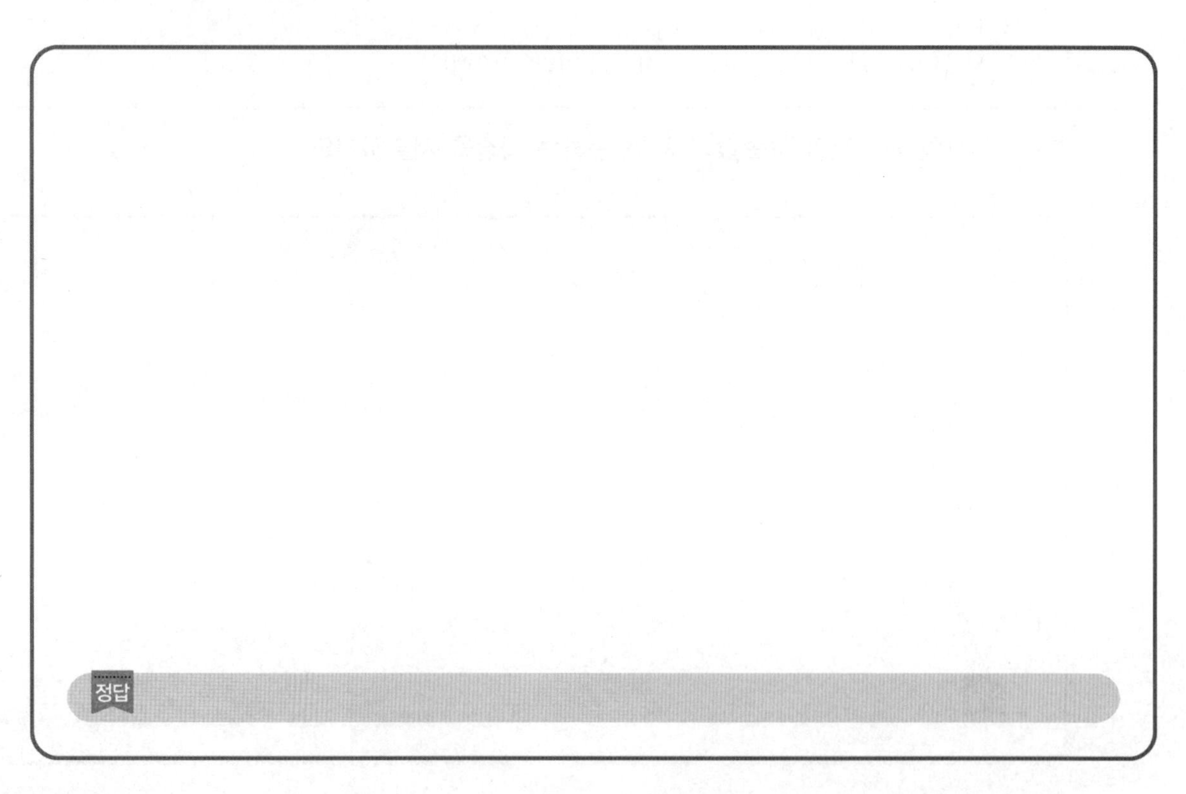

정답

54 수직선 위를 움직이는 점 P의 시각 t에서의 위치가 $x=-\frac{1}{3}t^3+4t^2-12t$일 때, 점 P가 출발한 후 두 번째로 운동 방향을 바꿀 때의 시각 t의 값을 구하는 과정을 서술하시오.

정답

55 수직선 위를 움직이는 점 P의 시각 t $(t \geq 0)$에서의 위치 x가 $x=-t^2+8t$이다. 점 P의 속도가 4일 때, 점 P의 위치를 구하는 과정을 서술하시오.

정답

56 수직선 위를 움직이는 점 P의 시각 t $(t \geq 0)$에서의 속도 $v(t)$가 $v(t)=-t^2+6t$이다. 시각 $t=a$에서의 점 P의 가속도가 0일 때, 상수 a의 값을 구하는 과정을 서술하시오.

정답

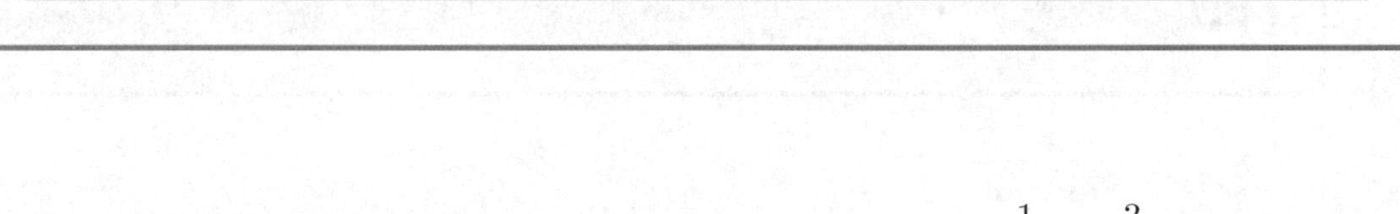

57 수직선 위를 움직이는 점 P의 시각 t $(t>0)$에서의 위치 x가 $x=\frac{1}{3}t^3-\frac{3}{2}t^2-10t+4$일 때, 점 P가 출발 후 운동 방향을 바꾸는 순간의 시각 t의 값을 구하는 과정을 서술하시오.

정답

58 모든 실수 x에 대하여 부등식 $2x^4+6x^2-20x+a^2+6a+58 \geq 0$이 항상 성립하도록 하는 정수 a의 개수를 구하는 과정을 구하시오.

정답

59 수직선 위를 움직이는 두 점 P, Q의 시각 t에서의 위치가 각각 $x_1(t)=2t^3-5t^2+3t$, $x_2(t)=t^3+2t^2-7t$일 때, 두 점 P, Q가 원점을 출발한 후 두 번째로 만나는 순간 점 Q의 속도를 구하는 과정을 서술하시오.

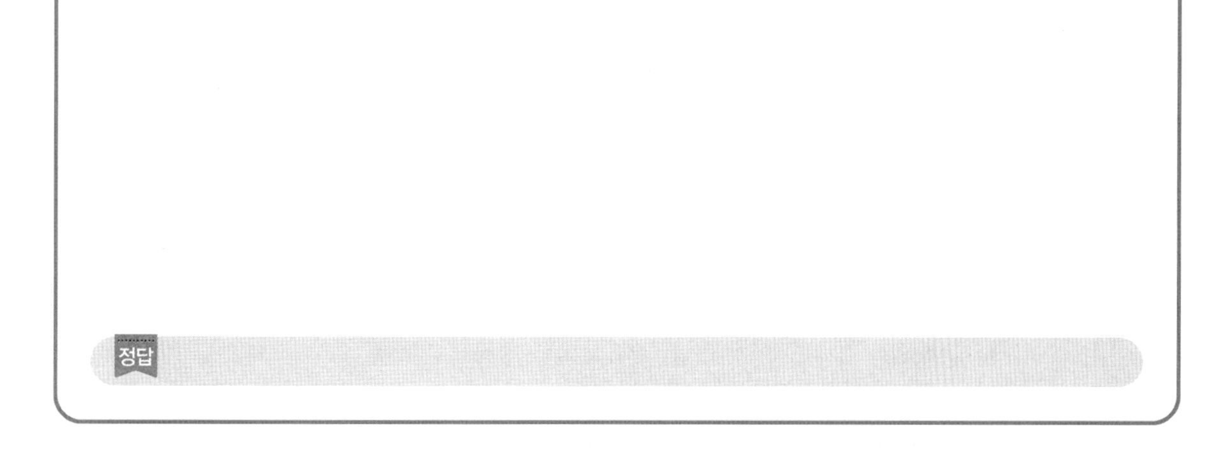

04 부정적분

개념 CHECK

1 부정적분의 정의와 표현

① 일반적으로 함수 $F(x)$의 도함수가 $f(x)$일 때, 즉 $F'(x)=f(x)$일 때, 함수 $F(x)$를 $f(x)$의 부정적분이라 하고, 이것을 기호로

$$\int f(x)dx$$

와 같이 나타낸다.

② 두 함수 $F(x)$, $G(x)$가 모두 $f(x)$의 부정적분이라고 하면 $F'(x)=f(x)$, $G'(x)=f(x)$이므로 다음이 성립한다.

$$\{G(x)-F(x)\}'=G'(x)-F'(x)=f(x)-f(x)=0$$

③ 도함수가 0인 함수는 상수함수이므로 이 상수를 C라고 하면 다음과 같다.

$$G(x)-F(x)=C, \text{ 즉 } G(x)=F(x)+C$$

④ 함수 $f(x)$의 한 부정적분을 $F(x)$라고 하면 함수 $f(x)$의 임의의 부정적분은 다음과 같이 나타낼 수 있고, 이때 상수 C를 적분상수라고 한다.

$$F(x)+C \ (C\text{는 상수})$$

함수 $y=k$ (k는 상수)와 $y=x^n$ (n은 양의 정수)의 부정적분

▶ k가 상수일 때, $\int k\,dx=kx+C$ (단, C는 적분상수)

▶ n이 양의 정수일 때, $\int x^n\,dx=\frac{1}{n+1}x^{n+1}+C$ (단, C는 적분상수)

2 함수의 실수배, 합, 차의 부정적분

두 함수 $f(x)$, $g(x)$가 부정적분을 가질 때

① $\int kf(x)dx=k\int f(x)dx$ (단, k는 0이 아닌 상수)

② $\int \{f(x)+g(x)\}dx=\int f(x)dx+\int g(x)dx$

③ $\int \{f(x)-g(x)\}dx=\int f(x)dx-\int g(x)dx$

04 부정적분

정답 · 해설 p. 60

01 $\int f(x)\,dx = 3x^2 - 2x + C$를 만족시키는 연속함수 $f(x)$에 대하여 $f(1)$의 값을 구하는 과정을 서술하시오. (단, C는 적분상수이다.)

정답

02 $\int (x-3)f(x)\,dx = \frac{1}{3}x^3 - 2x^2 + 3x + C$를 만족시키는 연속함수 $f(x)$에 대하여 $f(2)$의 값을 구하는 과정을 서술하시오. (단, C는 적분상수이다.)

정답

03 $f'(x)=4x^3-3x^2+4,\ f(1)=1$을 만족시키는 함수 $f(x)$에 대하여 $f(2)$의 값을 구하는 과정을 서술하시오.

04 $f'(x)=9x^2+6x,\ f(1)=4$를 만족시키는 함수 $f(x)$에 대하여 $f(3)$의 값을 구하는 과정을 서술하시오.

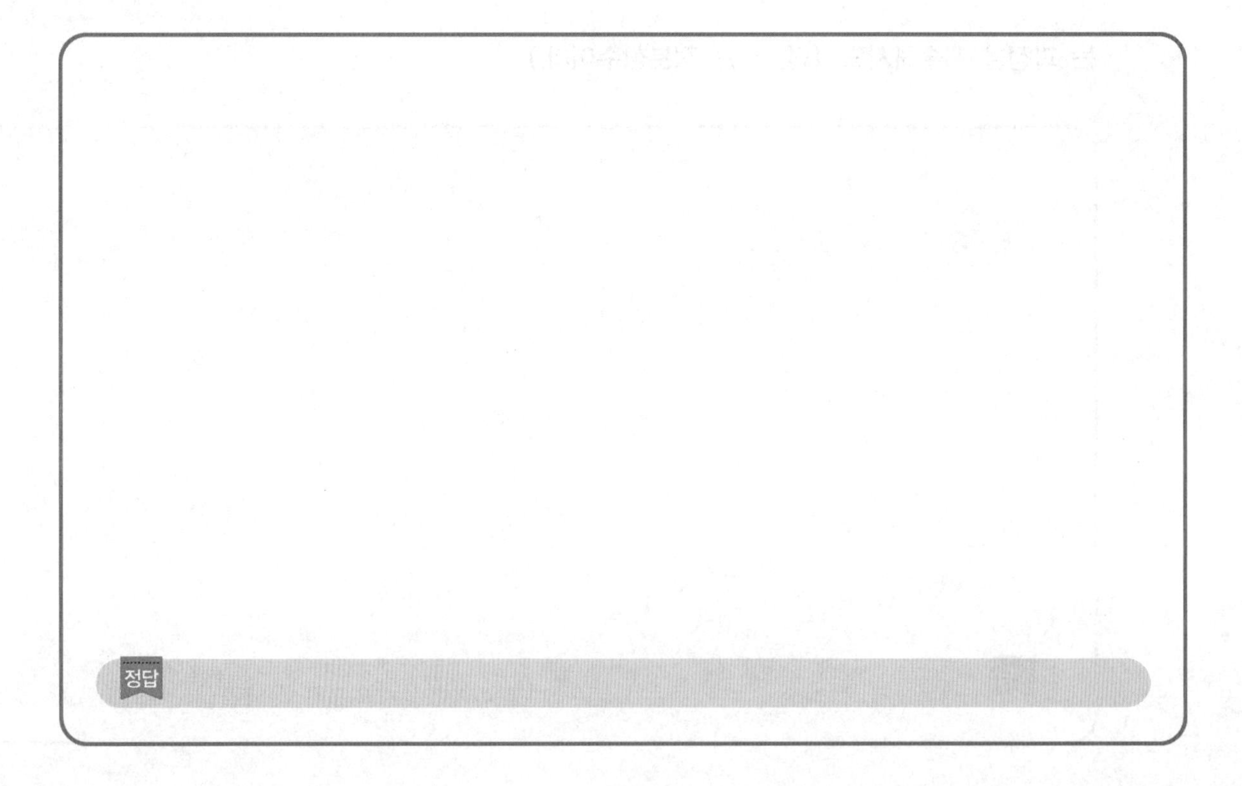

05 곡선 $y=f(x)$ 위의 임의의 점 $(x,\ f(x))$에서의 접선의 기울기가 $2x-1$이고, 이 곡선이 점 $(2,\ 9)$를 지날 때, $f(1)$의 값을 구하는 과정을 서술하시오.

06 함수 $f(x)=\int \frac{x^3-1}{x^2+x+1}dx+\int \frac{x^3+1}{x^2-x+1}dx$에 대하여 $f(0)=6$일 때, $f(2)$의 값을 구하는 과정을 서술하시오.

07 모든 실수 x에 대하여 연속인 함수 $f(x)$의 도함수 $f'(x)$가 $f'(x)=\begin{cases}3x^2 & (x<2)\\ -2x+2 & (x>2)\end{cases}$이고 $f(-1)=1$일 때, $f(3)$의 값을 구하는 과정을 서술하시오.

정답

08 함수 $f(x)$가 $f(x)=\int(3x^2+2x)\,dx$이고 $f(0)=3$일 때, $f(1)$의 값을 구하는 과정을 서술하시오.

정답

09 두 다항함수 $f(x)$, $g(x)$가 $f(x)=\int xg(x)\,dx$, $\dfrac{d}{dx}\{f(x)-g(x)\}=6x^3+4x$를 만족시킬 때, $g(-2)$의 값을 구하는 과정을 서술하시오.

10 함수 $f(x)$가 $f(x)=\int (3x^2-2x)\,dx$이고 $f(0)=1$일 때, $f(2)$의 값을 구하는 과정을 서술하시오.

11 모든 실수 x에 대하여 이차함수 $y=f(x)$가 다음 조건을 만족한다.

(가) $f(-x)=f(x)$
(나) $f(0)=-3$
(다) $f(f'(x))=f'(f(x))$

함수 $F(x)=\int f(x)dx$가 감소하는 구간을 구하는 과정을 서술하시오.

12 다항함수 $f(x)$의 도함수 $f'(x)$가 $f'(x)=3x^2+2x+5$이다. $f(1)=0$일 때, $f(3)$의 값을 구하는 과정을 서술하시오.

13 두 함수 $f(x)$, $g(x)$의 도함수가 각각 $f'(x)=\dfrac{x^3}{x^2-x+1}$, $g'(x)=\dfrac{1}{x^2-x+1}$일 때, $f(6)-f(2)+\{g(6)-g(2)\}$의 값을 구하는 과정을 서술하시오.

14 곡선 $y=f(x)$ 위의 임의의 점 $\mathrm{P}(x,\ y)$에서의 접선의 기울기가 $3x^2-3$이고 함수 $f(x)$의 극솟값이 6일 때, 함수 $f(x)$의 극댓값을 구하는 과정을 서술하시오.

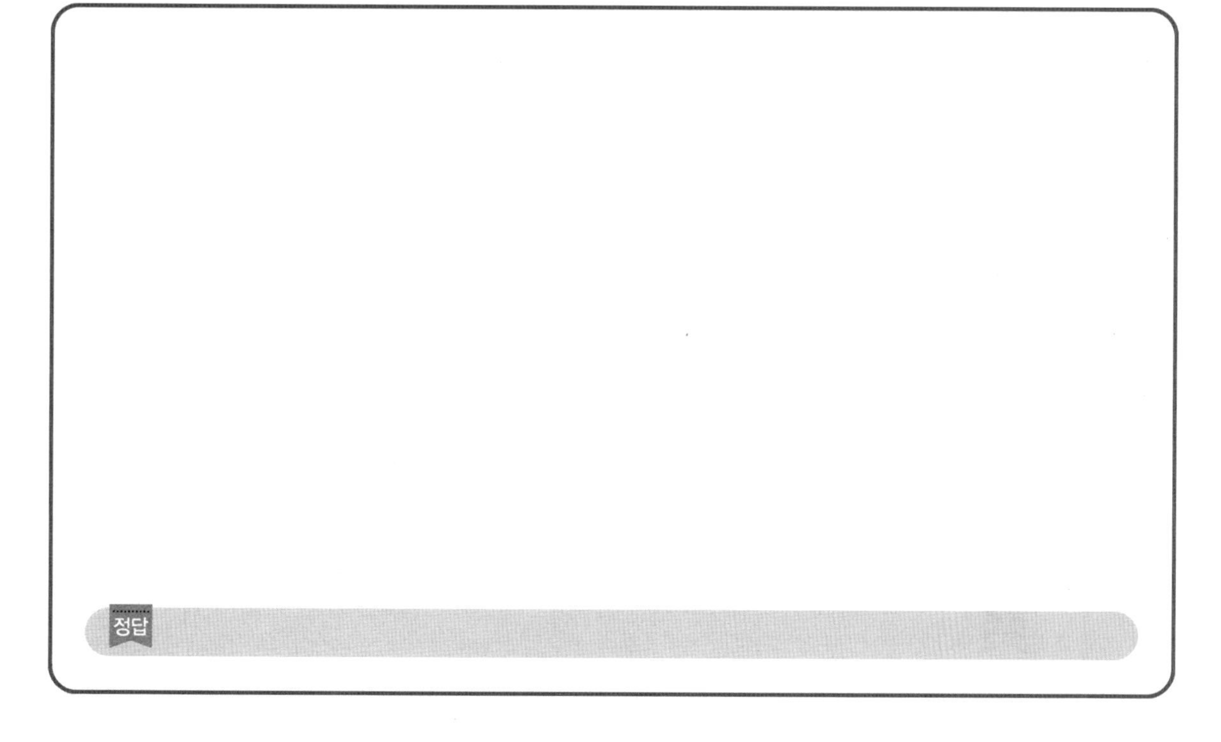

15 다항함수 $f(x)$가 $\frac{d}{dx}\int\{f(x)-2x^2+3\}\,dx=\int\frac{d}{dx}\{2f(x)-6x+1\}\,dx$를 만족시킨다.

$f(2)=3$일 때, $f(0)$의 값을 구하는 과정을 서술하시오.

16 삼차함수 $y=f(x)$의 도함수 $y=f'(x)$에 대하여 $f'(-1)=f'(1)=0$이고 함수 $f(x)$의 극댓값이 7, 극솟값이 3일 때, 모든 $f(3)$의 값의 합을 구하는 과정을 서술하시오.

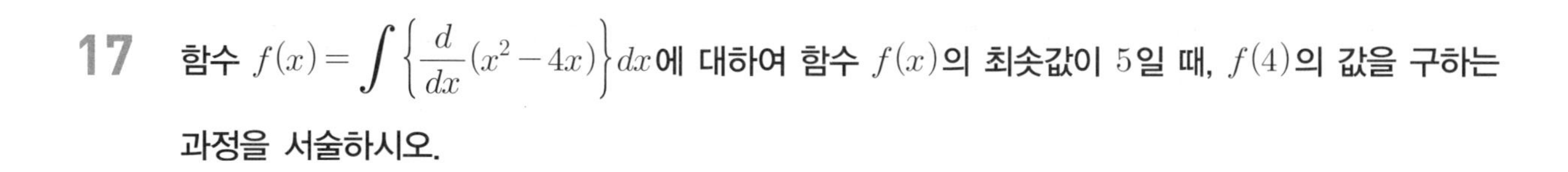

17 함수 $f(x)=\int\left\{\frac{d}{dx}(x^2-4x)\right\}dx$에 대하여 함수 $f(x)$의 최솟값이 5일 때, $f(4)$의 값을 구하는 과정을 서술하시오.

18 두 다항함수 $f(x)$, $g(x)$가 $f(x)=\int xg(x)\,dx$, $\frac{d}{dx}\{f(x)-g(x)\}=4x^3+4x$를 만족시킬 때, $g(2)$의 값을 구하는 과정을 서술하시오.

19 다항함수 $f(x)$가 다음 조건을 만족시킬 때, $f(6)$의 값을 구하는 과정을 서술하시오.

(가) $f(0)=0$

(나) $\dfrac{d}{dx}\{f(x)+xf'(x)\}=12x^2-6x$

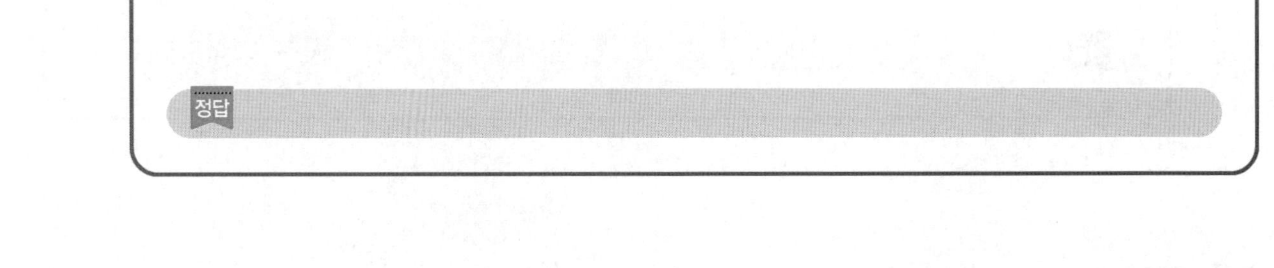

20 등식 $\int(x+1)f(x)\,dx=x^3-x^2+4x+3$을 만족시키는 다항함수 $f(x)$에 대하여 $f(2)$의 값을 구하는 과정을 서술하시오.

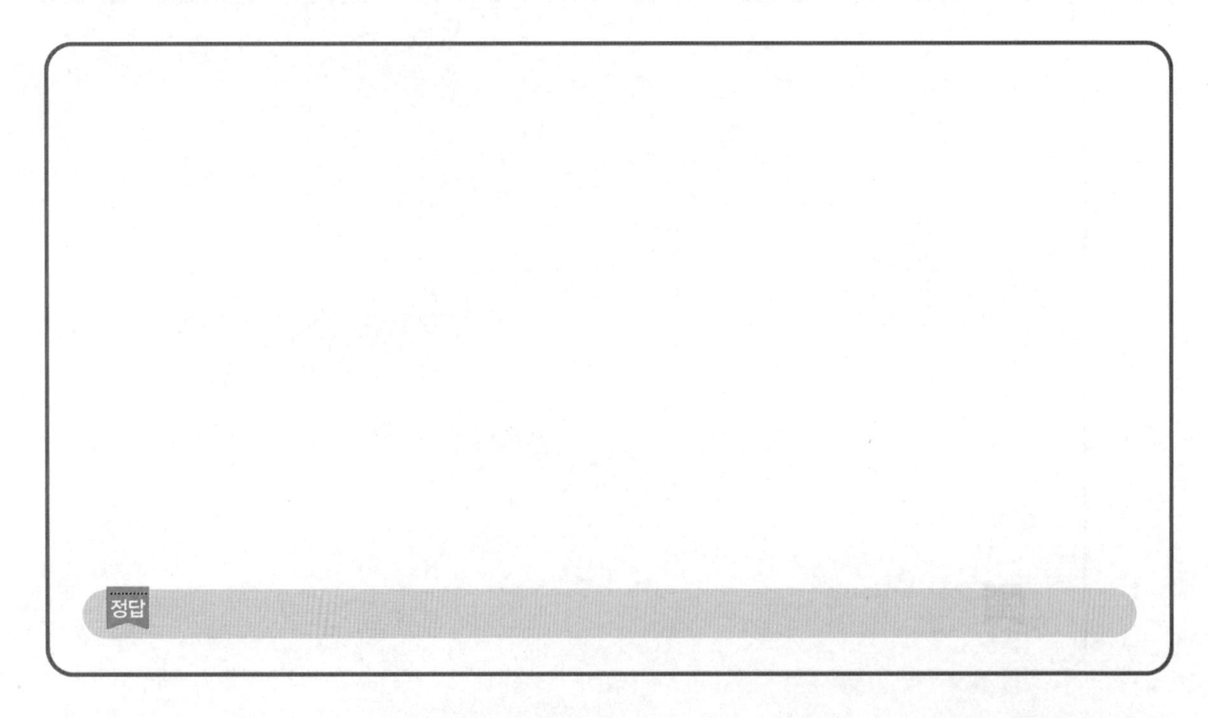

05 정적분

개념 CHECK

1 정적분의 정의와 표현

(1) 함수 $f(x)$가 두 실수 a, b를 포함하는 구간에서 연속일 때, 함수 $f(x)$의 한 부정적분을 $F(x)$라고 하면 x의 값이 a에서 b까지 변할 때의 $F(x)$의 변화량 $F(b)-F(a)$를 함수 $f(x)$의 a에서 b까지의 정적분이라 하고, 이것을 기호로 다음과 같이 나타낸다.

$$\int_a^b f(x)dx = F(b)-F(a)$$

이때 $F(b)-F(a)$를 기호로 다음과 같이 나타낸다.

$$\Big[F(x)\Big]_a^b$$

(2) 정적분의 정의에서

① $a=b$이면 $\int_a^a f(x)dx=0$이다.

> **정적분의 정의**
> 닫힌구간 $[a, b]$에서 연속인 함수 $f(x)$의 한 부정적분을 $F(x)$라고 하면
> $$\int_a^b f(x)dx = \Big[F(x)\Big]_a^b = F(b)-F(a)$$

② $a>b$일 때는, 정적분 $\int_a^b f(x)dx$를 다음과 같이 정의한다.

$$\int_a^b f(x)dx = -\int_b^a f(x)dx$$

따라서 $a>b$이고 $F'(x)=f(x)$일 때,

$$\begin{aligned}\int_a^b f(x)dx &= -\int_b^a f(x)dx = -\Big[F(x)\Big]_b^a \\ &= -\{F(a)-F(b)\} \\ &= F(b)-F(a)\end{aligned}$$

위 식으로 정적분은 a, b의 대소에 관계없이 다음과 같이 정의할 수 있다는 것을 알 수 있다.

$$\int_a^b f(x)dx = F(b)-F(a)$$

> **미분과 정적분의 관계**
> 함수 $f(t)$가 닫힌구간 $[a, b]$에서 연속일 때,
> $$\frac{d}{dx}\int_a^x f(t)dt = f(x) \text{ (단, } a<x<b)$$

2 함수의 실수배, 합, 차의 정적분

(1) 함수의 실수배 적분

$\int kf(x)dx = k\int f(x)dx = kF(x)+C$ (k는 0이 아닌 상수)이므로

$$\begin{aligned}\int_a^b kf(x)dx &= \Big[kF(x)\Big]_a^b \\ &= kF(b)-kF(a) \\ &= k\{F(b)-F(a)\} \\ &= k\Big[F(x)\Big]_a^b \\ &= k\int_a^b f(x)dx\end{aligned}$$

(2) 함수의 합의 적분

$\int \{f(x)+g(x)\}dx = \int f(x)dx + \int g(x)dx = F(x)+G(x)+C$이므로

$$\begin{aligned}\int_a^b \{f(x)+g(x)\}dx &= \Big[F(x)+G(x)\Big]_a^b \\ &= \{F(b)+G(b)\} - \{F(a)+G(a)\} \\ &= \{F(b)-F(a)\} + \{G(b)-G(a)\} \\ &= \Big[F(x)\Big]_a^b + \Big[G(x)\Big]_a^b \\ &= \int_a^b f(x)dx + \int_a^b g(x)dx\end{aligned}$$

(3) 함수의 차의 적분

$\int \{f(x)-g(x)\}dx = \int f(x)dx - \int g(x)dx = F(x)-G(x)+C$이므로

$$\begin{aligned}\int_a^b \{f(x)-g(x)\}dx &= \Big[F(x)-G(x)\Big]_a^b \\ &= \{F(b)-G(b)\} - \{F(a)-G(a)\} \\ &= \{F(b)-F(a)\} - \{G(b)-G(a)\} \\ &= \Big[F(x)\Big]_a^b - \Big[G(x)\Big]_a^b \\ &= \int_a^b f(x)dx - \int_a^b g(x)dx\end{aligned}$$

3 구간이 나누어진 적분

임의의 실수 a, b, c를 포함하는 구간에서 연속인 함수 $f(x)$의 한 부정적분을 $F(x)$라고 하면 다음이 성립한다.

$$\begin{aligned}\int_a^c f(x)dx + \int_c^b f(x)dx &= \Big[F(x)\Big]_a^c + \Big[F(x)\Big]_c^b \\ &= \{F(c)-F(a)\} + \{F(b)-F(c)\} \\ &= F(b)-F(a) = \Big[F(x)\Big]_a^b \\ &= \int_a^b f(x)dx\end{aligned}$$

05 정적분

정답 · 해설 p. 63

01 $\int_{0}^{2} 3x^2\,dx$의 값을 구하는 과정을 서술하시오.

02 $\int_{0}^{4} |x-2|\,dx$의 값을 구하는 과정을 서술하시오.

03 $\int_{a}^{1}(2x+5a)\,dx=2$를 만족시키는 모든 실수 a의 값의 합을 구하는 과정을 서술하시오.

정답

04 함수 $f(x)=3x^2+2x$에 대하여 $\int_{3}^{5}f(x)\,dx-\int_{4}^{5}f(x)\,dx+\int_{2}^{3}f(x)\,dx$의 값을 구하는 과정을 서술하시오.

정답

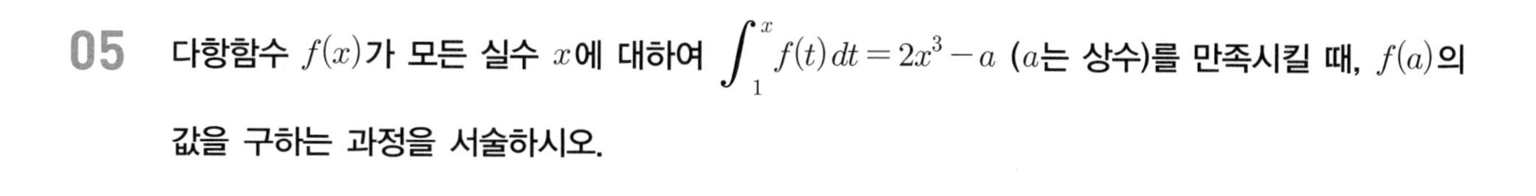

05 다항함수 $f(x)$가 모든 실수 x에 대하여 $\int_{1}^{x} f(t)\,dt = 2x^3 - a$ (a는 상수)를 만족시킬 때, $f(a)$의 값을 구하는 과정을 서술하시오.

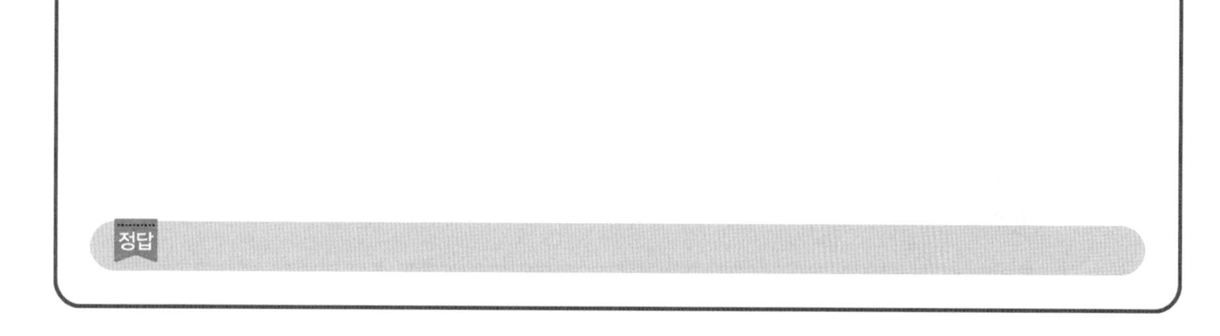

정답

06 다항함수 $y=f(x)$에 대하여 $\int_{a}^{x} f(t)\,dt = x^2 - 3x - 4$일 때, $f(a)+f'(a)$의 값을 구하는 과정을 서술하시오. (단, $a>0$)

정답

07 함수 $f(x)=\int_{3}^{x}(t^2-4)\,dt$의 극댓값과 극솟값의 합을 구하는 과정을 서술하시오.

08 모든 실수에서 연속인 함수 $f(x)$에 대하여 $f(1)=3,\ f'(1)=\frac{1}{4}$일 때,

$\lim_{x\to 1}\frac{1}{x-1}\int_{1}^{x}\{1+f(t)\}^2 f'(t)\,dt$의 값을 구하는 과정을 서술하시오.

09 다항함수 $f(x)$가 $f(x)=3x^2-2x+\int_0^2 f(t)dt$를 만족시킬 때, $\int_0^2 f(x)dx$의 값을 구하는 과정을 서술하시오.

10 $\lim_{x\to 2}\frac{1}{x-2}\int_2^x (t^3-2t^2+3t+1)dt$의 값을 구하는 과정을 서술하시오.

11 $\int_{0}^{1}(3x^2+2x)\,dx$의 값을 구하는 과정을 서술하시오.

12 함수 $f(x)=ax(x-4)\,(a>0)$에 대하여 $\int_{0}^{5}\{f(x)+|f(x)|\}\,dx=14$일 때, 상수 a의 값을 구하는 과정을 서술하시오.

정답

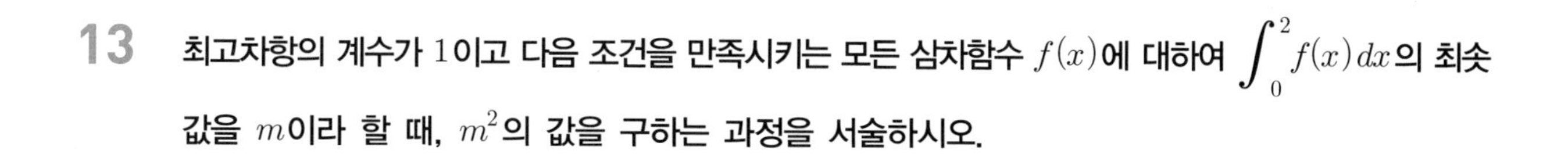

13 최고차항의 계수가 1이고 다음 조건을 만족시키는 모든 삼차함수 $f(x)$에 대하여 $\int_{0}^{2} f(x)\,dx$의 최솟값을 m이라 할 때, m^2의 값을 구하는 과정을 서술하시오.

(가) $f(0)=0$
(나) 모든 실수 x에 대하여 $f'(3+x)=f'(3-x)$이다.
(다) 모든 실수 x에 대하여 $f'(x) \geq -20$이다.

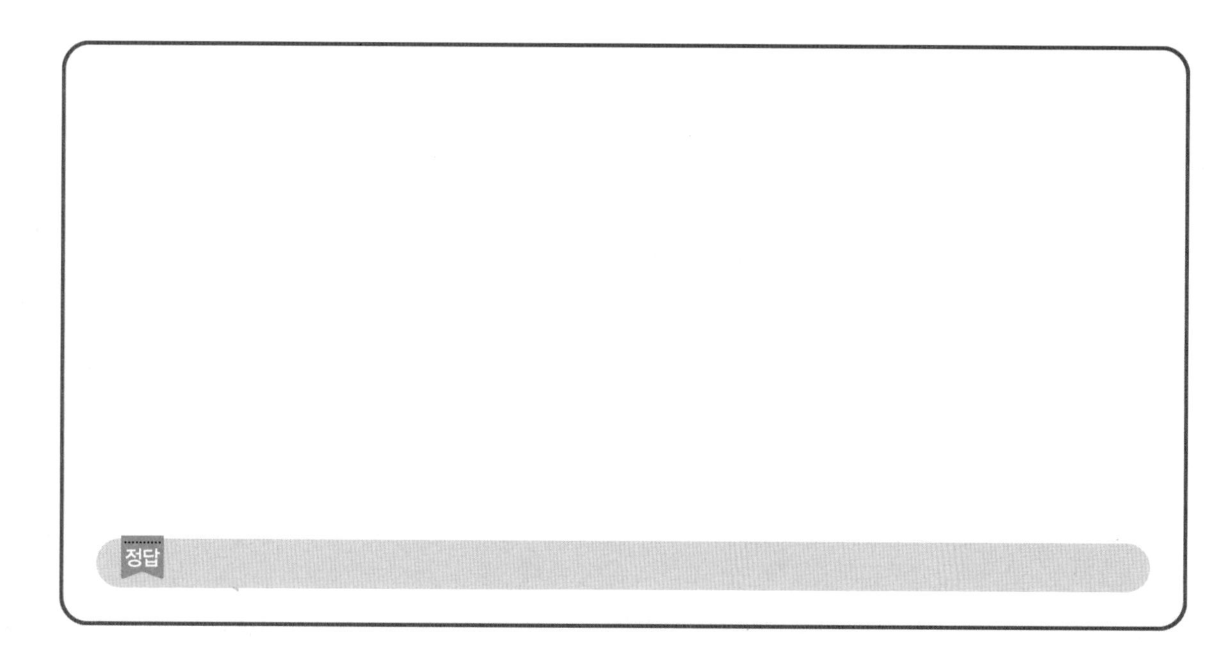

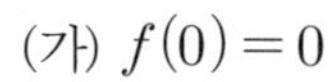

정답

14 $\int_{-2}^{2}(x^3+2x^2)\,dx+\int_{2}^{-2}(x^3-x^2)\,dx$ 의 값을 구하는 과정을 서술하시오.

정답

15 $\int_{0}^{2}(4x-5)\,dx+\int_{2}^{k}(4x-5)\,dx=0$일 때, 양수 k의 값을 구하는 과정을 서술하시오.

16 다항함수 $f(x)$가 모든 실수 x에 대하여 $\int_{1}^{x}f(t)\,dt=x^{3}+2x-7$을 만족시킬 때, $f(5)$의 값을 구하는 과정을 서술하시오.

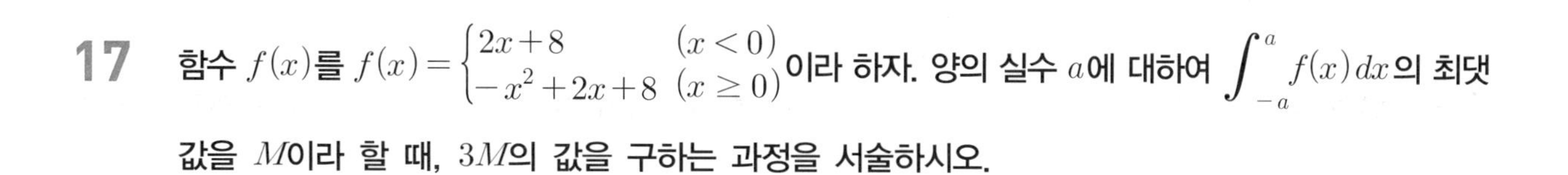

17 함수 $f(x)$를 $f(x)=\begin{cases} 2x+8 & (x<0) \\ -x^2+2x+8 & (x \geq 0) \end{cases}$이라 하자. 양의 실수 a에 대하여 $\int_{-a}^{a} f(x)\,dx$의 최댓값을 M이라 할 때, $3M$의 값을 구하는 과정을 서술하시오.

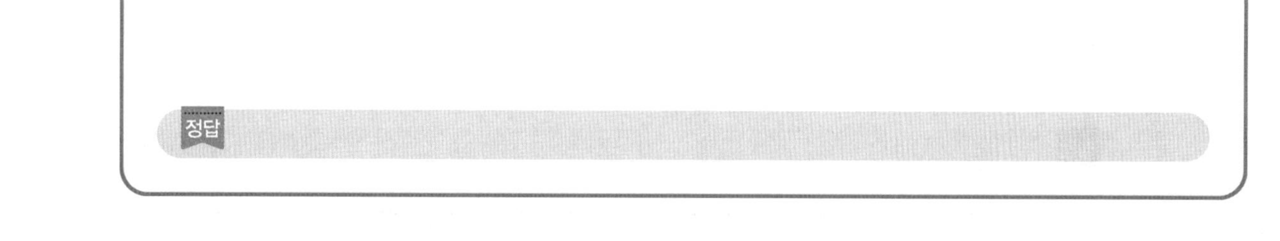

18 다항함수 $f(x)$가 모든 실수 x에 대하여 $\int_{1}^{x} f(t)\,dt = x^3+ax^2+2$를 만족시킬 때, $f(-1)$의 값을 구하는 과정을 서술하시오. (단, a는 상수이다.)

19 다항함수 $f(x)$가 $\lim_{x \to 1} \frac{\int_1^x f(t)\,dt - f(x)}{x^2-1} = 2$를 만족시킬 때, $f'(1)$의 값을 구하는 과정을 서술하시오.

정답

20 이차함수 $f(x)=2x^2+8x+k$에 대하여 함수 $F(x)$를 $F(x)=\int_0^x f(t)\,dt$라 할 때, 삼차함수 $F(x)$가 극값을 갖지 않도록 하는 실수 k의 최솟값을 구하는 과정을 서술하시오.

정답

06 정적분의 활용

개념 CHECK

1 넓이

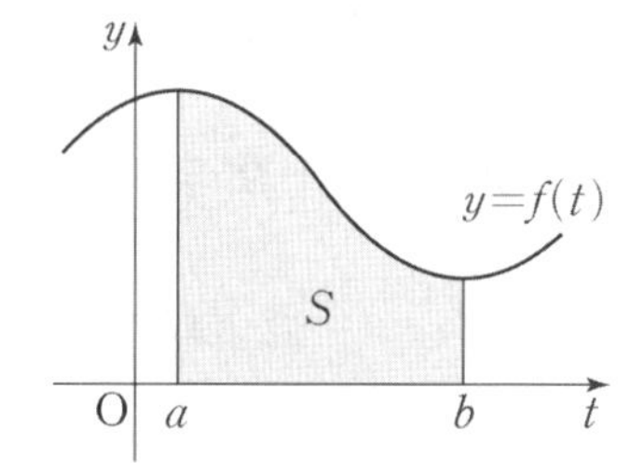

함수 $f(x)$의 한 부정적분을 $F(x)$라고 하면

$$S(x)=F(x)+C \text{ (단, } C\text{는 적분상수)}$$

$S(x)$의 정의에 따라 $S(a)=0$이므로

$$S(a)=F(a)+C=0 \text{에서 } C=-F(a)$$

따라서 $S(x)=F(x)-F(a)$이므로 곡선 $y=f(t)$와 t축 및 두 직선 $t=a$, $t=b$로 둘러싸인 도형의 넓이 S는 다음과 같이 나타낼 수 있다.

$$S=S(b)=F(b)-F(a)=\int_a^b f(t)\,dt$$

(1) 곡선과 x축 사이의 넓이

함수 $f(x)$가 닫힌구간 $[a,\ b]$에서 연속일 때, 곡선 $y=f(x)$와 x축 및 두 직선 $x=a$, $x=b$로 둘러싸인 도형의 넓이 S는

$$S=\int_a^b |f(x)|\,dx$$

(2) 두 곡선 사이의 넓이

두 함수 $f(x)$, $g(x)$가 닫힌구간 $[a,\ b]$에서 연속일 때, 두 곡선 $y=f(x)$, $y=g(x)$와 두 직선 $x=a$, $x=b$로 둘러싸인 도형의 넓이 S는

$$S=\int_a^b |f(x)-g(x)|\,dx$$

2 속도와 거리

수직선 위를 움직이는 점 P의 시각 t에서의 속도가 $v(t)$일 때,

(1) 시각 t_0에서 점 P의 위치를 $f(t_0)=x_0$이라고 하면 $v(t)=f'(t)$이므로

$$\int_{t_0}^{t} v(t)\,dt=f(t)-f(t_0)=f(t)-x_0$$

따라서 시각 t에서의 점 P 의 위치 x는

$$x = f(t) = x_0 + \int_{t_0}^{t} v(t)dt$$

(2) 시각 $t = a$에서 $t = b$까지 점 P 의 위치의 변화량은

$$f(b) - f(a) = \int_{a}^{b} v(t)dt$$

이를 적용하여 수직선 위를 움직이는 점의 위치와 움직인 거리를 요약하면 다음과 같다.

수직선 위를 움직이는 점 P 의 시각 t에서의 속도를 $v(t)$, 시각 t_0에서의 점 P 의 위치를 x_0이라고 할 때

▶ 시각 t에서의 점 P 의 위치 $f(t)$는

$$f(t) = x_0 + \int_{t_0}^{t} v(t)\,dt$$

▶ 시각 $t = a$에서 $t = b$까지 점 P 의 위치의 변화량은

$$\int_{a}^{b} v(t)\,dt$$

▶ 시각 $t = a$에서 $t = b$까지 점 P 가 움직인 거리 s는

$$s = \int_{a}^{b} |v(t)|\,dt$$

06 정적분의 활용

정답 · 해설 p. 67

01 함수 $f(x)=x^2-6x$에 대하여 닫힌구간 $[-1,\ 0]$에서 곡선 $y=f(x)$와 x축 및 직선 $x=-1$로 둘러싸인 부분의 넓이를 구하는 과정을 서술하시오.

정답

02 함수 $f(x)=x^2-4x$에 대하여 닫힌구간 $[0,\ 4]$에서 곡선 $y=f(x)$와 x축으로 둘러싸인 부분의 넓이를 구하는 과정을 서술하시오.

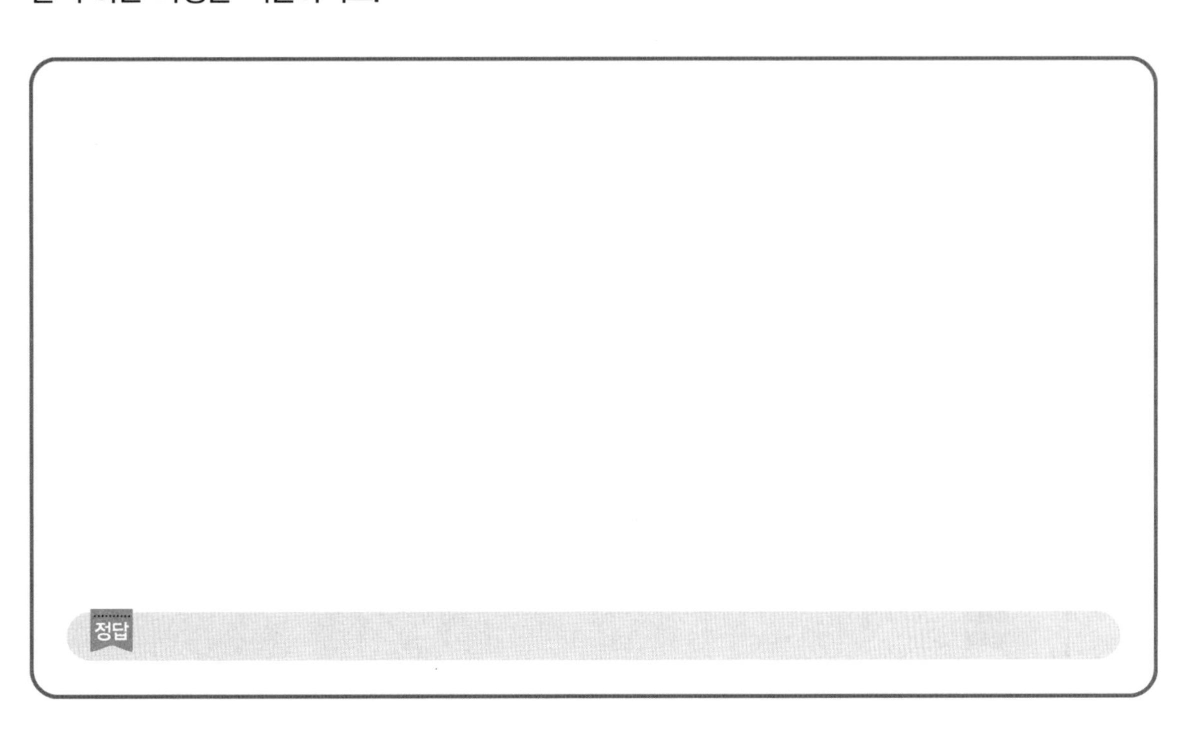

03 두 곡선 $f(x)=2x^2-4x$, $g(x)=-x^2+2x$에 대하여 닫힌구간 $[1, 3]$에서 두 곡선 $y=f(x)$, $y=g(x)$와 두 직선 $x=1$, $x=3$으로 둘러싸인 부분의 넓이를 구하는 과정을 서술하시오.

04 좌표평면 위의 점 $(0, -2)$에서 이차곡선 $y=x^2+2x+2$에 그은 두 접선과 곡선으로 둘러싸인 부분의 넓이를 구하는 과정을 서술하시오.

05 함수 $f(x)=x^3-16x$의 그래프와 x축으로 둘러싸인 부분의 넓이를 구하는 과정을 서술하시오.

06 두 함수 $f(x)=x^2-4x+10,\ g(x)=3x$에 대하여 함수 $h(x)$를

$h(x)=\dfrac{|f(x)-g(x)|+f(x)+g(x)}{2}$라 하자. 함수 $y=h(x)$의 그래프와 x축, y축 및 직선 $x=4$로 둘러싸인 부분의 넓이를 S라고 할 때, $3S$의 값을 구하는 과정을 서술하시오.

07 곡선 $y=x^3-3x^2+3x-2$와 직선 $y=3x-6$으로 둘러싸인 부분의 넓이를 구하는 과정을 서술하시오.

정답

08 음수 a에 대하여 함수 $f(x)=x|x|-2x+2$의 그래프와 직선 $y=2x+a$가 접할 때, 곡선 $y=f(x)$와 직선 $y=2x+a$로 둘러싸인 부분의 넓이가 $p+q\sqrt{2}$ 이다. $6(p+q)$의 값을 구하는 과정을 서술하시오. (단, p, q는 유리수이다.)

정답

09 다항함수 $f(x)$가 다음 조건을 만족시킬 때, $\int_{-3}^{3} f(x)\,dx$의 값을 구하는 과정을 서술하시오.

(가) $\lim_{x \to \infty} \frac{f(x)+f(-x)}{x^2}=3$

(나) $f(0)=1$

10 원점에서 출발하여 수직선 위를 움직이는 점 P의 시각 t에서의 속도 $v(t)$가 $v(t)=-t+4$일 때, 시각 $t=1$에서의 점 P의 위치를 구하는 과정을 서술하시오.

11 원점에서 출발한 수직선 위를 움직이는 점 P의 시각 t에서의 속도 $v(t)$가 $v(t)=-t+5$일 때, 시각 $t=1$에서 $t=7$까지 점 P가 움직인 거리를 구하는 과정을 서술하시오.

12 곡선 $y=|x^2-3x-4|$와 직선 $y=x+8$로 둘러싸인 도형의 넓이를 구하는 과정을 서술하시오.

13 지상 $20\mathrm{m}$의 높이에서 $60\mathrm{m/s}$의 속도로 똑바로 위로 쏘아 올린 물체의 t초 후의 속도 $v(t)$가 $v(t)=60-20t\,(\mathrm{m/s})$일 때, 물체가 최고 지점에 도달할 때의 지상으로부터의 높이를 구하는 과정을 서술하시오.

14 곡선 $y=ax^2-a^2x$와 직선 $y=4x$로 둘러싸인 도형의 넓이를 $S(a)$라고 할 때, $\dfrac{3S(a)}{a}$의 최솟값을 구하는 과정을 서술하시오. (단, $a>0$)

약술형 논술 수학

기출유형
분석

약술형 논술 **수학 인문계열**

가천대 기출유형 분석

예시 답안 p. 70

01 정의역이 $\left\{x \,\middle|\, \log_5 \frac{1}{3} \le x \le 2\right\}$인 함수 $y = 25^x - 3 \times 5^{x+2} + 10$이 $x = \alpha$에서 최댓값 M을 갖고 $x = \beta$에서 최솟값 m을 가질 때, α, β, M, m의 값을 구하는 과정을 서술하시오.

02 양의 실수 전체의 집합에서 정의된 함수 $f(x) = \sum_{k=1}^{45} \frac{\sqrt{x+k+45} - \sqrt{x+k}}{x\sqrt{x}}$에 대하여 $g(x)$는 $\lim_{x \to \infty} f(x)g(x) = 2025$를 만족시키는 이차함수이다. 방정식 $g(x) = 0$의 서로 다른 두 실근 α, β가 $\alpha + \beta = 25$, $\alpha\beta = 5$를 만족시킬 때, $g(x)$의 최솟값을 구하는 과정을 서술하시오.

03 다음 조건을 만족시키는 모든 다항함수 $f(x)$에 대하여 모든 $f(1)$의 값의 합을 구하는 과정을 서술하시오.

> 모든 실수 x에 대하여
> $$f(x) = 5x^4 + x^2 \int_{-1}^{1} f(t)dt - \left| \int_0^1 f(t)dt \right|$$ 이다.

04 첫째항이 1이고 공차가 자연수인 등차수열 $\{a_n\}$에 대하여 $\sum_{k=1}^{21} \frac{a_{k+1} - a_k}{\sqrt{a_{k+1}} + \sqrt{a_k}}$의 값이 50 이하의 자연수가 되도록 하는 공차들의 집합을 A라 하자. 집합 A의 모든 원소의 개수를 α, 모든 원소의 합을 β라 할 때, α와 β의 값을 구하는 과정을 서술하시오.

05 그림과 같이 사각형 ABCD가 한 원에 내접하고 $\overline{AD}=\overline{CD}=3$, $\overline{BC}=8$, $\angle BAD=\frac{2}{3}\pi$일 때, $\sin(\angle ADC)$의 값을 구하는 과정을 서술하시오.

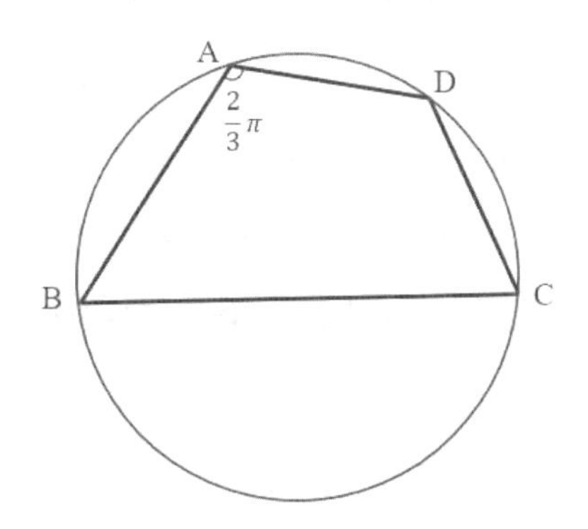

06 함수

$$f(x)=\begin{cases} ax+b & (x\le -1) \\ x^2-2x+2 & (-1<x<3) \\ x^3-3x^2+cx+d & (x\ge 3) \end{cases}$$

가 실수 전체의 집합에서 미분가능할 때, 함수 $g(x)=ax^3+(b+t)x^2+cx+d$가 극값을 가지도록 하는 실수 t의 범위를 구하는 과정을 서술하시오.

약술형 논술 **수학 자연계열**

가천대 기출유형 분석

예시 답안 p. 72

01 공비 r이 음수인 등비수열 $\{a_n\}$의 첫째항부터 제n항까지의 합을 S_n이라 하자.

$\dfrac{S_4-S_1}{S_{10}-S_4}=\dfrac{64}{9}$일 때, r의 값을 구하는 과정을 서술하시오. (단, $a_1 \neq 0$, $r \neq -1$)

02 다항함수 $f(x)$에 대하여

$\displaystyle\lim_{x\to\infty}\frac{\sqrt{x^4-5}-f(x)}{6x^2+1}=\frac{1}{3}$일 때,

함수 $g(x)$를

$g(x)=\begin{cases} f(1-x)-f(x) & (x<1) \\ f(x) & (x \geq 1) \end{cases}$이라 하자.

함수 $g(x)$가 $x=1$에서 미분가능할 때, $f(3)$의 값을 구하는 과정을 서술하시오.

03 자연수 k에 대하여 함수

$f(x)=5^{3x+3}-5^{2x+\log_2 k}$의 그래프가 x축과 만나는 점의 x좌표를 a라 하자.

$1 \leq a \leq 3$을 만족시키는 모든 k의 값의 합을 구하는 과정을 서술하시오.

04 최고차항의 계수가 1인 이차함수 $f(x)$와 두 실수 a, b가 다음 조건을 만족시킬 때, $a+b+f(3)$의 값을 구하는 과정을 서술하시오.

(가) 함수 $g(x)=\dfrac{x}{f(x^2+9)}$는 $x=a$에서만 불연속이다.

(나) $\displaystyle\lim_{x\to -3}\frac{f(x-2)}{f(x^2)}=b$

05 그림과 같이 중심이 O이고 길이가 6인 선분 AB를 지름으로 하는 반원이 있다. 호 AB 위의 P에 대하여 $\overline{PB}=\overline{PC}$가 되도록 호 PA 위에 점 C를 잡는다. 선분 OP가 선분 BC와 만나는 점을 D라 하자. 사각형 ACPD가 평행사변형일 때, 선분 AP의 길이와 $\sin(\angle PBC)$의 값을 구하는 과정을 서술하시오.

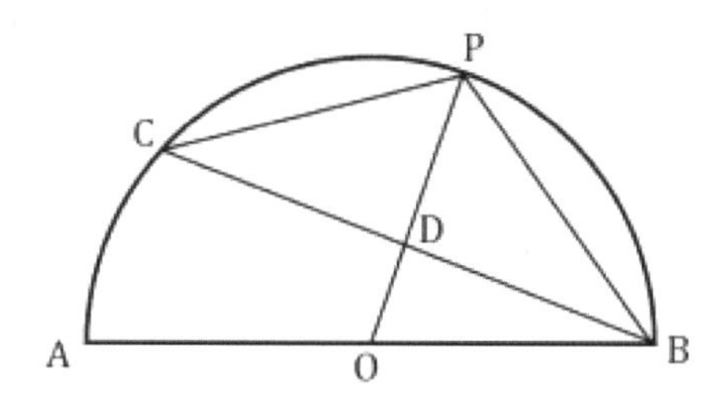

06 다항함수 $f(x)$가 다음 조건을 만족시킨다.

(가) 모든 실수 x에 대하여

$$f(x)=x^3-3x^2+2x\int_0^2 f(t)dt+\left\{\int_0^2 \frac{f(t)}{\sqrt{2}}dt\right\}^2$$

(나) 임의의 두 실수 x_1, x_2 $(x_1<x_2)$에 대하여

$$f(x_2)-3x_1^2>f(x_1)-3x_2^2$$

실수 전체의 집합에서 연속인 함수 $g(x)$가 $0\le x<1$일 때 $g(x)=f(x)+ax^2$이고, 모든 실수 x에 대하여 $g(x+1)=g(x)+b$를 만족시킨다. $\int_2^3 g(x)dx=\frac{79}{12}$일 때, a와 b의 값을 구하는 과정을 서술하시오. (단, a, b는 상수이다.)

07 실수 전체의 집합에서 미분가능한 함수 $f(x)$의 도함수가

$$f'(x)=\begin{cases}-2 & (x>b)\\ -4x^3-12x^2-9x-2 & (x\le b)\end{cases}$$

이다. 함수 $g(x)$는 $g(x)=|f(x)|$이고 세 집합 A, B, C를

$$A=\left\{x \;\middle|\; \lim_{h\to 0-}\frac{g(x+h)-g(x)}{h}+\lim_{h\to 0+}\frac{g(x+h)-g(x)}{h}=0\right\},$$

$$B=\left\{x \;\middle|\; \lim_{h\to 0-}\frac{g(x+h)-g(x)}{h}=\lim_{h\to 0+}\frac{g(x+h)-g(x)}{h}=0\right\},$$

$$C=\{g(x) \mid x\in A\}$$

라 할 때, $n(A)=3$, $n(B)=2$, $n(C)=2$이다. 집합 C의 모든 원소를 구하는 과정을 서술하시오.

08 시각 $t=0$일 때 동시에 원점을 출발하여 수직선 위를 움직이는 두 점 P, Q가 있다. 시각 $t\ (t\ge 0)$에서의 점 P의 속도 $v_1(t)$와 점 Q의 가속도 $a_2(t)$는

$$v_1(t)=-\frac{1}{2}t^2+\frac{5}{2}t,\ a_2(t)=2t-\frac{1}{2}$$

이다. 시각 $t=k$일 때, 두 점 P, Q의 속도가 같고 점 Q의 가속도가 점 P의 가속도의 7배이다. $t=0$에서 $t=k$까지 두 점 P, Q가 움직인 거리의 차를 구하는 과정을 서술하시오. (단, k는 상수이다.)

09 상수 a와 $\frac{\pi}{2}<\theta<\pi$에 대하여, 이차방정식 $3x^2-\sqrt{5}x+a=0$의 해가 $\sin\theta$, $\cos\theta$이다. $\sin\theta-\cos\theta$의 값을 b라 할 때, ab의 값을 구하는 과정을 서술하시오.

약술형 논술 수학
정답 및 해설

- 수학 I
- 수학 II
- 기출유형 분석

수학 I

01 지수와 로그

문제 p. 5

01

정답 $\frac{243}{2}$

답안 예시

이와 같은 유형의 문제는 어렵지는 않지만 실수가 잦은 문제이므로 풀이를 기계적으로 하지 말고 반드시 의미를 파악하고 난 후에 풀어야 한다.

a는 6의 세제곱근이므로

$a^3 = 6$

$\sqrt{3}$ 은 b의 네제곱근이므로

$(\sqrt{3})^4 = b$

이 두 식을 반드시 써놓은 후에 문제를 풀어야 한다.

따라서 $\left(\frac{b}{a}\right)^3 = \frac{b^3}{a^3} = \frac{9^3}{6} = \frac{243}{2}$

02

정답 1

답안 예시

모든 실수 x에 대하여 $\sqrt[3]{-x^2+4ax-6a}$ 가 음수가 되려면 세제곱근이기 때문에 제곱근 속에 있는 식이 음수이면 된다.

따라서 모든 실수 x에 대하여 $-x^2+4ax-6a<0$ 이어야 한다.

양변에 -1을 곱하여 식을 변형하면 모든 실수 x에 대하여 $x^2-4ax+6a>0$ 이므로

이차방정식 $x^2-4ax+6a=0$ 의 실근이 나오지 않으면 되므로 판별식을 D라 하면

$\frac{D}{4} = 4a^2-6a<0$

위와 같은 식으로 구할 수 있다.

$2a(2a-3)<0$

그러므로 $0<a<\frac{3}{2}$

따라서 모든 자연수 a의 값은 1이다.

03

정답 4

답안 예시

주어진 식은 다음과 같이 변형이 가능하다.

$(\sqrt[3]{13})^n = \left(13^{\frac{1}{3}}\right)^n = 13^{\frac{n}{3}}$

$13^{\frac{n}{3}}$ 이 자연수가 되도록 하는 자연수 n의 값은 3의 배수라고 할 수 있다.

따라서 $2 \le n \le 14$ 인 자연수 중에서 3의 배수는 3, 6, 9, 12이므로 그 개수는 4이다.

04

정답 500

답안 예시

$\sqrt{5m}$ 의 값이 자연수이려면 $5m$이 제곱인 수이어야 하므로 $m=5a^2$ (a는 자연수)의 꼴이어야 한다.

$\sqrt[3]{2m}$ 의 값이 자연수이려면 $2m$이 세제곱인 수이어야 하므로 $m=2^2b^3$ (b는 자연수)의 꼴이어야 한다.

즉, $\sqrt{5m}$, $\sqrt[3]{2m}$ 이 모두 자연수가 되려면

$m=5^3\times2^2\times k^6$ (k는 자연수)의 꼴이어야 한다.

따라서 자연수 m의 최솟값은 $k=1$일 때이므로

$5^3\times2^2\times1^6=500$

Tip

※ 이해를 돕기 위해 덧붙이자면,
두 식을 같이 놓고 생각해 보면 m이 포함하고 있어야 할 숫자는 5와 2이다.
그런데 5를 한 개 포함한다면 첫 번째 식은 자연수가 되지만 두 번째 식은 자연수가 될 수 없다.
그러므로 5는 최소 3개를 포함해야 한다.
같은 방법으로 2는 최소 2개만 있어도 두 식을 만족한다.
최솟값을 구하는 문제이므로 다른 값이 더 필요하지는 않다.

05

정 답 $A < C < B$

답안 예시

수나 식의 대소 비교를 할 때는 같은 기준을 만들어 놓아야 비교가 가능하다.
이 문제에서는 세 수 A, B, C의 근호를 지수로 변형하여 같은 지수부분을 만들어 놓고 비교해 보도록 하자.
지수가 같도록 변형하면

$$A=\sqrt[3]{\frac{1}{5}}=\left(\frac{1}{5}\right)^{\frac{1}{3}}=\left(\frac{1}{5}\right)^{\frac{4}{12}}=\left(\frac{1}{625}\right)^{\frac{1}{12}}$$

$$B=\sqrt[4]{\frac{1}{3}}=\left(\frac{1}{3}\right)^{\frac{1}{4}}=\left(\frac{1}{3}\right)^{\frac{3}{12}}=\left(\frac{1}{27}\right)^{\frac{1}{12}}$$

$$C=\sqrt[3]{\sqrt{\frac{1}{13}}}=\left(\frac{1}{13}\right)^{\frac{1}{6}}=\left(\frac{1}{13}\right)^{\frac{2}{12}}=\left(\frac{1}{169}\right)^{\frac{1}{12}}$$

따라서 $A < C < B$

06

정 답 4

답안 예시

$2^{\frac{4}{a}}=1000$에서 지수법칙에 의해 $2^4=1000^a=10^{3a}$

$25^{\frac{2}{b}}=100$에서 지수법칙에 의해 $25^2=100^b$이므로

$5^4=10^{2b}$

이때 구하고자 하는 $3a+2b$의 형태를 만들어 낼 수 있다.

$10^{3a+2b}=10^{3a}\times10^{2b}$

여기서 $10^{3a}\times10^{2b}=2^4\times5^4=10^4$이므로

$3a+2b=4$

07

정 답 4

답안 예시

조건 (가)에서 $(\log_5 a)(\log_b 3)=0$이므로

$\log_5 a=0$ 또는 $\log_b 3=0$

이때 $\log_b 3=0$을 만족시키는 b의 값은 없다.

따라서 $\log_5 a=0$에서 $a=1$

조건 (나)에서 $0+\log_b 3=1$이므로 $b=3$

따라서 $a+b=1+3=4$

08

정 답 20

답안 예시

$5^{\frac{1}{n}}=a$, $5^{\frac{1}{n+1}}=b$이므로

$$\log_5 ab=\log_5\left(5^{\frac{1}{n}}\times5^{\frac{1}{n+1}}\right)=\log_5 5^{\frac{1}{n}+\frac{1}{n+1}}=\frac{1}{n}+\frac{1}{n+1}$$

$$(\log_5 a)(\log_5 b)=\left(\log_5 5^{\frac{1}{n}}\right)\left(\log_5 5^{\frac{1}{n+1}}\right)=\frac{1}{n}\times\frac{1}{n+1}$$

지수법칙에 의하여

$$\left\{\frac{3^{\log_5 ab}}{3^{(\log_5 a)(\log_5 b)}}\right\}^7=\left\{\frac{3^{\left(\frac{1}{n}+\frac{1}{n+1}\right)}}{3^{\left(\frac{1}{n}\times\frac{1}{n+1}\right)}}\right\}^7=\left\{3^{\frac{1}{n}+\frac{1}{n+1}-\frac{1}{n(n+1)}}\right\}^7$$

$$=\left(3^{\frac{2}{n+1}}\right)^7=3^{\frac{14}{n+1}}$$

$3^{\frac{14}{n+1}}$이 자연수가 되도록 하려면 $n+1$은 14의 약수가 되어야 한다.

즉, $n+1=2,\ 7,\ 14$

따라서 자연수 n의 값은 1, 6, 13이고 모든 자연수 n의 값의 합은 20이다.

09

정 답 $\dfrac{a+b}{2a}$

답안 예시

$$\log_3 12=\frac{\log 12}{\log 3}=\frac{\log(2^2\times3)}{\log 3}=\frac{2\log 2+\log 3}{\log 3}=\frac{2a+b}{b}$$

따라서

$$f(\log_3 12)=f\left(\frac{2a+b}{b}\right)=\frac{\frac{2a+b}{b}+1}{2\times\frac{2a+b}{b}-2}=\frac{\frac{2a+2b}{b}}{\frac{4a}{b}}=\frac{a+b}{2a}$$

다른 풀이

$f(\log_3 12) = \dfrac{\log_3 12+1}{2\log_3 12-2}$ 에서

$\log_3 12+1=\log_3 12+\log_3 3=\log_3 36$

$2\log_3 12-2=\log_3 12^2-\log_3 9=\log_3 16$

따라서

$$f(\log_3 12) = \frac{\log_3 36}{\log_3 16} = \frac{\log 36}{\log 16}$$
$$= \frac{\log(2^2\times 3^2)}{\log(2^4)}$$
$$= \frac{2\log 2+2\log 3}{4\log 2}$$
$$= \frac{2a+2b}{4a} = \frac{a+b}{2a}$$

10

정 답 $\dfrac{18}{5}$

답안 예시

조건 (가)에서 $\sqrt[4]{a}=\sqrt{b}=\sqrt[3]{c}=k$ 라 하면

$a=k^4,\ b=k^2,\ c=k^3$

각 값을 조건 (나)에 대입하면

$$\log_{16}a+\log_4 b+\log_2 c=\log_{16}k^4+\log_4 k^2+\log_2 k^3$$
$$=\log_2 k+\log_2 k+3\log_2 k$$
$$=5\log_2 k=2$$

이므로 $\log_2 k=\dfrac{2}{5}$ 임을 알 수 있다.

따라서

$$\log_2 abc=\log_2(k^4\times k^2\times k^3)$$
$$=\log_2 k^9=9\log_2 k$$
$$=9\times\frac{2}{5}=\frac{18}{5}$$

11

정 답 23

답안 예시

a의 n제곱근은 다음 방정식의 근이다.

$x^n=a$

이 방정식의 한 근이 $\sqrt[4]{3}\times\sqrt[6]{27}$ 이므로

$(\sqrt[4]{3}\times\sqrt[6]{27})^n=a$

$\left(3^{\frac{1}{4}}\times 3^{\frac{1}{2}}\right)^n=a$

$\left(3^{\frac{3}{4}}\right)^n=a$

a가 자연수이므로 n의 최솟값은 4이고, 이때의 a의 값은 3^3이다.

따라서 $\alpha=4,\ \beta=27$이므로

$\beta-\alpha=27-4=23$

12

정 답 -6

답안 예시

$\log_a b:3=\log_b a:\log_b a^2b$에서

$3\log_b a=\log_a b\times\log_b a^2b$

$3\log_b a=\dfrac{\log b}{\log a}\times\dfrac{\log a^2b}{\log b}$

$3\log_b a=\dfrac{\log a^2+\log b}{\log a}$

$3\log_b a=2+\log_a b$

$3\log_b a=2+\dfrac{1}{\log_b a}$

$3(\log_b a)^2-2\log_b a-1=0$

$(3\log_b a+1)(\log_b a-1)=0$

$\log_b a=-\dfrac{1}{3}$ 또는 $\log_b a=1$

이때 $a\neq b$이므로 $\log_b a=-\dfrac{1}{3}$

따라서

$$\log_a b^2=2\log_a b=2\times\frac{1}{\log_b a}$$
$$=2\times(-3)=-6$$

13

정 답 4

답안 예시

두 직선 $y=(\log_3 5)x,\ y=(\log_a 9)x-7$이 서로 수직이므로

$\log_3 5\times\log_a 9=-1$

$\dfrac{\log 5}{\log 3}\times\dfrac{2\log 3}{\log a}=-1$

$\dfrac{2\log 5}{\log a}=-1$

$\log 5^2=\log a^{-1}$

$a=\dfrac{1}{25}$

따라서 $100a=4$

14

정답 2

답안 예시

$x^{\frac{1}{2}}+x^{-\frac{1}{2}}=2$에서

$x+x^{-1}=\left(x^{\frac{1}{2}}+x^{-\frac{1}{2}}\right)^2-2x^{\frac{1}{2}}x^{-\frac{1}{2}}$

$=2^2-2$

$=2$

$x^{\frac{1}{3}}+x^{-\frac{1}{3}}=t$라 하면 x가 양수이므로 t도 양수이다.

$x+x^{-1}=\left(x^{\frac{1}{3}}\right)^3+\left(x^{-\frac{1}{3}}\right)^3$

$=\left(x^{\frac{1}{3}}+x^{-\frac{1}{3}}\right)^3-3x^{\frac{1}{3}}x^{-\frac{1}{3}}\left(x^{\frac{1}{3}}+x^{-\frac{1}{3}}\right)$

$=\left(x^{\frac{1}{3}}+x^{-\frac{1}{3}}\right)^3-3\left(x^{\frac{1}{3}}+x^{-\frac{1}{3}}\right)$

에서 $2=t^3-3t$

$t^3-3t-2=0$

$(t-2)(t^2+2t+1)=0$

$(t-2)(t+1)^2=0$

$t=2$ 또는 $t=-1$

이때 t는 양수이므로 $t=2$

따라서 $x^{\frac{1}{3}}+x^{-\frac{1}{3}}=2$

15

정답 49

답안 예시

$6^b=2$에서

$6^{-b}=2^{-1}=\frac{1}{2}$

$6^{1-b}=6\times6^{-b}$

$=6\times\frac{1}{2}=3$

$6=3^{\frac{1}{1-b}}$ …… ㉠

㉠을 $6^a=7$에 대입하면

$\left(3^{\frac{1}{1-b}}\right)^a=7$, $3^{\frac{a}{1-b}}=7$

따라서

$9^{\frac{a}{1-b}}=(3^2)^{\frac{a}{1-b}}$

$=\left(3^{\frac{a}{1-b}}\right)^2$

$=7^2=49$

02 지수함수와 로그함수

문제 p. 15

01

정답 $x=3$

답안 예시

$9^x-8\times3^{x+1}-81=0$에서

$3^{2x}-24\times3^x-81=0$

$3^x=t$ $(t>0)$으로 놓으면 주어진 방정식은

$t^2-24t-81=0$

$(t-27)(t+3)=0$

$t=27$, 즉 $3^x=27$

따라서 $x=3$

02

정답 6

답안 예시

$4^{x+1}-30\times2^x-16\le0$에서

$2^x=t$ $(t>0)$으로 놓으면 주어진 방정식은

$4t^2-30t-16\le0$

$(4t+2)(t-8)\le0$

$0<t\le8$, $0<2^x\le8$

즉, $x=1, 2, 3$

따라서 모든 자연수 x의 값의 합은

$1+2+3=6$

03

정답 27

답안 예시

방정식 $4^{\frac{x}{2}}=kx$의 두 실근을 α, 2α $(\alpha\ne0)$이라 하면

$4^{\frac{\alpha}{2}}=2^\alpha=k\alpha$ …… ㉠

$4^{\frac{2\alpha}{2}}=4^\alpha=2k\alpha$

즉, $2^{2\alpha}=2k\alpha$ …… ㉡

㉡÷㉠을 하면

$2^{2\alpha-\alpha}=2$

$2^\alpha=2$

즉, $\alpha=1$이므로 $\alpha=1$을 ㉠에 대입하면

$k=2$

따라서 $3^{\alpha+k}=3^{1+2}=27$

04

정 답 $\frac{2}{5}$

답안 예시

$f(x)=2^x$, $g(x)=5^{-x}$에서

$h(x)=2^x\times5^{-x}=2^x\times\left(\frac{1}{5}\right)^x=\left(\frac{2}{5}\right)^x$이므로

x의 값이 증가하면 함수 $h(x)$의 값은 감소한다.

따라서 $-2\le x\le3$에서 함수 $h(x)$의

최댓값 M은 $M=h(-2)=\left(\frac{2}{5}\right)^{-2}=\frac{25}{4}$,

최솟값 m은 $m=h(3)=\left(\frac{2}{5}\right)^3=\frac{8}{125}$이므로

$Mm=\frac{25}{4}\times\frac{8}{125}=\frac{2}{5}$

05

정 답 17

답안 예시

로그의 진수 조건에 의하여

$x^2-4x>0$이고 $2x+16>0$

$x(x-4)>0$에서 $x<0$ 또는 $x>4$ …… ㉠

$2x+16>0$에서 $x>-8$ …… ㉡

㉠, ㉡에서 $-8<x<0$ 또는 $x>4$ …… ㉢

$\log_3(x^2-4x)<\log_3(2x+16)$에서

$x^2-4x<2x+16$

$x^2-6x-16<0$

$(x+2)(x-8)<0$

$-2<x<8$ …… ㉣

㉢, ㉣을 모두 만족시키는 x의 값의 범위는

$-2<x<0$ 또는 $4<x<8$

따라서 부등식을 만족시키는 모든 정수 x의 값의 합은

$-1+5+6+7=17$

06

정 답 11

답안 예시

$4^x-k\times2^{x+1}+64=0$에서

$2^x=t\ (t>0)$으로 놓으면 주어진 방정식은

$t^2-2kt+64=0$ …… ㉠

근과 계수의 관계에 의하여 두 근의 곱은 양수이므로

방정식 $t^2-2kt+64=0$은 양수인 중근을 갖는다.

이 방정식의 판별식을 D라 하면

$\frac{D}{4}=(-k)^2-64=k^2-64=(k-8)(k+8)=0$

이때 두 근의 합이 양수이므로 $k=8$

방정식 ㉠의 근이 8이므로

$2^x=8=2^3$에서 $x=\alpha=3$

따라서 $k+\alpha=8+3=11$

07

정 답 $-5<k<0$

답안 예시

$25^x-2\times5^{x+1}-5k=0$에서

$5^{2x}-10\times5^x-5k=0$

$5^x=t\ (t>0)$으로 놓으면 주어진 방정식은

$t^2-10t-5k=0$

이차방정식이 서로 다른 두 양의 실근을 가져야 하므로

(ⅰ) 판별식을 D라 하면

$\frac{D}{4}=25+5k>0$, $k>-5$

(ⅱ) (두 근의 곱) $=-5k>0$, $k<0$

(ⅰ), (ⅱ)에서 $-5<k<0$

08

정 답 7

답안 예시

이차함수 $y=f(x)$의 최고차항의 계수가 3이고

$f(-4)=f(2)=0$이므로

$f(x)=3(x+4)(x-2)$이다.

$y=g(x)$의 최고차항의 계수를 a라고 하면

$g(-2)=g(6)=0$이므로

$g(x)=a(x+2)(x-6)$이다.

$f(4)=g(4)=48$이므로

$g(4)=a(4+2)(4-6)$

$48=-12a$

$a=-4$

$3\log_2\sqrt[3]{g(x)}=\log_2 g(x)$가 정수가 되려면 $g(x)$는 2^n의 꼴이어야 한다.

진수 조건에 의하여 $g(x)>0$이고, 이 조건을 만족하는 x의 범위는 $-2<x<6$이다.

$g(x)=-4(x^2-4x-12)=-4x^2+16x+48$

$=-4(x-2)^2+64$

따라서 $0 < g(x) \le 64$, $0 < g(x) \le 2^6$

$\log_2 g(x)$가 정수일 수 있는 α의 값은

$1, 2, 2^2, 2^3, 2^4, 2^5, 2^6$이다.

따라서 α의 개수는 7이다.

09

정 답 $\frac{1}{2}\log_2 5$

답안 예시

$f(x) = x^2 - 2x + 2 = (x-1)^2 + 1$이므로

$2 \le x \le 3$에서 함수 $f(x)$의 최솟값은 $f(2) = 2$,

최댓값은 $f(3) = 5$이다.

즉, $2 \le f(x) \le 5$

(i) $a > 1$이면

함수 $g(x) = \log_a x$는 x의 값이 증가하면 $g(x)$의 값도 증가하므로 함수 $(g \circ f)(x)$, 즉 $g(f(x))$는 $f(x) = 2$일 때 최소이다.

함수 $g(f(x))$의 최솟값이 $\frac{1}{2}$이므로

$g(2) = \frac{1}{2}$, 즉 $\log_a 2 = \frac{1}{2}$에서

$a = 4$

(ii) $0 < a < 1$이면

함수 $g(x) = \log_a x$는 x의 값이 증가하면 $g(x)$의 값은 감소하므로 함수 $g(f(x))$는 $f(x) = 5$일 때 최소이다.

함수 $g(f(x))$의 최솟값이 $\frac{1}{2}$이므로

$g(5) = \frac{1}{2}$, 즉 $\log_a 5 = \frac{1}{2}$에서

$a = 25$

이때 $0 < a < 1$이므로 만족시키는 a는 존재하지 않는다.

(i), (ii)에서 $g(x) = \log_4 x$이고, 합성함수 $g(f(x))$는 $f(x) = 5$일 때 최대이므로 최댓값 M은

$M = g(5) = \log_4 5 = \frac{1}{2}\log_2 5$

10

정 답 243

답안 예시

$A = B$가 되어야 하므로 $3^{2x} + 6 \times 3^{x+1} - a < 0$의 해는 $x < 2$이다.

이때 $x < 2$이므로 $3^x < 9$

즉, $3^{2x} + 6 \times 3^{x+1} - a = (3^x - 9)(3^x + k) < 0$ $(k > 0)$이 성립하므로

$$3^{2x} + 6 \times 3^{x+1} - a = 3^{2x} + 18 \times 3^x - a = (3^x - 9)(3^x + 27)$$

따라서 $a = 9 \times 27 = 243$

11

정 답 11

답안 예시

$\left(\frac{1}{4}\right)^x - (3k+8) \times \left(\frac{1}{2}\right)^x + 24k \le 0$에서

$\left\{\left(\frac{1}{2}\right)^x - 3k\right\}\left\{\left(\frac{1}{2}\right)^x - 8\right\} \le 0$

(i) $3k \le 8$일 때,

$3k \le \left(\frac{1}{2}\right)^x \le 8$을 만족시키는 정수 x의 개수가 3이 되도록 하려면 $1 < 3k \le 2$이므로 만족하는 자연수 k의 값이 존재하지 않는다.

(ii) $3k > 8$일 때,

$8 \le \left(\frac{1}{2}\right)^x \le 3k$를 만족시키는 정수 x의 개수가 3이 되도록 하려면 $2^5 \le 3k < 2^6$이므로

$k = 11, 12, 13, \cdots, 21$

(i), (ii)에서 모든 자연수 k의 개수는 11이다.

12

정 답 $x = 2$

답안 예시

진수 조건에서 $x + 4 > 0$, $5x + 26 > 0$이므로

$x > -4$

$2\log_3(x+4) = \log_3(5x+26)$에서

$\log_3(x+4)^2 = \log_3(5x+26)$

$(x+4)^2 = 5x + 26$

$x^2 + 3x - 10 = 0$

$(x+5)(x-2) = 0$

$x = -5$ 또는 $x = 2$

따라서 $x = 2$

13

정답 4

답안 예시

함수 $y=2^{x-1}$의 그래프의 점근선은 직선 $y=0$이므로 함수 $y=2^{x-1}$의 그래프를 y축의 방향으로 3만큼 평행이동한 그래프의 점근선은 직선 $y=3$이다.

직선 $y=3$이 함수 $y=\log_2 x+3$의 그래프와 만나는 점의 좌표는

$3=\log_2 x+3$에서 $x=1$이므로 $(1,\ 3)$

따라서 $a=1,\ b=3$이므로

$a+b=1+3=4$

14

정답 16

답안 예시

$(\log_4 x)^2+\frac{1}{2}\log_2\frac{1}{x^2}-3=0$에서

$(\log_4 x)^2-2\log_4 x-3=0$

$\log_4 x=t$로 놓으면 주어진 방정식은

$t^2-2t-3=0$ …… ㉠

t에 대한 이차방정식 ㉠의 두 근이 $\log_4\alpha$, $\log_4\beta$이므로 근과 계수의 관계에 의하여

$\log_4\alpha+\log_4\beta=\log_4\alpha\beta=2$

따라서 $\alpha\beta=4^2=16$

15

정답 $\frac{1}{3}$

답안 예시

나머지정리에 의하여

$(\log_3 a)^2+3\log_3 a+1=\left(\log_3\frac{a}{3}\right)^2+3\log_3\frac{a}{3}+1$

$\log_3 a=t$로 놓으면 주어진 방정식은

$t^2+3t+1=(t-1)^2+3(t-1)+1$

$2t+2=0,\ t=-1$

즉, $\log_3 a=-1$

따라서 $a=3^{-1}=\frac{1}{3}$

16

정답 2

답안 예시

진수 조건에서 $x-1>0,\ x+5>0$이므로

$x>1$ …… ㉠

$3-\log_{\frac{1}{2}}(x-1)<\log_2(x+5)+1$에서

$\log_2 8+\log_2(x-1)<\log_2(x+5)+\log_2 2$

$\log_2 8(x-1)<\log_2(2x+10)$

밑이 1보다 크므로

$8x-8<2x+10,\ 6x<18$

$x<3$ …… ㉡

㉠, ㉡에서 $1<x<3$

따라서 부등식을 만족시키는 정수 x의 값은 2이다.

17

정답 3

답안 예시

함수 $f(x)=\log_2(ax+3)$이 $-1\le x\le 1$에서 정의되므로

진수 조건에서 $-a+3>0,\ a+3>0$

즉, $-3<a<3$ …… ㉠

또 $f(-1)<f(1)$이므로

$\log_2(-a+3)<\log_2(a+3)$

밑이 1보다 크므로

$-a+3<a+3,\ 0<a$ …… ㉡

㉠, ㉡에서 $0<a<3$

따라서 구하는 정수 a의 값의 합은 $1+2=3$

18

정답 210

답안 예시

$5^{x^2-19}\le\left(\frac{1}{5}\right)^{5(1-x)}$에서 $5^{x^2-19}\le 5^{-5(1-x)}$

밑이 1보다 크므로

$x^2-19\le 5x-5$

$x^2-5x-14\le 0,\ (x+2)(x-7)\le 0$

$-2\le x\le 7$ …… ㉠

$(\log_2 x)^2-7\log_2 x+10<0$에서

$x>0$이고 $(\log_2 x-2)(\log_2 x-5)<0$

$2<\log_2 x<5$

$4<x<32$ …… ㉡

㉠, ㉡에서 $4 < x \le 7$
따라서 구하는 모든 자연수 x의 값은 5, 6, 7이므로 그 곱은 210이다.

19

정답 44

답안 예시

첫째 날 달릴 거리는 2km
둘째 날 달릴 거리는
$2(1+0.05)=2\times1.05(\text{km})$
셋째 날 달릴 거리는
$2\times1.05\times(1+0.05)=2\times(1.05)^2(\text{km})$
⋮
x번째 날 달릴 거리는
$2\times(1.05)^{x-1}(\text{km})$이므로
$2\times(1.05)^{x-1}\ge16$에서 $(1.05)^{x-1}\ge8$
양변에 상용로그를 취하면
$(x-1)\times\log1.05\ge3\log2$
$x-1\ge\frac{0.9030}{0.0212}=42.594\cdots$
$x\ge43.594\cdots$
따라서 구하는 날은 44번째 날이다.

20

정답 53

답안 예시

(i) 첫 번째 조건 $f(2)\times g(7)=3^{1613}$에서 a와 b가 3의 거듭제곱임을 생각한다.
$a^2\times b^7=3^{1613}$, a와 b는 각각 1보다 큰 자연수이므로 3의 거듭제곱의 꼴일 수밖에 없다.
이때 $a=3^\alpha$, $b=3^\beta$을 대입하면
$(3^\alpha)^2\times(3^\beta)^7=3^{1613}$
$3^{2\alpha+7\beta}=3^{1613}$
$2\alpha+7\beta=1613$
여기서 2α는 짝수이므로 7β는 홀수이어야 한다.
7β가 홀수면 β도 홀수이므로
$\beta=(2k-1)$ (k는 자연수)
$2\alpha+7(2k-1)=1613$
$2\alpha+14k-7=1613$
$\alpha=810-7k\ge1$
($\because$ α와 k 모두 자연수이므로 1보다 크거나 같다.)
$1\le k\le\frac{809}{7}=115.5$ ...... ㉠

(ii) 두 번째 조건을 이용하여 k의 범위를 조금 더 구체화시킨다.
$f(3)<g(9)$, $a^3<b^9$
위의 식에 $a=3^\alpha$, $b=3^\beta$을 대입하면
$3^{3\alpha}<3^{9\beta}$이므로 $\alpha<3\beta$
$810-7k<3(2k-1)$
$813<13k$
$62.5\cdots<k$ ...... ㉡

㉠, ㉡에서 $62.5\cdots<k\le115.5\cdots$
k는 자연수이므로 $63\le k\le115$
따라서 순서쌍 (a, b)의 개수는 k의 개수와 같으므로
$115-63+1=53$이다.

03 삼각함수

문제 p. 28

01

정 답 4

답안 예시

부채꼴의 반지름의 길이를 r $(r>0)$이라 하면

(부채꼴의 넓이)$=\frac{1}{2}r^2\times1=8$이므로

$r=4$

따라서 부채꼴의 호의 길이는

$4\times1=4$

02

정 답 $\frac{9+2\sqrt{13}}{13}$

답안 예시

$\tan^2\theta+1=\frac{1}{\cos^2\theta}$이므로

$\tan^2\theta+1=\frac{4}{9}+1=\frac{13}{9}=\frac{1}{\cos^2\theta}$

$\cos^2\theta=-\frac{9}{13}$

$\sin^2\theta+\cos^2\theta=1$이므로

$\sin^2\theta=1-\cos^2\theta=1-\frac{9}{13}=\frac{4}{13}$

$\sin\theta=+\frac{2\sqrt{13}}{13}$ 또는 $\sin\theta=-\frac{2\sqrt{13}}{13}$ 인데

$\pi<\theta<\frac{3}{2}\pi$에서 $\sin\theta<0$이므로

$\sin\theta=-\frac{2\sqrt{13}}{13}$

따라서

$\cos^2\theta-\sin\theta=\frac{9}{13}-\left(-\frac{2\sqrt{13}}{13}\right)=\frac{9+2\sqrt{13}}{13}$

03

정 답 100

답안 예시

$\sin^2\theta+\cos^2\theta=1$이므로

$\tan^2\theta=\frac{\sin^2\theta}{\cos^2\theta}=\frac{\frac{4}{5}}{\frac{1}{5}}=4$

따라서 $25\tan^2\theta=100$

04

정 답 6

답안 예시

$\sin^2\theta+\cos^2\theta=1$이므로

주어진 등식에 $\cos^2\theta=1-\sin^2\theta$를 대입하면

$4\cos^2\theta-\sin^2\theta=4(1-\sin^2\theta)-\sin^2\theta$

$=4-5\sin^2\theta=2$

$\sin^2\theta=\frac{2}{5}$

따라서 $15\sin^2\theta=6$

05

정 답 8

답안 예시

$\sin\theta-\cos\theta=\frac{1}{3}$의 양변을 제곱하면

$\sin^2\theta-2\sin\theta\cos\theta+\cos^2\theta=\frac{1}{9}$

$\sin^2\theta+\cos^2\theta=1$이므로

$1-2\sin\theta\cos\theta=\frac{1}{9}$

$2\sin\theta\cos\theta=\frac{8}{9}$

따라서 $18\sin\theta\cos\theta=\frac{8}{9}\times9=8$

06

정 답 $\frac{5}{16}$

답안 예시

$\sin\theta+\cos\theta=\frac{1}{2}$의 양변을 제곱하면

$\sin^2\theta+2\sin\theta\cos\theta+\cos^2\theta=\frac{1}{4}$

$\sin^2\theta+\cos^2\theta=1$이므로

$1+2\sin\theta\cos\theta=\frac{1}{4}$

$\sin\theta\cos\theta=-\frac{3}{8}$

$(\sin\theta-\cos\theta)^2=\sin^2\theta+\cos^2\theta-2\sin\theta\cos\theta$

$=1-2\times\left(-\frac{3}{8}\right)$

$=1+\frac{3}{4}=\frac{7}{4}$

$\sin\theta-\cos\theta=\sqrt{\frac{7}{4}}=\frac{\sqrt{7}}{2}$

따라서

$\sin^3\theta-\cos^3\theta$

$=(\sin\theta-\cos\theta)^3+3\sin\theta\cos\theta(\sin\theta-\cos\theta)$

$=\frac{7\sqrt{7}}{8}+3\times\left(-\frac{3}{8}\right)\times\frac{\sqrt{7}}{2}$

$=\frac{5}{16}\sqrt{7}$

07

정 답 $\frac{1}{2}$

답안 예시

각 θ를 나타내는 동경과 각 7θ를 나타내는 동경이 일치하므로

$7\theta-\theta=2n\pi$ (n은 정수)

$\theta=\frac{2n}{6}\pi=\frac{n}{3}\pi$

$0<\theta<\frac{\pi}{2}$이므로 $n=1$일 때, $\theta=\frac{\pi}{3}$

따라서 $\cos\theta=\cos\frac{\pi}{3}=\frac{1}{2}$

08

정 답 5

답안 예시

$2\sin\frac{\pi}{6}+4\tan\frac{\pi}{4}=2\times\frac{1}{2}+4\times1=5$

09

정 답 $-\frac{7}{4}$

답안 예시

$2x^2-x+a=0$의 두 근이 $\sin\theta+\cos\theta$, $\sin\theta-\cos\theta$이므로 근과 계수의 관계에 의하여

$(\sin\theta+\cos\theta)+(\sin\theta-\cos\theta)=\frac{1}{2}$이므로

$2\sin\theta=\frac{1}{2}$, $\sin\theta=\frac{1}{4}$

$(\sin\theta+\cos\theta)(\sin\theta-\cos\theta)=\frac{a}{2}$이므로

$\sin^2\theta-\cos^2\theta=2\sin^2\theta-1=-\frac{7}{8}=\frac{a}{2}$

따라서 $a=-\frac{7}{4}$

10

정 답 $\frac{49}{16}$

답안 예시

$\sin\theta+\cos\theta=\frac{1}{3}$의 양변을 제곱하면

$1+2\sin\theta\cos\theta=\frac{1}{9}$

$\sin\theta\cos\theta=-\frac{4}{9}$

따라서

$$\begin{aligned}\tan^2\theta+\frac{1}{\tan^2\theta}&=\frac{\sin^2\theta}{\cos^2\theta}+\frac{\cos^2\theta}{\sin^2\theta}=\frac{\sin^4\theta+\cos^4\theta}{(\sin\theta\cos\theta)^2}\\&=\frac{(\sin^2\theta+\cos^2\theta)^2-2(\sin\theta\cos\theta)^2}{(\sin\theta\cos\theta)^2}\\&=\frac{1}{(\sin\theta\cos\theta)^2}-2\\&=\frac{1}{\left(-\frac{4}{9}\right)^2}-2\\&=\frac{49}{16}\end{aligned}$$

11

정 답 $2\sqrt{3}$

답안 예시

$2x^2+(a-2)x-a+3=0$의 두 근이 $\sin\theta$, $\cos\theta$이므로 근과 계수의 관계에 의하여

$\sin\theta+\cos\theta=-\frac{a-2}{2}$ …… ㉠

$\sin\theta\cos\theta=\frac{-a+3}{2}$ …… ㉡

㉠의 양변을 제곱하면

$\sin^2\theta+2\sin\theta\cos\theta+\cos^2\theta=\left(-\frac{a-2}{2}\right)^2$

$\sin^2\theta+\cos^2\theta=1$이므로

$\sin\theta\cos\theta=\frac{a^2-4a}{8}$

위의 식을 ㉡에 대입하면

$\frac{a^2-4a}{8}=\frac{-a+3}{2}$

$a^2-4a=-4a+12$, $a^2=12$

따라서 $a>0$이므로 $a=2\sqrt{3}$

12

정답 -25

답안 예시

θ가 제4사분면의 각이므로

$\cos\theta > 0$

$\sin^2\theta + \cos^2\theta = 1$이므로

$\cos\theta = \sqrt{1-\sin^2\theta} = \sqrt{1-\left(-\frac{4}{5}\right)^2}$

$= \sqrt{\frac{9}{25}} = \frac{3}{5}$

$\tan\theta = \frac{\sin\theta}{\cos\theta} = \frac{-\frac{4}{5}}{\frac{3}{5}} = -\frac{4}{3}$

따라서

$12\tan\theta - 15\cos\theta = 12 \times \left(-\frac{4}{3}\right) - 15 \times \frac{3}{5}$

$= -16-9 = -25$

13

정답 $\frac{2}{3}$

답안 예시

θ가 제3사분면의 각이므로 $\sin\theta < 0$, $\cos\theta < 0$이다.

즉, $\sin\theta - \frac{1}{3} < 0$, $\cos\theta - \frac{1}{3} < 0$

따라서 $-\sin\theta + \frac{1}{3} - \cos\theta + \frac{1}{3} + \sin\theta + \cos\theta = \frac{2}{3}$

14

정답 2

답안 예시

$\sin\theta + \cos\theta = 2\sin\theta\cos\theta$의 양변을 제곱하면

$\sin^2\theta + 2\sin\theta\cos\theta + \cos^2\theta = 4(\sin\theta\cos\theta)^2$

$1 + 2\sin\theta\cos\theta = 4(\sin\theta\cos\theta)^2$

$4(\sin\theta\cos\theta)^2 - 2\sin\theta\cos\theta - 1 = 0$

$\sin\theta\cos\theta = t$로 놓으면

$4t^2 - 2t - 1 = 0$

$t = \frac{1 \pm \sqrt{5}}{4}$

이때 $-1 \le t \le 1$이므로 두 근 모두 값으로 인정할 수 있다.

즉, $\sin\theta\cos\theta = \frac{1 \pm \sqrt{5}}{4} = \frac{1}{4} \pm \frac{\sqrt{5}}{4}$

따라서 $a = \frac{1}{4}$, $b = \frac{1}{4}$이므로

$4(a+b) = 4\left(\frac{1}{4} + \frac{1}{4}\right) = 2$

15

정답 37

답안 예시

$1 + \tan^2\theta = \frac{1}{\cos^2\theta}$이므로

$\left(\frac{1}{\cos^2 1°} + \frac{1}{\cos^2 2°} + \cdots + \frac{1}{\cos^2 37°}\right)$

$-(\tan^2 1° + \tan^2 2° + \cdots + \tan^2 37°)$

$= (1 + \tan^2 1° + 1 + \tan^2 2° + \cdots + 1 + \tan^2 37°)$

$-(\tan^2 1° + \tan^2 2° + \cdots + \tan^2 37°)$

$= 1 \times 37 = 37$

16

정답 $5 \le r \le 15$

답안 예시

부채꼴의 반지름의 길이를 r $(r > 0)$, 호의 길이를 l, 넓이를 S라 하자.

$S = \frac{1}{2}rl = \frac{1}{2}r(40-2r) = -r^2 + 20r$

$S \ge 75$이므로

$-r^2 + 20r \ge 75$

$r^2 - 20r + 75 \le 0$

$(r-5)(r-15) \le 0$

따라서 $5 \le r \le 15$

17

정답 제2사분면

답안 예시

$\cos\theta < 0$,

$\sin\theta > 0$,

$\tan\theta < 0$

이므로 $\sin\theta$만 양수인 사분면을 찾으면 된다.

따라서 제2사분면이다.

18

정답 $9\sqrt{3}$

답안 예시

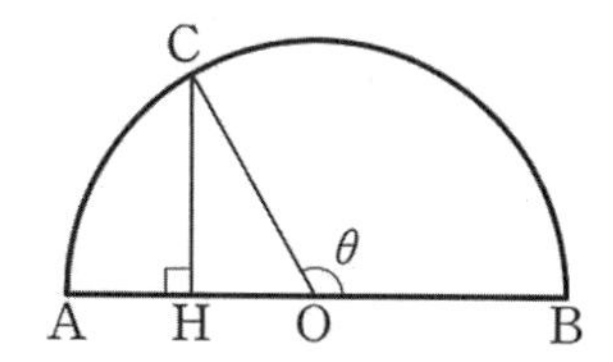

반원의 중심을 O라 하면 반원의 지름의 길이가 36이므로

$\overline{OB}=18$

$\angle COB=\theta$라 하면 호 BC의 길이가 12π이므로

$18\times\theta=12\pi,\ \ \theta=\frac{2}{3}\pi$

$\angle COH=\pi-\theta=\frac{\pi}{3}$

삼각형 CHO는 직각삼각형이고 $\overline{OC}=18$이므로

$$\begin{aligned}\overline{CH}&=\overline{OC}\times\sin\frac{\pi}{3}\\&=18\times\frac{\sqrt{3}}{2}=9\sqrt{3}\end{aligned}$$

04 삼각함수의 그래프

문제 p. 40

01

정답 $a=4,\ b=\frac{1}{2}$

답안 예시

삼각함수 $y=a\cos(bx+c)+d$에서 보이는 상수 $a,\ b,\ c,\ d$는 각각 상하 폭, 좌우 폭(주기), 좌우 이동, 상하 이동에 관여한다.

최댓값이 6이므로 양수인 a와 2의 합이 6이다.

따라서 $a=4$이다.

또한 주기가 π이므로 $\frac{2\pi}{\frac{1}{b}}=2b\pi=\pi,\ b=\frac{1}{2}$임을 알 수 있다.

02

정답 1

답안 예시

주어진 식

$\sin\left(\frac{\pi}{2}-x\right)+\cos(\pi+x)+\tan(\pi-x)\tan\left(\frac{\pi}{2}+x\right)$에서

하나하나의 항을 살펴보면

$\sin\left(\frac{\pi}{2}-x\right)=\cos x$

$\cos(\pi+x)=-\cos x$

$\tan(\pi-x)\tan\left(\frac{\pi}{2}+x\right)=(-\tan x)\left(-\frac{1}{\tan x}\right)=1$

따라서 $\cos x-\cos x+1=1$

03

정답 $\frac{9}{2}$

답안 예시

주어진 식 $\sin^2\frac{\pi}{20}+\sin^2\frac{2}{20}\pi+\sin^2\frac{3}{20}\pi+\cdots$

$+\sin^2\frac{8}{20}\pi+\sin^2\frac{9}{20}\pi$에서

다음 네 개의 항은 다음과 같이 변형이 가능하다.

$\sin^2\frac{9}{20}\pi=\sin^2\left(\frac{\pi}{2}-\frac{\pi}{20}\right)=\cos^2\frac{\pi}{20}$

$\sin^2\frac{8}{20}\pi=\sin^2\left(\frac{\pi}{2}-\frac{2}{20}\pi\right)=\cos^2\frac{2}{20}\pi$

$\sin^2\frac{7}{20}\pi=\sin^2\left(\frac{\pi}{2}-\frac{3}{20}\pi\right)=\cos^2\frac{3}{20}\pi$

$\sin^2\frac{6}{20}\pi=\sin^2\left(\frac{\pi}{2}-\frac{4}{20}\pi\right)=\cos^2\frac{4}{20}\pi$

그리고 $\sin^2\frac{5}{20}\pi$항은 그대로 남겨두면

주어진 식은

$$\sin^2\frac{\pi}{20}+\cos^2\frac{\pi}{20}+\sin^2\frac{2}{20}\pi+\cos^2\frac{2}{20}\pi$$
$$+\sin^2\frac{3}{20}\pi+\cos^2\frac{3}{20}\pi+\sin^2\frac{4}{20}\pi+\cos^2\frac{4}{20}\pi$$
$$+\sin^2\frac{5}{20}\pi$$
$$=1+1+1+1+\frac{1}{2}=\frac{9}{2}$$

04

정 답 8

답안 예시

함수 $y=a\sin\left(x+\frac{\pi}{2}\right)+\frac{5}{2}=a\cos x+\frac{5}{2}$의 그래프가

점 $\left(\frac{\pi}{3},\ \frac{13}{2}\right)$을 지난다.

$$\frac{13}{2}=a\cos\frac{\pi}{3}+\frac{5}{2}$$

$$\frac{13}{2}=\frac{1}{2}a+\frac{5}{2},\ \frac{1}{2}a=4$$

따라서 $a=8$

05

정 답 1

답안 예시

$$f(x)=\frac{1}{2}\cos\left(x+\frac{\pi}{2}\right)+\frac{3}{2}$$

특정 범위가 주어지지 않았기 때문에 모든 실수 x에 대하여

$$-1\le\cos x\le 1$$

$$-1\le\cos\left(x+\frac{\pi}{2}\right)\le 1$$

$$-\frac{1}{2}\le\frac{1}{2}\cos\left(x+\frac{\pi}{2}\right)\le\frac{1}{2}$$

$$1\le\frac{1}{2}\cos\left(x+\frac{\pi}{2}\right)+\frac{3}{2}\le 2$$

따라서 최솟값은 1이다.

06

정 답 29

답안 예시

주어진 그래프에서 함수 $y=a\sin bx+c$의 최댓값이 2, 최솟값이 -4이므로

$a+c=2,\ -a+c=-4$

위의 두 식을 풀면

$a=3,\ c=-1$

삼각함수의 주기가 $\frac{\pi}{2}$이므로

$$\frac{2\pi}{b}=\frac{\pi}{2},\ b=4$$

따라서 $2a+6b+c=2\times3+6\times4+(-1)=29$

07

정 답 20

답안 예시

$\tan\theta=-\frac{4}{3}\ \left(\frac{\pi}{2}<\theta<\pi\right)$이므로

$$\sin\theta=\frac{4}{5}$$

따라서

$$10\sin(\pi-\theta)+15\cos\left(\frac{\pi}{2}-\theta\right)$$
$$=10\sin\theta+15\sin\theta$$
$$=25\sin\theta=25\times\frac{4}{5}=20$$

08

정 답 $\frac{5}{13}$

답안 예시

원점 O와 점 P$(-5,\ 12)$를 지나는 동경 OP가 나타내는 각의 크기가 θ이므로

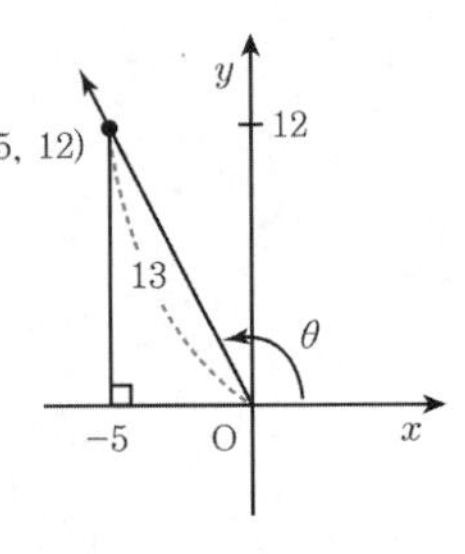

$$\cos\theta=-\frac{5}{13}$$

따라서

$$\sin\left(\frac{3}{2}\pi-\theta\right)=-\cos\theta=\frac{5}{13}$$

09

정 답 15

답안 예시

$2\sin x=\sqrt{3}$에서 $\sin x=\frac{\sqrt{3}}{2}$

$0\le x\le 6\pi$에서 함수 $y=\sin x$의 그래프와 직선 $y=\frac{\sqrt{3}}{2}$이 만나는 점의 x좌표는 방정식의 해와 같다.

따라서 구하는 해는

$x=\frac{\pi}{3},\ \frac{2\pi}{3},\ \frac{7\pi}{3},\ \frac{8\pi}{3},\ \frac{13\pi}{3},\ \frac{14\pi}{3},\ \cdots$

이 중 주어진 범위를 만족하는 값의 합은 15π이고, $k=15$이다.

10

정 답 $x=\frac{\pi}{3}$

답안 예시

$2\sin\left(x-\frac{\pi}{6}\right)=1,\ \sin\left(x-\frac{\pi}{6}\right)=\frac{1}{2}$

그런데 $0\le x\le\frac{\pi}{2}$이므로 $-\frac{\pi}{6}\le x-\frac{\pi}{6}\le\frac{\pi}{3}$이고,

$\sin\frac{\pi}{6}=\frac{1}{2}$이므로 $x-\frac{\pi}{6}=\frac{\pi}{6}$임을 알 수 있다.

따라서 $x=\frac{\pi}{3}$

11

정 답 4π

답안 예시

$\cos\left(\frac{\pi}{2}-x\right)\times\left\{-\cos\left(\frac{\pi}{2}+x\right)\right\}=\frac{1}{5}$에서

$\cos\left(\frac{\pi}{2}-x\right)=\sin x,$

$\left\{-\cos\left(\frac{\pi}{2}+x\right)\right\}=\sin x$

이므로 주어진 방정식은 $\sin^2 x=\frac{1}{5}$

$\sin x=\frac{\sqrt{5}}{5}$ 또는 $\sin x=-\frac{\sqrt{5}}{5}$

$\sin\theta=\sin(\pi-\theta)$이므로 $\sin x=\frac{\sqrt{5}}{5}$의 한 해를 α라 하면 사인함수의 대칭성에 의해 구하는 해는

$x=\alpha,\ \pi-\alpha,\ \pi+\alpha,\ 2\pi-\alpha$

따라서 모든 해의 합은 4π이다.

12

정 답 $\frac{\pi}{6}<x<\frac{11}{6}\pi$

답안 예시

주어진 식 $2\cos x-\sqrt{3}<0$을 변형하면

$\cos x<\frac{\sqrt{3}}{2}$

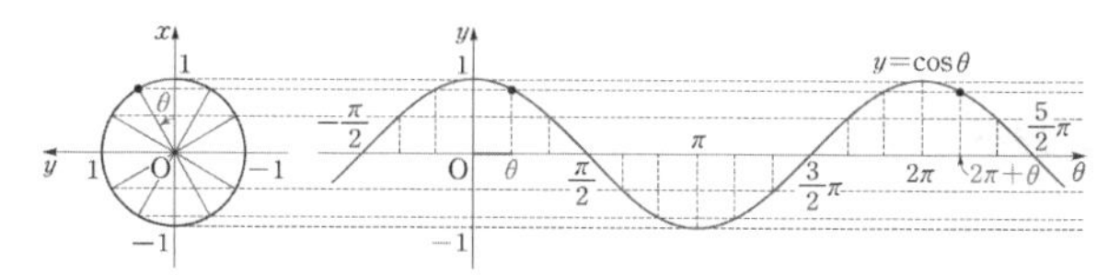

위의 그래프에서 주어진 범위에서 $x=\frac{\pi}{6}$일 때와 $x=\frac{11}{6}\pi$일 때 $\frac{\sqrt{3}}{2}$이고, 그보다 작은 코사인값은 $\frac{\pi}{6}<x<\frac{11}{6}\pi$일 때이다.

13

정 답 2π

답안 예시

$7\cos x-1=0$에서 $\cos x=\frac{1}{7}$

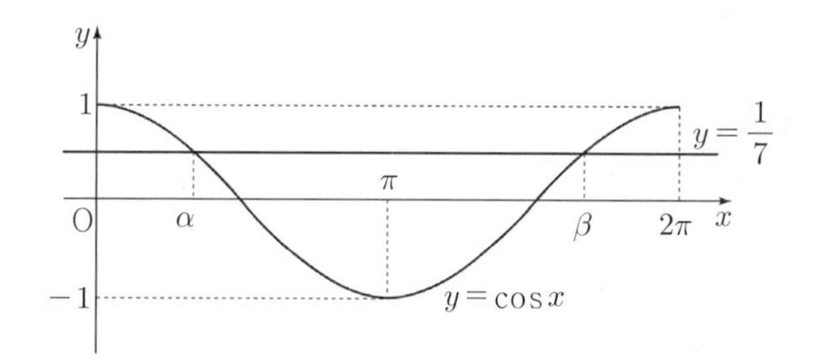

$0\le x\le 2\pi$에서 함수 $y=\cos x$의 그래프와 직선 $y=\frac{1}{7}$이 만나는 점의 x좌표는 $\alpha,\ \beta$이다.

그런데 코사인 그래프의 대칭성에 의해 $\beta=2\pi-\alpha$이다.

따라서 $\alpha+\beta=\alpha+2\pi-\alpha=2\pi$

14

정 답 -2

답안 예시

$b>0$이므로 함수 $f(x)=a\sin bx+c$의 주기는

$\frac{2\pi}{b}=6\pi$

이므로 $b=\frac{1}{3}$

$f(\pi)=a\sin\frac{\pi}{3}+c=\frac{\sqrt{3}}{2}a+c$

이므로 $f(\pi)=\sqrt{3}-1$에서

$\frac{\sqrt{3}}{2}a+c=\sqrt{3}-1$

이때 $a,\ c$가 유리수이므로

$a=2,\ c=-1$

따라서 $3abc=3\times2\times\frac{1}{3}\times(-1)=-2$

15

정 답 5

답안 예시

$\sin^2 x - 6\sin x - 3k + 20 \geq 0$

$\sin x = t\ (-1 \leq t \leq 1)$이라 하면

$t^2 - 6t - 3k + 20 \geq 0$

$(t-3)^2 - 3k + 11 \geq 0$

$f(t) = (t-3)^2 - 3k + 11\ (-1 \leq t \leq 1)$이라 하면

함수 $f(t)$는 $t=1$에서 최솟값을 갖는다.

$f(1) = (1-3)^2 - 3k + 11 = -3k + 15$

$-3k + 15 \geq 0,\ 3k \leq 15$

$k \leq 5$

따라서 k의 최댓값은 5이다.

16

정 답 12

답안 예시

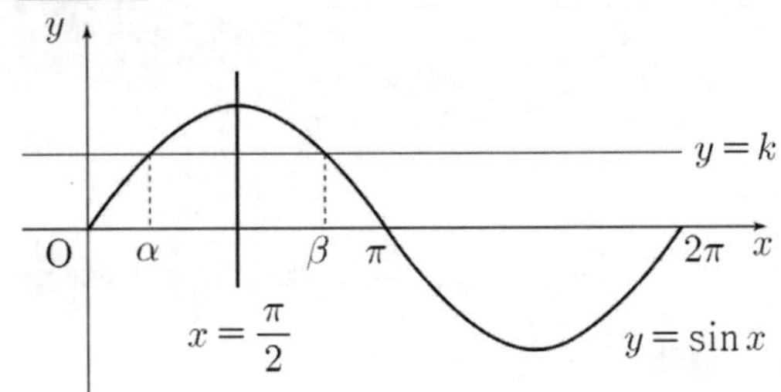

함수 $y=\sin x$의 그래프는 직선 $x=\frac{\pi}{2}$에 대하여 대칭이므로 함수 $y=\sin x$의 그래프와 직선 $y=k$가 만나는 두 점의 x좌표 α, β에 대하여 $\frac{\alpha+\beta}{2}=\frac{\pi}{2}$, 즉 $\alpha+\beta=\pi$이므로 $\beta=\pi-\alpha$이다.

$\frac{\beta-\alpha}{2}=\frac{(\pi-\alpha)-\alpha}{2}=\frac{\pi}{2}-\alpha$이므로

$\sin\frac{\beta-\alpha}{2}=\sin\left(\frac{\pi}{2}-\alpha\right)=\cos\alpha=\frac{5}{13}$

$k^2=\sin^2\alpha=1-\cos^2\alpha=1-\left(\frac{5}{13}\right)^2=\frac{144}{169}$이므로

α는 제1사분면의 각이며, $k=\frac{12}{13}$

따라서 $13k=12$

05 삼각함수의 활용

문제 p. 50

01

정 답 $R=4,\ a=4$

답안 예시

사인법칙에 의하여

$2R=\frac{\overline{AC}}{\sin B}=\frac{\overline{BC}}{\sin A}$

$2R=\frac{\overline{AC}}{\sin B}=\frac{4\sqrt{2}}{\sin 45°}=\frac{4\sqrt{2}}{\frac{\sqrt{2}}{2}}=8,\ R=4$

$2R=\frac{a}{\sin A}=\frac{a}{\sin 30°}$

$8=\frac{a}{\sin 30°}=\frac{a}{\frac{1}{2}},\ a=8\times\frac{1}{2}=4$

따라서 $R=4,\ a=4$

02

정 답 $R=2,\ c=2$

답안 예시

삼각형의 세 내각의 합은 $180°$이므로 $B=90°$인 직각삼각형이다.

따라서 외접원의 지름은 $\overline{AC}$이며

$\overline{AB} : \overline{BC} : \overline{CA}=1 : \sqrt{3} : 2$인 직각삼각형이므로

$\overline{AB}=2,\ \overline{AC}=4$

따라서 $R=2,\ c=2$

03

정 답 (1) $a=b$인 이등변삼각형

(2) $C=90°$인 직각삼각형

(3) $C=90°$인 직각삼각형

답안 예시

(1) 삼각형 ABC의 외접원의 반지름의 길이를 R이라 하면 사인법칙에 의하여

$\sin A=\frac{a}{2R},\ \sin B=\frac{b}{2R}$이므로

$a\sin A=b\sin B$에 위의 값을 대입하면 $\frac{a^2}{2R}=\frac{b^2}{2R}$

$a^2=b^2$에서 $a,\ b>0$이므로 $a=b$이므로

$a=b$인 이등변삼각형

(2) 삼각형 ABC 의 외접원의 반지름의 길이를 R이라 하면 사인법칙에 의하여

$\sin A=\frac{a}{2R}$, $\sin B=\frac{b}{2R}$, $\sin C=\frac{c}{2R}$이므로

$\sin A : \sin B : \sin C = 3 : 4 : 5$에 위의 값을 대입하면 $\frac{a}{2R} : \frac{b}{2R} : \frac{c}{2R} = 3 : 4 : 5$, $a : b : c = 3 : 4 : 5$이다.

$a=3k$, $b=4k$, $c=5k$라 하면 $c^2=a^2+b^2$이므로

$C=90°$인 직각삼각형

(3) 삼각형 ABC 의 외접원의 반지름의 길이를 R이라 하면 사인법칙에 의하여

$\sin A=\frac{a}{2R}$, $\sin B=\frac{b}{2R}$, $\sin C=\frac{c}{2R}$이므로

$a\sin A+b\sin B=c\sin C$에 위의 값을 대입하면

$\frac{a^2}{2R}+\frac{b^2}{2R}=\frac{c^2}{2R}$, $a^2+b^2=c^2$이므로

$C=90°$인 직각삼각형

04

정 답 $2\sqrt{14}$

답안 예시

$a=5$, $b=6$, $c=3$이라 하면

(삼각형의 넓이) $=\frac{1}{2}\times 3\times 6\times \sin A$

$\cos A=\frac{3^2+6^2-5^2}{2\times 3\times 6}=\frac{5}{9}$, $\sin A=\frac{2\sqrt{14}}{9}$이므로

삼각형의 넓이는

$\frac{1}{2}\times 3\times 6\times \sin A=\frac{1}{2}\times 3\times 6\times \frac{2\sqrt{14}}{9}=2\sqrt{14}$

05

정 답 $\frac{3}{4}$

답안 예시

삼각형 ABC 의 외접원의 반지름의 길이를 R이라 하면 사인법칙에 의하여

$\frac{4}{\sin 30°}=\frac{4\sqrt{3}}{\sin B}$, $\sin B=\sqrt{3}\sin 30°$, $\sin B=\frac{\sqrt{3}}{2}$

이므로 $B=120°$ $\left(\frac{\pi}{2}<B<\pi\right)$이다.

따라서 $C=30°$이므로

$\cos C=\frac{\sqrt{3}}{2}$

따라서 $\sin B\cos C=\frac{\sqrt{3}}{2}\times\frac{\sqrt{3}}{2}=\frac{3}{4}$

06

정 답 $\frac{\sqrt{3}}{2}$

답안 예시

(평행사변형 ABCD의 넓이) $=2\times$(삼각형 ABC의 넓이)이고,

(삼각형 ABC 의 넓이) $=\frac{1}{2}\times 4\times 3\times \sin B=3$

이므로 $\sin B=\frac{1}{2}$

$\sin B=\frac{1}{2}$이므로 $\cos B=\frac{\sqrt{3}}{2}$

07

정 답 $50\sqrt{2}$m

답안 예시

직각삼각형 ADC 에서 $\sin 30°=\frac{50}{\overline{AC}}$에서 $\overline{AC}=100$

직각삼각형 BEC 에서 $\sin 45°=\frac{50}{\overline{BC}}$에서 $\overline{BC}=50\sqrt{2}$

삼각형 ACB 에서

$\overline{AC}=100$, $\overline{BC}=50\sqrt{2}$, $\angle ACB=45°$이므로

$\overline{AB}^2=100^2+(50\sqrt{2})^2-2\times 100\times 50\sqrt{2}\times\cos 45°$
$=5000$

$\overline{AB}=50\sqrt{2}$

따라서 두 지점 A, B 사이의 거리는 $50\sqrt{2}$m

08

정 답 $7\sqrt{2}$

답안 예시

사인법칙에 의하여

$\frac{\overline{BC}}{\sin\frac{\pi}{4}}=2\times 7$

따라서 $\overline{BC}=2\times 7\times\sin\frac{\pi}{4}=2\times 7\times\frac{\sqrt{2}}{2}=7\sqrt{2}$

09

정 답 $\frac{39\sqrt{3}}{4}$

답안 예시

삼각형 BCD에서 코사인법칙에 의하여

$\overline{BD}^2=5^2+3^2-2\times5\times3\times\cos\frac{2}{3}\pi$

$=25+9+15=49$

이므로 $\overline{BD}=7$

삼각형 ABD에서 코사인법칙의 활용에 의하여

$\cos A=\frac{8^2+3^2-7^2}{2\times8\times3}=\frac{1}{2}$

이때 $0<A<\pi$이므로 $A=\frac{\pi}{3}$

따라서 사각형 ABCD의 넓이를 S, 두 삼각형 BCD, ABD의 넓이를 각각 S_1, S_2라 하면

$S_1=\frac{1}{2}\times5\times3\times\sin\frac{2}{3}\pi$

$=\frac{1}{2}\times5\times3\times\frac{\sqrt{3}}{2}=\frac{15\sqrt{3}}{4}$

$S_2=\frac{1}{2}\times8\times3\times\sin\frac{\pi}{3}$

$=\frac{1}{2}\times8\times3\times\frac{\sqrt{3}}{2}=6\sqrt{3}$

따라서 $S=S_1+S_2=\frac{15\sqrt{3}}{4}+6\sqrt{3}=\frac{39\sqrt{3}}{4}$

10

정 답 48π

답안 예시

삼각형 ABC의 외접원의 반지름의 길이를 R이라 하면

$A=120°$, $a=12$이므로

$\frac{12}{\sin120°}=\frac{12}{\frac{\sqrt{3}}{2}}=\frac{24}{\sqrt{3}}=8\sqrt{3}=2R$

$R=4\sqrt{3}$

따라서 삼각형 ABC에 외접하는 원의 넓이는

$\pi R^2=\pi\times(4\sqrt{3})^2=48\pi$

11

정 답 16sin1

답안 예시

중심이 O인 원의 반지름의 길이를 r $(r>0)$이라 하면

$\pi r^2=64\pi$, $r=8$

호 AB의 길이가 반지름의 길이의 2배이므로

$\overset{\frown}{AB}=r\theta$에서 $16=8\theta$, $\theta=2$(라디안)

원 위에 호 AB 위의 점이 아닌 점 P에 대하여

$\angle APB=\frac{1}{2}\angle AOB=\frac{1}{2}\theta=1$(라디안)이므로

삼각형 PAB에서 사인법칙에 의하여

$\frac{\overline{AB}}{\sin(\angle APB)}=2r$

따라서 $\overline{AB}=2r\sin(\angle APB)=16\sin1$

12

정 답 $\frac{1}{2}ac$

답안 예시

삼각형 ABC의 외접원의 반지름의 길이를 R이라 하면 사인법칙에 의하여

$\sin A=\frac{a}{2R}$, $\sin B=\frac{b}{2R}$, $\sin C=\frac{c}{2R}$

이것을 주어진 등식에 대입하면

$\frac{b^2}{2R}=\frac{a^2}{2R}+\frac{c^2}{2R}$

$b^2=a^2+c^2$

따라서 삼각형 ABC는 $B=90°$인 직각삼각형이므로

삼각형 ABC의 넓이는 $\frac{1}{2}ac$이다.

13

정 답 4

답안 예시

코사인법칙에 의하여

$\cos C=\frac{5^2+x^2-3^2}{2\times5\times x}=\frac{x^2+16}{10x}=\frac{x}{10}+\frac{8}{5x}$

C의 크기가 최대이려면 $\cos C$의 값이 최소일 때이므로

$x>0$이므로 $\frac{x}{10}>0$, $\frac{8}{5x}>0$

산술평균과 기하평균의 관계에 의하여

$\cos C=\frac{x}{10}+\frac{8}{5x}\geq2\sqrt{\frac{x}{10}\times\frac{8}{5x}}=2\sqrt{\frac{4}{25}}=\frac{4}{5}$

이때 등호는 $\frac{x}{10}=\frac{8}{5x}$일 때 성립하므로 $x^2=16$

$\therefore x=4$ $(\because x>0)$

따라서 C의 크기가 최대일 때, x의 값은 4이다.

14

정 답 25

답안 예시

$\overline{BE} = \frac{1}{6}\overline{BC} = 1$, $\overline{EC} = \frac{5}{6}\overline{BC} = 5$이므로

직각삼각형 ABE에서

$\overline{AE} = \sqrt{2^2+1^2} = \sqrt{5}$

직각삼각형 ACD에서

$\overline{AC} = \sqrt{6^2+2^2} = 2\sqrt{10}$

삼각형 AEC의 넓이는

$\frac{1}{2} \times 2\sqrt{10} \times \sqrt{5} \times \sin\theta = 5$

이므로 $\sin\theta = \frac{\sqrt{2}}{2}$, $\cos\theta = \frac{\sqrt{2}}{2}$ $\left(0 < \theta < \frac{\pi}{2}\right)$

따라서 $50\sin\theta\cos\theta = 25$

15

정 답 $40k^2$

답안 예시

정사각형 ABCD의 한 변의 길이를 k라 하면

$\overline{BC}$를 $1:2$로 내분하는 점이 E이므로

$\overline{BE} = \frac{k}{3}$, $\overline{CE} = \frac{2}{3}k$

$\overline{DC}$를 $1:2$로 내분하는 점이 F이므로

$\overline{DF} = \frac{k}{3}$, $\overline{CF} = \frac{2}{3}k$

$\overline{AE} = \overline{AF} = \sqrt{k^2 + \left(\frac{k}{3}\right)^2} = \frac{\sqrt{10}}{3}k$

$\overline{EF} = \sqrt{\left(\frac{2}{3}k\right)^2 + \left(\frac{2}{3}k\right)^2} = \frac{2\sqrt{2}}{3}k$

삼각형 AEF에서 코사인법칙에 의하여

$$\cos\theta = \frac{\left(\frac{\sqrt{10}}{3}k\right)^2 + \left(\frac{\sqrt{10}}{3}k\right)^2 - \left(\frac{2\sqrt{2}}{3}k\right)^2}{2 \times \frac{\sqrt{10}}{3}k \times \frac{\sqrt{10}}{3}k}$$

$$= \frac{\frac{12}{9}k^2}{\frac{20}{9}k^2} = \frac{3}{5}$$

$\sin\theta = \frac{4}{5}$이고

넓이 $S = \frac{1}{2} \times \overline{AF} \times \overline{AE} \times \sin\theta$

$$= \frac{1}{2} \times \frac{\sqrt{10}}{3}k \times \frac{\sqrt{10}}{3}k \times \frac{4}{5} = \frac{4}{9}k^2$$

따라서 $90S = 40k^2$

16

정 답 36

답안 예시

삼각형 ABC의 외접원의 중심을 O라 하면

$\widehat{AB} : \widehat{BC} : \widehat{CA} = 3:4:5$에서

$\angle AOB : \angle BOC : \angle COA = 3:4:5$이므로

$\angle AOB = 2\pi \times \frac{3}{12} = \frac{\pi}{2}$

$\angle BOC = 2\pi \times \frac{4}{12} = \frac{2}{3}\pi$

$\angle COA = 2\pi \times \frac{5}{12} = \frac{5}{6}\pi$

삼각형 AOB, BOC, COA의 넓이를 각각 S_1, S_2, S_3이라 하면

$S_1 = \frac{1}{2} \times 6 \times 6 \times \sin\frac{\pi}{2} = 18$

$S_2 = \frac{1}{2} \times 6 \times 6 \times \sin\frac{2}{3}\pi = 9\sqrt{3}$

$S_3 = \frac{1}{2} \times 6 \times 6 \times \sin\frac{5}{6}\pi = 9$

삼각형 ABC의 넓이는

$S_1 + S_2 + S_3 = 27 + 9\sqrt{3}$

따라서 $a+b = 36$

17

정 답 9

답안 예시

$\overline{BC} = a$, $\overline{CA} = b$, $\overline{AB} = c$라 하면

사인법칙에 의하여

$\frac{a}{\sin A} = \frac{b}{\sin B} = \frac{c}{\sin C}$

이므로 $a:b:c = 6:4:5$

$a = 6k$, $b = 4k$, $c = 5k$ $(k > 0)$이라 하면

코사인법칙에 의하여

$\cos C = \frac{36k^2 + 16k^2 - 25k^2}{2 \times 6k \times 4k} = \frac{27k^2}{48k^2} = \frac{9}{16}$

따라서 $16\cos C = 16 \times \frac{9}{16} = 9$

18

정 답 $6\sqrt{2}$

답안 예시

삼각형 ABC에서 $\angle ABC=\theta$이고 $\cos\theta=\frac{\sqrt{7}}{3}$이므로

$\sin\theta=\sqrt{1-\cos^2\theta}=\sqrt{1-\left(\frac{\sqrt{7}}{3}\right)^2}=\frac{\sqrt{2}}{3}$

$\overline{AB}=15$이고 삼각형 ABC의 넓이가 30이므로

$30=\frac{1}{2}\times\overline{AB}\times\overline{BC}\times\sin\theta$

$=\frac{1}{2}\times15\times\overline{BC}\times\frac{\sqrt{2}}{3}=\frac{5\sqrt{2}}{2}\overline{BC}$

따라서 $\overline{BC}=6\sqrt{2}$

06 등차수열과 등비수열

문제 p. 62

01

정 답 $a_n=4n+1$

답안 예시

(i) $n=1$일 때, $a_1=S_1=5$

(ii) $n\geq2$일 때,

$a_n=S_n-S_{n-1}$

$=(2n^2+3n)-\{2(n-1)^2+3(n-1)\}$

$=4n+1$ …… ㉠

그런데, $a_1=5$는 ㉠에 $n=1$을 대입한 값과 같으므로

$a_n=4n+1$이다.

02

정 답 41

답안 예시

등차수열 $\{a_n\}$의 공차를 d라 하면

$a_n=3+(n-1)d$이므로

$3a_{n+2}-a_{n+1}=3\{3+(n+1)d\}-(3+nd)$

$=6+5d+2(n-1)d$

수열 $\{3a_{n+2}-a_{n+1}\}$은 공차가 4인 등차수열이므로

$2d=4,\ d=2$

따라서 $a_{20}=a_1+19d=3+19\times2=41$

03

정 답 -6

답안 예시

등차수열 $\{a_n\}$의 공차를 d라 하자.

$a_1=4$이므로 $2a_2=a_3+|a_5|$에서

$8+2d=4+2d+|4+4d|$

$|4+4d|=4$

(i) $4+4d\geq0$이면

$4+4d=4$에서 $d=0$

(ii) $4+4d<0$이면

$4+4d=-4$에서 $d=-2$

d가 음수이므로 $d=-2$

따라서 $a_6=a_1+5d=4+5\times(-2)=-6$

04

정 답 90

답안 예시

등차수열 $\{a_n\}$의 공차를 d라 하면

$a_7-a_2=5d$이고 $a_5=a_1+4d$이므로

$a_7-a_2=a_5$에서 $5d=a_1+4d$

$a_1=d$ ······ ㉠

$a_3+a_4=21$에서 $a_1+2d+a_1+3d=21$

$2a_1+5d=21$ ······ ㉡

㉠, ㉡에서 $a_1=d=3$

따라서 $a_n=3+(n-1)\times 3=3n$이므로

$a_{30}=90$

05

정 답 -14

답안 예시

등차수열 $\{a_n\}$의 공차를 d라 하면

$a_{n+1}=14+nd$, $a_{n+2}=14+(n+1)d$

$b_n=a_{n+1}+a_{n+2}$

$=14+nd+\{14+(n+1)d\}$

$=28+3d+2(n-1)d$

$a_5=b_5$이므로

$14+4d=28+11d$에서 $d=-2$

즉, $b_n=22-4(n-1)=26-4n$

따라서 $b_{10}=26-4\times 10=26-40=-14$

06

정 답 2

답안 예시

$\log a$, $\log b$, $\log c$가 이 순서대로 등차수열을 이루므로

$2\log b=\log a+\log c$

$\log b^2=\log ac$, $b^2=ac$

$\log abc=12$에 $ac=b^2$을 대입하면

$\log b^3=12$, $\log b=4$

이때 $\log a+\log b+\log c=12$를 만족시키고 공차가 자연수인 등차수열 $\log a$, $\log b$, $\log c$의 순서쌍

$(\log a, \log b, \log c)$는

$(3, 4, 5)$, $(2, 4, 6)$, $(1, 4, 7)$이다.

$\log \frac{c}{a}=\log c-\log a$

따라서 $\log c=5$일 때, $\log \frac{c}{a}$가 최솟값을 가지므로 그 최솟값은 $5-3=2$

07

정 답 870

답안 예시

등차수열 $\{a_n\}$의 첫째항을 a, 공차를 d라 하면

$a_{11}+a_{21}=56$에서 $(a+10d)+(a+20d)=2a+30d=56$

$a_{11}-a_{21}=20$에서 $(a+10d)-(a+20d)=-10d=20$

이므로 $a=58$, $d=-2$

$a_n=58+(n-1)\times(-2)$

$a_n=58+(n-1)\times(-2)>0$이어야 하므로

$n<30$

즉, n이 가질 수 있는 값은 1, 2, 3, ⋯, 29이고 그 개수는 29이다.

따라서 수열 a_1, a_2, a_3, ⋯, a_{29}는 첫째항이 58이고 제29항이 2인 등차수열이므로 그 합은

$\frac{29(58+2)}{2}=870$

08

정 답 1

답안 예시

등비수열 $\{a_n\}$의 첫째항을 a, 공비를 r이라 하면

$a_1a_{11}=a^2r^{10}=\frac{1}{2}$

따라서 $a_6^{\,2}+a_3a_9=a^2r^{10}+a^2r^{10}=\frac{1}{2}+\frac{1}{2}=1$

09

정 답 1024

답안 예시

등비수열 $\{a_n\}$의 공비를 r이라 하면

$a_4-a_3-a_2=4$에서 $2r^3-2r^2-2r=4$

$r^3-r^2-r-2=0$

$(r-2)(r^2+r+1)=0$

$r=2$ $(r>0)$

따라서 $a_{10}=2^{10}=1024$

10

정 답 64

답안 예시

등비수열 $\{a_n\}$의 공비를 r이라 하면

$a_5=4a_1+3a_3$에서 $a_1r^4=4a_1+3a_1r^2$

$a_1(r^4-3r^2-4)=a_1(r^2-4)(r^2+1)$

$=a_1(r-2)(r+2)(r^2+1)=0$

모든 항이 양수이므로 $r=2$

따라서 $\dfrac{a_8}{a_2}=r^6=2^6=64$

11

정 답 81

답안 예시

$\dfrac{1}{3}$, a_1, a_2, a_3, $\cdots$, a_n, 27이 공비가 양수 r인 등비수열을 이루므로

$27=\dfrac{1}{3}r^{n+1}$, $r^{n+1}=81$ …… ㉠

주어진 등비수열의 모든 항의 곱이 3^8이므로

$\dfrac{1}{3}\times a_1\times a_2\times a_3\times\cdots\times a_n\times 27$

$=\dfrac{1}{3}\times\dfrac{1}{3}r\times\dfrac{1}{3}r^2\times\dfrac{1}{3}r^3\times\cdots\times\dfrac{1}{3}r^n\times 27$

$=\left(\dfrac{1}{3}\right)^{n+1}\times 27\times r^{1+2+\cdots+n}$

$=3^{-n-1}\times 3^3\times r^{\frac{n(n+1)}{2}}$

$=3^{-n+2}\times(r^{n+1})^{\frac{n}{2}}=3^8$ …… ㉡

㉠을 ㉡에 대입하면

$3^{-n+2}\times(3^4)^{\frac{n}{2}}=3^8$

$3^{n+2}=3^8$이므로 $n=6$

따라서 $n=6$을 ㉠에 대입하면 $r^7=81$

12

정 답 29

답안 예시

두 등차수열 $\{a_n\}$, $\{b_n\}$의 공차를 각각 d, e라 하면

$a_n=a_1+(n-1)d$, $b_n=b_1+(n-1)e$

이때

$a_n+b_n=\{a_1+(n-1)d\}+\{b_1+(n-1)e\}$

$=a_1+b_1+(n-1)(d+e)$

이므로 수열 $\{a_n+b_n\}$은 첫째항이 a_1+b_1이고 공차가 $d+e$인 등차수열이다.

또한 모든 자연수 n에 대하여 $a_n+b_n=6n-1$이므로 등차수열 $\{a_n+b_n\}$은 첫째항이 5이고 공차가 6이다.

즉, $a_1+b_1=5$, $d+e=6$ …… ㉠

한편, $a_3-b_4=a_2-b_3$에서

$a_3-a_2=b_4-b_3$이므로 $d=e$

$e=d$를 ㉠의 $d+e=6$에 대입하면

$d+d=6$, $d=3$

따라서

$a_3+b_7=(a_1+2d)+(b_1+6e)$

$=(a_1+b_1)+(2d+6e)$

$=(a_1+b_1)+8d$

$=5+8\times 3=29$

13

정 답 5

답안 예시

등비수열 $\{a_n\}$의 공비를 r이라 하자.

$S_4=3S_2$에서

$a_1+a_2+a_3+a_4=3(a_1+a_2)$

$a_1(1+r+r^2+r^3)=3a_1(1+r)$

$a_1(1+r)(1+r^2)=3a_1(1+r)$

$a_1(1+r)(r^2-2)=0$

$a_1=0$이면 모든 항이 0으로 같아지므로 문제의 조건을 만족시키지 못한다.

즉, $r=-1$ 또는 $r^2=2$

$r=-1$이면 $a_1=a_3=a_5=\cdots$, $a_2=a_4=a_6=\cdots$이므로 문제의 조건을 만족시키지 못한다.

$r^2=2$, 즉 $r=-\sqrt{2}$ 또는 $r=\sqrt{2}$이면 모든 항은 서로 다르다.

따라서 $r\neq 1$이므로

$$\frac{S_8}{S_4}=\frac{\dfrac{a_1(r^8-1)}{r-1}}{\dfrac{a_1(r^4-1)}{r-1}}=\frac{(r^4-1)(r^4+1)}{r^4-1}$$

$=r^4+1=(r^2)^2+1$

$=2^2+1=5$

14

정답 8

답안 예시

등차수열 $\{a_n\}$의 공차를 d라 하자.

$a_1=22$이므로

$S_3=a_1+a_2+a_3$

$=a_1+(a_1+d)+(a_1+2d)$

$=3a_1+3d$

$=3\times22+3d$

즉, $66+3d=45$, $d=-7$

$S_k=\dfrac{k\{2\times22+(k-1)\times(-7)\}}{2}$

$=\dfrac{-7k^2+51k}{2}$

$S_k<0$에서 $\dfrac{-7k^2+51k}{2}<0$, $k(7k-51)>0$

$k<0$ 또는 $k>\dfrac{51}{7}$

k는 자연수이므로 k의 최솟값은 8이다.

15

정답 $\dfrac{3}{2}$

답안 예시

$\dfrac{S_4-S_2}{4}=\dfrac{a_5-a_3}{2}$에서 $(S_4-S_2)=2(a_5-a_3)$

$(a_4+a_3)=2(a_5-a_3)$

$a_1(r^3+r^2)=2a_1(r^4-r^2)$

$r^2(r+1)=2r^2(r+1)(r-1)$

$r>0$이므로 $1=2(r-1)$

따라서 $r=\dfrac{3}{2}$

16

정답 -3

답안 예시

등비수열 $\{a_n\}$의 첫째항을 a, 공비를 r이라 하면

$a_3a_5=ar^2\times ar^4=a^2r^6=9$ …… ㉠

$S_3=-a_2$이고 $r<0$이므로

$\dfrac{a(1-r^3)}{1-r}=-ar$, $\dfrac{a(1-r)(1+r+r^2)}{1-r}=-ar$

$r^2+r+1=-r$, $r^2+2r+1=0$

$(r+1)^2=0$에서 $r=-1$

$a>0$이고 ㉠에서 $a^2=9$이므로 $a=3$

따라서 $a_{10}=3\times(-1)^9=-3$

17

정답 300

답안 예시

$a_n=S_n-S_{n-1}$ $(n\geq2)$이므로

$a_n=n^2+n-\{(n-1)^2+(n-1)\}$

$=2n$

$b_n=a_n\times S_n=2n(n^2+n)=2n^3+2n^2$

따라서 $b_5=250+50=300$

18

정답 81

답안 예시

$a_n=S_n-S_{n-1}$ $(n\geq2)$이므로

$a_n=(3^n-2)-(3^{n-1}-2)$

$=3^n-3^{n-1}$

$=2\times3^{n-1}$ $(n\geq2)$

즉, $a_n=2\times3^{n-1}$ $(n\geq2)$

따라서 $\dfrac{a_9}{a_5}=\dfrac{2\times3^8}{2\times3^4}=81$

19

정답 6

답안 예시

등차수열 $\{a_n\}$의 공차를 d라 하면

세 수 a_1, a_5, a_{10}이 서로 다르므로 $d\neq0$이고,

세 수 a_1, a_5, a_{10}이 이 순서대로 등비수열을 이루므로

${a_5}^2=a_1a_{10}$

즉, $(a_1+4d)^2=a_1(a_1+9d)$

$a_1^2+8a_1d+16d^2=a_1^2+9a_1d$

$16d^2-a_1d=0$

$a_1=4$이므로

$4d^2-d=d(4d-1)=0$

$d\neq0$이므로 $d=\dfrac{1}{4}$

따라서 $a_9=a_1+8d=4+8\times\dfrac{1}{4}=6$

20

정답 $\frac{15}{2}$

답안 예시

세 수 a, b, 2가 이 순서대로 등비수열을 이루므로

$2a=b^2$ ...... ㉠

세 수 b, a, 20이 이 순서대로 등차수열을 이루므로

$b+20=2a$ ...... ㉡

㉠을 ㉡에 대입하면

$b+20=b^2$

$b^2-b-20=0$

$(b+4)(b-5)=0$

$b=-4$ 또는 $b=5$

$b>0$이므로 $b=5$

따라서 $2a=25$, $a=\frac{25}{2}$이므로

$a-b=\frac{25}{2}-5=\frac{15}{2}$

07 수열의 합

문제 p. 74

01

정답 20

답안 예시

$\sum_{k=1}^{10} a_k=4$이므로

$$\sum_{k=1}^{10}(2a_k-1)(a_k-2)=2\sum_{k=1}^{10}{a_k}^2-5\sum_{k=1}^{10}a_k+\sum_{k=1}^{10}2$$
$$=2\sum_{k=1}^{10}{a_k}^2-20+2\times10$$
$$=2\sum_{k=1}^{10}{a_k}^2$$

$\sum_{k=1}^{10}(2a_k-1)(a_k-2)=16$이므로

$2\sum_{k=1}^{10}{a_k}^2=16$, $\sum_{k=1}^{10}{a_k}^2=8$

따라서

$$\sum_{k=1}^{10}\left({a_k}^2+3a_k\right)=\sum_{k=1}^{10}{a_k}^2+3\sum_{k=1}^{10}a_k$$
$$=8+3\times4$$
$$=20$$

02

정답 474

답안 예시

모든 자연수 n에 대하여

$\sum_{k=1}^{n} a_k=5^n-2^n$ ...... ㉠

이므로 $n\ge2$인 자연수 n에 대하여

$\sum_{k=1}^{n-1} a_k=5^{n-1}-2^{n-1}$ ...... ㉡

㉠−㉡을 하면

$$\sum_{k=1}^{n}a_k-\sum_{k=1}^{n-1}a_k=(5^n-2^n)-(5^{n-1}-2^{n-1})$$
$$=4\times5^{n-1}-2^{n-1}$$

즉, $a_n=4\times5^{n-1}-2^{n-1}$ $(n\ge2)$

이때 $a_4=4\times5^3-2^3=4\times125-8=500-8=492$

$a_2=4\times5^1-2^1=4\times5-2=20-2=18$

따라서 $a_4-a_2=474$

03

정 답 105

답안 예시

$$\sum_{k=1}^{30}(-1)^k a_k$$

$$=-a_1+a_2-a_3+a_4-\cdots-a_{29}+a_{30}$$

$$=(a_1+a_2+a_3+\cdots+a_{30})-2(a_1+a_3+a_5+\cdots+a_{29})$$

$$=\sum_{k=1}^{30}a_k-2\sum_{k=1}^{15}a_{2k-1}$$

$$=(2\times15^2+5\times15)-2\times(15^2-15)$$

$$=105$$

04

정 답 12

답안 예시

$$\sum_{k=1}^{m}(2a_k+1)^2$$

$$=\sum_{k=1}^{m}(4a_k^2+4a_k+1)$$

$$=4\sum_{k=1}^{m}a_k^2+4\sum_{k=1}^{m}a_k+\sum_{k=1}^{m}1$$

$$=20+8+m$$

$$=40$$

따라서 $m=12$

05

정 답 315

답안 예시

$$\sum_{k=1}^{10}\frac{k^3}{k+2}+\sum_{k=1}^{10}\frac{8}{k+2}$$

$$=\sum_{k=1}^{10}\frac{k^3+8}{k+2}$$

$$=\sum_{k=1}^{10}\frac{(k+2)(k^2-2k+4)}{k+2}$$

$$=\sum_{k=1}^{10}(k^2-2k+4)$$

$$=\sum_{k=1}^{10}k^2-2\sum_{k=1}^{10}k+\sum_{k=1}^{10}4$$

$$=\frac{10\times11\times21}{6}-2\times\frac{10\times11}{2}+4\times10$$

$$=315$$

06

정 답 230

답안 예시

$$\sum_{k=1}^{20}\frac{k^3+k-1}{k^2-k+1}-\sum_{k=1}^{20}\frac{k-2}{k^2-k+1}$$

$$=\sum_{k=1}^{20}\frac{k^3+1}{k^2-k+1}$$

$$=\sum_{k=1}^{20}\frac{(k+1)(k^2-k+1)}{k^2-k+1}$$

$$=\sum_{k=1}^{20}(k+1)=\sum_{k=1}^{20}k+\sum_{k=1}^{20}1$$

$$=\frac{20\times21}{2}+20=230$$

07

정 답 5

답안 예시

$$\sum_{k=1}^{n+1}(k+1)^2-\sum_{k=1}^{n-1}(k^2+1)+\sum_{k=1}^{n}1$$

$$=\sum_{k=1}^{n}(k+1)^2+\{(n+1)+1\}^2-\left\{\sum_{k=1}^{n}(k^2+1)-(n^2+1)\right\}+n$$

$$=\sum_{k=1}^{n}\{(k+1)^2-(k^2+1)\}+(n+2)^2+n^2+1+n$$

$$=\sum_{k=1}^{n}2k+2n^2+5n+5$$

$$=2\times\frac{n(n+1)}{2}+2n^2+5n+5$$

$$=110$$

$3n^2+6n-105=0$, $n^2+2n-35=0$

$(n-5)(n+7)=0$

n은 자연수이므로 $n=5$

08

정 답 440

답안 예시

이차방정식의 근과 계수의 관계에 의하여

$a_n+b_n=2n+3$, $a_nb_n=n^2+3n+2$

이므로

$$(1-a_n)(1-b_n)=1-(a_n+b_n)+a_nb_n$$

$$=1-(2n+3)+n^2+3n+2$$

$$=n^2+n$$

따라서

$$\sum_{n=1}^{10}(1-a_n)(1-b_n)=\sum_{n=1}^{10}(n^2+n)$$
$$=\frac{10\times11\times21}{6}+\frac{10\times11}{2}$$
$$=440$$

09

정 답 550

답안 예시

$f(x)=2x^2-4nx+3n^2+3n=2(x-n)^2+n^2+3n$

이때 이차함수 $f(x)$는 $x=n$에서 최솟값 n^2+3n을 가지므로

$a_n=n^2+3n$

따라서

$$\sum_{k=1}^{10}a_k=\sum_{k=1}^{10}(k^2+3k)$$
$$=\sum_{k=1}^{10}k^2+3\sum_{k=1}^{10}k$$
$$=\frac{10\times11\times21}{6}+3\times\frac{10\times11}{2}$$
$$=385+165$$
$$=550$$

10

정 답 67

답안 예시

등차수열 $\{a_n\}$의 첫째항을 a_1, 공차를 d라 하면

$$\sum_{k=1}^{11}a_k=\frac{11(2a_1+10d)}{2}=121$$

에서 $a_1+5d=11$ …… ㉠

$$\sum_{k=1}^{15}(-1)^k a_k=-a_1+(a_1+d)-(a_1+2d)+(a_1+3d)$$
$$-\cdots+(a_1+13d)-(a_1+14d)$$
$$=d+d+d+\cdots+d-a_1-14d$$
$$=-a_1-7d=-19$$

에서 $a_1+7d=19$ …… ㉡

㉠, ㉡에서 $a_1=-9$, $d=4$

따라서 $a_{20}=-9+19\times4=67$

11

정 답 690

답안 예시

$$na_n=\sum_{k=1}^{n}ka_k-\sum_{k=1}^{n-1}ka_k$$
$$=n(n+1)(n+2)-(n-1)n(n+1)$$
$$=3n(n+1)\ (n\geq2)$$

$a_n=3(n+1)\ (n\geq2)$

$a_1=\sum_{k=1}^{1}ka_k=6$이므로 모든 자연수 n에 대하여

$a_n=3(n+1)$

따라서

$$\sum_{k=1}^{20}a_k=\sum_{k=1}^{20}3(k+1)$$
$$=3\left(\frac{20\times21}{2}+20\right)=3\times230=690$$

12

정 답 20

답안 예시

$$a_n=\sum_{k=1}^{n}a_k-\sum_{k=1}^{n-1}a_k$$
$$=\log(n+1)-\log n$$
$$=\log\frac{n+1}{n}\ (n\geq2)$$

$10^{a_n}=1.05$에서 $\frac{n+1}{n}=\frac{21}{20}$

따라서 $n=20$

13

정 답 150

답안 예시

$\sum_{k=1}^{n}(ka_k-2k^2+1)=2n^2+3n$이 모든 자연수 n에 대하여 성립하므로

(i) $n=1$일 때, $a_1-2+1=5$이므로 $a_1=6$

(ii) $n\geq2$일 때,

$$na_n-2n^2+1$$
$$=\sum_{k=1}^{n}(ka_k-2k^2+1)-\sum_{k=1}^{n-1}(ka_k-2k^2+1)$$
$$=2n^2+3n-\{2(n-1)^2+3(n-1)\}$$
$$=4n+1$$

$na_n = 2n^2 + 4n$

$a_n = 2n + 4$ ...... ㉠

㉠과 (ⅰ)을 비교하면 a_1의 값이 같다.

따라서 $a_n = 2n+4$ $(n \geq 1)$이므로

$$\sum_{k=1}^{10} a_n = \sum_{k=1}^{10} (2n+4) = 2\sum_{k=1}^{10} (n+2)$$

$$= 2\left(\frac{10 \times 11}{2} + 20\right) = 150$$

14

정 답 5

답안 예시

$a_n = {}_{n+1}C_{n-1} = {}_{n+1}C_2 = \frac{(n+1)n}{2}$ 이므로

$$\frac{1}{a_n} = \frac{2}{n(n+1)} = 2\left(\frac{1}{n} - \frac{1}{n+1}\right)$$

따라서

$$\frac{5}{19}\sum_{n=1}^{19} \frac{10}{a_n}$$

$$= \frac{5}{19} \times 20\left\{\left(1-\frac{1}{2}\right) + \left(\frac{1}{2}-\frac{1}{3}\right) + \cdots + \left(\frac{1}{19}-\frac{1}{20}\right)\right\}$$

$$= \frac{5}{19} \times 20\left(1 - \frac{1}{20}\right) = 5$$

15

정 답 15

답안 예시

$\sum_{k=1}^{n} k^2 a_k = n^2 + n$에 $n=1$을 대입하면 $a_1 = 2$

$$n^2 a_n = \sum_{k=1}^{n} k^2 a_k - \sum_{k=1}^{n-1} k^2 a_k$$

$$= (n^2+n) - \{(n-1)^2 + n - 1\}$$

$$= 2n \ (n \geq 2)$$

이므로 $a_n = \frac{2}{n}$ $(n \geq 1)$

따라서

$$\sum_{k=1}^{15} \frac{2^3 a_k}{k+1} = \sum_{k=1}^{15} \frac{2^4}{k(k+1)}$$

$$= 2^4 \sum_{k=1}^{15}\left(\frac{1}{k} - \frac{1}{k+1}\right)$$

$$= 2^4\left\{\left(1-\frac{1}{2}\right) + \left(\frac{1}{2}-\frac{1}{3}\right) + \cdots + \left(\frac{1}{15}-\frac{1}{16}\right)\right\}$$

$$= 16 \times \frac{15}{16} = 15$$

16

정 답 54

답안 예시

x에 대한 이차방정식 $x^2-(n+5)x+2n+6=0$의 두 근이 α_n, β_n이므로 이차방정식의 근과 계수의 관계에 의하여 $\alpha_n + \beta_n = n+5$, $\alpha_n\beta_n = 2n+6$

따라서

$$\sum_{n=1}^{9} (\alpha_n - \beta_n) = \sum_{n=1}^{9} \sqrt{\{(\alpha_n+\beta_n)^2 - 4\alpha_n\beta_n\}}$$

$$= \sum_{n=1}^{9} \sqrt{\{(n+5)^2 - 4 \times (2n+6)\}}$$

$$= \sum_{n=1}^{9} \sqrt{(n+1)^2}$$

$$= \sum_{n=1}^{9} (n+1)$$

$$= \sum_{n=1}^{9} n + \sum_{n=1}^{9} 1$$

$$= \frac{9 \times 10}{2} + 9 = 45 + 9$$

$$= 54$$

17

정 답 581

답안 예시

$\sum_{k=1}^{n} a_k = 2n^2 - n$이므로

$n \geq 2$일 때,

$$a_n = \sum_{k=1}^{n} a_k - \sum_{k=1}^{n-1} a_k$$

$$= (2n^2 - n) - \{2(n-1)^2 - (n-1)\}$$

$$= 4n - 3$$

$k \geq 1$일 때, $a_{2k-1} = 4 \times (2k-1) - 3 = 8k - 7$

따라서

$$\sum_{k=1}^{6} k a_{2k-1} = \sum_{k=1}^{6} \{k(8k-7)\}$$

$$= \sum_{k=1}^{6} (8k^2 - 7k)$$

$$= 8\sum_{k=1}^{6} k^2 - 7\sum_{k=1}^{6} k$$

$$= 8 \times \frac{6 \times 7 \times 13}{6} - 7 \times \frac{6 \times 7}{2}$$

$$= 581$$

18

정 답 9

답안 예시

첫째항이 1, 공차가 2인 등차수열 $\{a_n\}$의 일반항은

$a_n=1+(n-1)\times 2=2n-1$

$b_n=a_n a_{n+1}=(2n-1)(2n+1)$

이므로

$$\sum_{k=1}^{m}\frac{b_k}{2k-1}=\sum_{k=1}^{m}\frac{(2k-1)(2k+1)}{2k-1}$$
$$=\sum_{k=1}^{m}(2k+1)$$
$$=2\sum_{k=1}^{m}k+\sum_{k=1}^{m}1$$
$$=2\left\{\frac{m(m+1)}{2}\right\}+m$$
$$=m^2+2m=99$$

즉, $m^2+2m-99=0$, $(m+11)(m-9)=0$

따라서 $m=9$ $(m>0)$

19

정 답 2

답안 예시

$$a_n=\sum_{k=1}^{n}a_k-\sum_{k=1}^{n-1}a_k$$
$$=2^{n+1}-n-\{2^n-(n-1)\}$$
$$=2^n-1$$

따라서 $\alpha=2$, $\beta=1$이므로 $\alpha\beta=2$

20

정 답 2

답안 예시

$a_n=\log\left(1+\frac{1}{n+1}\right)=\log\left(\frac{n+2}{n+1}\right)$이므로

$$\sum_{n=1}^{198}a_n=\log\frac{3}{2}+\log\frac{4}{3}+\log\frac{5}{4}+\cdots+\log\frac{200}{199}$$
$$=\log\left(\frac{3}{2}\times\frac{4}{3}\times\frac{5}{4}\times\cdots\times\frac{200}{199}\right)$$
$$=\log 100=2$$

21

정 답 57

답안 예시

a_{4k-2}는 a_{4k-3}과 a_{4k-1}의 등차중항이므로

$a_{4k-3}+a_{4k-1}=2a_{4k-2}$

$$\sum_{k=1}^{3}(a_{4k-3}+a_{4k-1})=\sum_{k=1}^{3}2a_{4k-2}=2\sum_{k=1}^{3}a_{4k-2}$$

$\sum_{k=1}^{3}(a_{4k-3}+a_{4k-2}+a_{4k-1})=135$이므로

$$3\sum_{k=1}^{3}a_{4k-2}=135$$

즉, $\sum_{k=1}^{3}a_{4k-2}=45$

$a_2+a_6+a_{10}=(a_1+d)+(a_1+5d)+(a_1+9d)=3a_1+15d$

$15+15d=45$, $d=2$

따라서

$$\sum_{k=1}^{3}a_{4k}=a_4+a_8+a_{12}$$
$$=a_1+3d+a_1+7d+a_1+11d$$
$$=3a_1+21d$$
$$=15+21\times 2=57$$

22

정 답 $\sqrt{3}$

답안 예시

$$\frac{1}{\sqrt{5k+3}+\sqrt{5k-2}}$$
$$=\frac{\sqrt{5k+3}-\sqrt{5k-2}}{(\sqrt{5k+3}+\sqrt{5k-2})(\sqrt{5k+3}-\sqrt{5k-2})}$$
$$=\frac{\sqrt{5k+3}-\sqrt{5k-2}}{(5k+3)-(5k-2)}$$
$$=\frac{\sqrt{5k+3}-\sqrt{5k-2}}{5}$$

따라서

$$\sum_{k=1}^{21}\frac{1}{\sqrt{5k+3}+\sqrt{5k-2}}$$
$$=\sum_{k=1}^{21}\frac{\sqrt{5k+3}-\sqrt{5k-2}}{5}$$
$$=\frac{1}{5}\{(\sqrt{8}-\sqrt{3})+(\sqrt{13}-\sqrt{8})+(\sqrt{18}-\sqrt{13})$$
$$+\cdots+(\sqrt{108}-\sqrt{103})\}$$
$$=\frac{1}{5}(\sqrt{108}-\sqrt{3})=\frac{1}{5}(6\sqrt{3}-\sqrt{3})$$
$$=\sqrt{3}$$

08 수학적 귀납법

문제 p. 86

01

정답 3

답안 예시

주어진 식의 n에 1, 2, 3, 4, 5, 6을 차례로 대입하면

$a_2=-a_1+3$

$a_3=2a_2+1=2(-a_1+3)+1=-2a_1+7$

$a_4=-a_3+3=-(-2a_1+7)+3=2a_1-4$

$a_5=2a_4+1=2(2a_1-4)+1=4a_1-7$

$a_6=-a_5+3=-(4a_1-7)+3=-4a_1+10$

$a_1=a_6$이므로 $a_1=-4a_1+10$

$5a_1=10$, $a_1=2$

따라서 $a_3=-2a_1+7=-4+7=3$

02

정답 16

답안 예시

$a_4=64$

$a_3=\frac{1}{2}a_4=\frac{1}{2}\times 64=32$

$a_2=\frac{1}{2}a_3=\frac{1}{2}\times 32=16$

따라서 $a_2=16$

03

정답 3

답안 예시

수열 $\{a_n\}$을 첫째항부터 차례로 나열하면

1, 2, 0, 1, 2, 0, ⋯으로

1, 2, 0의 순서로 반복한다는 것을 알 수 있다.

수열 $\{b_n\}$은

$b_1=3$

$b_2=-9$

$b_3=1$

$b_4=-3$

$b_5=9$

$b_6=-1$

$\sum_{k=1}^{6}b_k=0$임을 알 수 있다.

즉, n이 6의 배수일 때마다 그 합은 0이 된다.

따라서 $\sum_{k=1}^{25}b_k=0+0+0+0+b_{25}=b_1=3$

04

정답 33

답안 예시

(i) a_1이 2 이상의 홀수일 때,

$a_2=a_1+3$이므로 a_2는 짝수이다.

$a_3=a_2-1=(a_1+3)-1=a_1+2$이므로

a_3은 홀수이다.

$a_4=a_3+3=(a_1+2)+3=a_1+5$이므로

a_4는 짝수이다.

$a_5=a_4-1=(a_1+5)-1=a_1+4$이므로

a_5는 홀수이다.

$a_5=18$, 짝수이므로 조건에 맞지 않는다.

(ii) a_1이 2 이상의 짝수일 때,

$a_2=a_1-1$이므로 a_2는 홀수이다.

$a_3=a_2+3=(a_1-1)+3=a_1+2$이므로

a_3은 짝수이다.

$a_4=a_3-1=(a_1+2)-1=a_1+1$이므로

a_4는 홀수이다.

$a_5=a_4+3=(a_1+1)+3=a_1+4$이므로

a_5는 짝수이다.

$a_5=a_1+4=18$이므로, $a_1=18-4=14$

(i), (ii)로부터 $a_1=14$이므로

$a_3=a_1+2=14+2=16$

$a_6=a_5-1=(a_1+4)-1=a_1+3=14+3=17$

따라서 $a_3+a_6=16+17=33$

05

정답 100

답안 예시

$a_1=2$

$a_2=\frac{3}{1+a_1}+1+1=\frac{3}{3}+2=3$

$a_3=\frac{4}{1+a_2}+2+1=\frac{4}{4}+3=4$

$a_4=\frac{5}{1+a_3}+3+1=\frac{5}{5}+4=5$

⋮

따라서 $a_n=n+1$이므로 $a_{99}=100$

06

정 답 255

답안 예시

$a_4=16$이므로

$a_3=2\times a_4=2\times 16=32$

$a_2=2\times a_3=2\times 32=64$

$a_1=2\times a_2=2\times 64=128$

$a_5=8,\ a_6=4,\ a_7=2,\ a_8=1,\ a_9=0,\ a_{10}=0,\ \cdots$

$\sum_{k=1}^{\infty}a_k=128+64+32+16+8+4+2+1+0+\ \cdots$

$a_n=0\ (n\geq 9)$이므로 답은 255이다.

07

정 답 122

답안 예시

$a_1=2$

$a_2=2+3=5$

$a_3=5+3^2=14$

$a_4=14+3^3=14+27=41$

$a_5=41+3^4=41+81=122$

따라서 $a_5=122$

08

정 답 149

답안 예시

$a_1=1$

$a_2=\frac{6}{1}\times a_1=6$

$a_3=\frac{7}{3}\times a_2=\frac{7}{3}\times 6=14$

$a_4=\frac{8}{5}\times a_3=\frac{8}{5}\times 14=\frac{112}{5}$

$a_5=\frac{9}{7}\times a_4=\frac{9}{7}\times\frac{112}{5}=\frac{144}{5}$

따라서 $m=5,\ n=144$이므로

$m+n=149$

09

정 답 -1

답안 예시

$a_{n+1}+a_n=2n^2+n$에서

$n=1$일 때, $a_2+a_1=2\times 1^2+1$이므로

$a_2=3-a_1$

$n=2$일 때, $a_3+a_2=2\times 2^2+2$이므로

$a_3=10-a_2=7+a_1$

$n=3$일 때, $a_4+a_3=2\times 3^2+3$이므로

$a_4=21-a_3=14-a_1$

$n=4$일 때, $a_5+a_4=2\times 4^2+4$이므로

$a_5=36-a_4=22+a_1$

$n=5$일 때, $a_6+a_5=2\times 5^2+5$이므로

$a_6=55-a_5=33-a_1$

$a_3+a_6=7+a_1+33-a_1=10a_1$이므로 $a_1=4$

따라서 $a_2=3-a_1=-1$

10

정 답 673

답안 예시

$a_1=3$이고 $a_{n+1}=\frac{1}{3}(a_n)^2+3$이므로

$a_2=\frac{1}{3}(a_1)^2+3=\frac{1}{3}\times 9+3=6$

$a_3=\frac{1}{3}(a_2)^2+3=\frac{1}{3}\times 36+3=15$

$a_4=\frac{1}{3}(a_3)^2+3=\frac{1}{3}\times 225+3=78$

$a_5=\frac{1}{3}(a_4)^2+3=\frac{1}{3}\times 78^2+3$

$\frac{a_5}{12}=\frac{1}{3}\times\frac{1}{12}\times 78^2+\frac{3}{12}=\frac{78^2}{36}+\frac{1}{4}$

$=13^2+\frac{1}{4}=\frac{677}{4}$

따라서 $n=677,\ m=4$이므로

$n-m=673$

11

정 답 $\frac{1}{81}$

답안 예시

모든 자연수 n에 대하여

$2\log_2 a_{n+1}=\log_2 a_n+\log_2 a_{n+2}$가 성립하므로

$\log_2(a_{n+1})^2=\log_2(a_na_{n+2})$

$(a_{n+1})^2=a_na_{n+2}$이다.

즉, 수열 $\{a_n\}$은 등비수열이고 $a_1=3,\ a_2=1$이므로

첫째항은 3, 공비는 $\frac{1}{3}$이다.

따라서 $a_n = 3\times\left(\frac{1}{3}\right)^{n-1}$ 이므로

$a_6 = 3^{-4} = \frac{1}{81}$

12

정답 100

답안 예시

모든 자연수 n에 대하여

$9^{a_{n+1}} = 3^{a_n}\times 3^{a_{n+2}}$ 이 성립하므로

$3^{2a_{n+1}} = 3^{a_n + a_{n+2}}$

$2a_{n+1} = a_n + a_{n+2}$

즉, 수열 $\{a_n\}$은 등차수열이고 $a_1 = 5$, $a_2 = 10$이므로

첫째항은 5, 공차는 5이다.

따라서 $a_n = 5+5(n-1) = 5n$이므로

$a_{20} = 100$

13

정답 $\frac{63}{20}$

답안 예시

모든 자연수 n에 대하여

$(n+1)S_{n+1} = 3nS_n$이 성립하므로

$S_{n+1} = \frac{3n}{n+1}S_n$

n에 1, 2, 3, $\cdots$, $n-1$을 차례로 대입하면

$S_2 = \frac{3\times1}{2}S_1$

$S_3 = \frac{3\times2}{3}S_2$

$S_4 = \frac{3\times3}{4}S_3$

$\vdots$

$S_n = \frac{3(n-1)}{n}S_{n-1}$

변끼리 곱하면

$$S_n = 3^{n-1}\times\left(\frac{1}{2}\times\frac{2}{3}\times\frac{3}{4}\times\cdots\times\frac{n-1}{n}\right)S_1$$
$$= 3^{n-1}\times\frac{1}{n}\times\frac{1}{3}$$
$$= \frac{3^{n-2}}{n}$$

따라서 $a_5 = S_5 - S_4 = \frac{3^3}{5} - \frac{3^2}{4} = \frac{63}{20}$

14

정답 54

답안 예시

$a_3 = 5$이므로 $a_4 = \frac{a_3+1}{2} = \frac{5+1}{2} = 3$,

$a_5 = \frac{a_4+1}{2} = \frac{3+1}{2} = 2$로 확정할 수 있고,

a_2의 값이 홀수인 경우와 짝수인 경우로 나누어 생각해 볼 수 있다.

(i) a_2가 홀수인 경우

$a_3 = \frac{a_2+1}{2} = 5$, $a_2 = 9$

이때 a_1이 홀수이면 $a_2 = \frac{a_1+1}{2} = 9$, $a_1 = 17$

a_1이 짝수이면 $a_2 = \frac{a_1}{2} = 9$, $a_1 = 18$

(ii) a_2가 짝수인 경우

$a_3 = \frac{a_2}{2} = 5$, $a_2 = 10$

이때 a_1이 홀수이면 $a_2 = \frac{a_1+1}{2} = 10$, $a_1 = 19$

a_1이 짝수이면 $a_2 = \frac{a_1}{2} = 10$, $a_1 = 20$

$a_1 < 20$이므로 모든 a_1의 값의 합은

$17+18+19 = 54$

15

정답 $\frac{4}{7}$

답안 예시

(i) $n=1$일 때,

(좌변) $=1$, (우변) $=1$

따라서 주어진 등식이 성립한다.

(ii) $n=k$일 때, 주어진 등식이 성립한다고 가정하면

$1+3+5+\cdots+(2k-1) = k^2$

위의 식의 양변에 $\boxed{2k+1}$을 더하면

$$1+3+5+\cdots+(2k-1)+\boxed{2k+1} = k^2+2k+1$$
$$= (\boxed{k+1})^2$$

$n = \boxed{k+1}$일 때에도 주어진 등식이 성립한다.

따라서 모든 자연수 n에 대하여 주어진 등식이 성립한다.

따라서 $f(k) = 2k+1$, $g(k) = k+1$이므로

$\frac{g(3)}{f(3)} = \frac{3+1}{6+1} = \frac{4}{7}$

수학 II

01 함수의 극한과 연속 문제 p. 100

01

정 답 6

답안 예시

$$\lim_{x\to2}\frac{3xf(x-3)}{x^2+2x-15}=\lim_{x\to2}\frac{3xf(x-3)}{(x+5)(x-3)}$$
$$=\lim_{x\to2}\frac{3x}{x+5}\times\lim_{x\to2}\frac{f(x-3)}{x-3}$$
$$=\frac{6}{7}\times7=6$$

02

정 답 15

답안 예시

$\lim_{x\to2}(x-2)f(x)=5$이고 $\lim_{x\to2}(x+1)=2+1=3$이므로

$$\lim_{x\to2}(x^2-x-2)f(x)=\lim_{x\to2}(x+1)(x-2)f(x)$$
$$=\lim_{x\to2}(x+1)\times\lim_{x\to2}(x-2)f(x)$$
$$=3\times5=15$$

03

정 답 80

답안 예시

$$\lim_{x\to n}\frac{x^3-n^3}{x^2-n^2}=\lim_{x\to n}\frac{(x-n)(x^2+nx+n^2)}{(x-n)(x+n)}$$
$$=\lim_{x\to n}\frac{x^2+nx+n^2}{x+n}$$
$$=\frac{3n^2}{2n}=\frac{3n}{2}=6$$

$\therefore\ n=4$

$$\lim_{x\to2n}\frac{x^3-2nx^2+n^2x-2n^3}{x-2n}=\lim_{x\to2n}\frac{(x-2n)(x^2+n^2)}{x-2n}$$
$$=\lim_{x\to2n}(x^2+n^2)=5n^2$$

따라서 $5n^2=5\times16=80$

04

정 답 3

답안 예시

$\lim_{x\to1}3f(x)=3\times\lim_{x\to1}f(x)=9$이므로

$$\lim_{x\to1}g(x)=\lim_{x\to1}\{3f(x)+g(x)-3f(x)\}$$
$$=\lim_{x\to1}\{3f(x)+g(x)\}-\lim_{x\to1}3f(x)$$
$$=12-9=3$$

05

정 답 3

답안 예시

$x^3-1=(x-1)(x^2+x+1)$이므로

$$\lim_{x\to1}\frac{x^3-1}{x-1}=\lim_{x\to1}\frac{(x-1)(x^2+x+1)}{x-1}$$
$$=\lim_{x\to1}(x^2+x+1)$$
$$=1+1+1=3$$

06

정 답 7

답안 예시

$$f(a)=\lim_{x\to a}\frac{x^2+(4a-3)x-5a^2+3a}{x^2+ax-2a^2}$$
$$=\lim_{x\to a}\frac{(x-a)(x+5a-3)}{(x-a)(x+2a)}$$
$$=\lim_{x\to a}\frac{x+5a-3}{x+2a}$$
$$=\frac{a+5a-3}{a+2a}=\frac{6a-3}{3a}$$

즉, $f(a)=2-\frac{1}{a}$이므로

$-3\le a\le-1$에서 함수 $f(a)$는

$a=-1$일 때 최대이고 최댓값은 $f(-1)=2-(-1)=3$

$a=-3$일 때 최소이고 최솟값은 $f(-3)=2-\left(-\frac{1}{3}\right)=\frac{7}{3}$

따라서 최댓값과 최솟값의 곱은

$3\times\frac{7}{3}=7$

07

정답 1

답안 예시

$f(x)=\begin{cases} x+a & (x \geq 0) \\ x+a^2 & (x<0) \end{cases}$, $g(x)=f(x)\{f(x)+1\}$에서

$\lim_{x\to0}g(x)$의 값이 존재하려면

$\lim_{x\to0-}g(x)=\lim_{x\to0+}g(x)$이어야 한다.

$$\begin{aligned}\lim_{x\to0-}g(x)&=\lim_{x\to0-}f(x)\{f(x)+1\}\\&=\lim_{x\to0-}(x+a^2)(x+a^2+1)\\&=a^2(a^2+1)\\&=a^4+a^2\end{aligned}$$

$$\begin{aligned}\lim_{x\to0+}g(x)&=\lim_{x\to0+}f(x)\{f(x)+1\}\\&=\lim_{x\to0+}(x+a)(x+a+1)\\&=a(a+1)\\&=a^2+a\end{aligned}$$

즉, $a^4+a^2=a^2+a$

$a^4-a=0$, $a(a-1)(a^2+a+1)=0$

따라서 구하는 양의 정수 a의 값은 1이다.

08

정답 1

답안 예시

$m \leq 0$이면 $\lim_{x\to-\infty}(\sqrt{x^2+4}+mx)=\infty$이므로 $m>0$이어야 한다.

$x=-t$로 놓으면 $x\to-\infty$일 때, $t\to\infty$이므로

$$\begin{aligned}&\lim_{t\to\infty}(\sqrt{t^2+4}-mt)\\&=\lim_{t\to\infty}\frac{(\sqrt{t^2+4}-mt)(\sqrt{t^2+4}+mt)}{\sqrt{t^2+4}+mt}\\&=\lim_{t\to\infty}\frac{t^2+4-m^2t^2}{\sqrt{t^2+4}+mt}\\&=\lim_{t\to\infty}\frac{\frac{4}{t}+(1-m^2)t}{\sqrt{1+\frac{4}{t^2}}+m} \quad \cdots\cdots ㉠\end{aligned}$$

㉠이 극한값이 존재하려면 $1-m^2=0$

$\therefore m=1$ ($\because m>0$)

따라서 극한값 $n=0$이므로 $m-n=1$

09

정답 $\frac{1}{4}$

답안 예시

$$\begin{aligned}&\lim_{x\to\infty}\{\sqrt{f(x)}-\sqrt{f(-x)}\}\\&=\lim_{x\to\infty}\{\sqrt{a(x+1)^2-4}-\sqrt{a(-x+1)^2-4}\}\\&=\lim_{x\to\infty}\frac{\{\sqrt{a(x+1)^2-4}-\sqrt{a(-x+1)^2-4}\}\times\{\sqrt{a(x+1)^2-4}+\sqrt{a(-x+1)^2-4}\}}{\sqrt{a(x+1)^2-4}+\sqrt{a(-x+1)^2-4}}\\&=\lim_{x\to\infty}\frac{4ax}{\sqrt{a(x+1)^2-4}+\sqrt{a(-x+1)^2-4}}\\&=\lim_{x\to\infty}\frac{4a}{\sqrt{a\left(1+\frac{1}{x}\right)^2-\frac{4}{x^2}}+\sqrt{a\left(-1+\frac{1}{x}\right)^2-\frac{4}{x^2}}}\\&=\frac{4a}{2\sqrt{a}}=2\sqrt{a}=1\end{aligned}$$

따라서 $\sqrt{a}=\frac{1}{2}$이므로 $a=\frac{1}{4}$

10

정답 -10

답안 예시

$\lim_{x\to1}\frac{3x^2+ax+b}{x^2+2x-3}=2$에서 $\lim_{x\to1}(x^2+2x-3)=0$이므로

$\lim_{x\to1}(3x^2+ax+b)=0$이어야 한다.

$3+a+b=0$, 즉 $b=-a-3$ $\cdots\cdots$ ㉠

$$\begin{aligned}\lim_{x\to1}\frac{3x^2+ax+b}{x^2+2x-3}&=\lim_{x\to1}\frac{3x^2+ax-(a+3)}{(x+3)(x-1)}\\&=\lim_{x\to1}\frac{(x-1)(3x+a+3)}{(x+3)(x-1)}\\&=\lim_{x\to1}\frac{3x+a+3}{x+3}=\frac{6+a}{4}=2\end{aligned}$$

$6+a=8$, 즉 $a=2$

$a=2$를 ㉠에 대입하면 $b=-5$

따라서 $ab=2\times(-5)=-10$

11

정답 13

답안 예시

$\lim_{x\to2}\frac{f(x)-2x}{x-2}=6$에서 $\lim_{x\to2}(x-2)=0$이므로

$\lim_{x\to2}\{f(x)-2x\}=0$이어야 한다.

$f(x)-2x$도 최고차항의 계수가 1인 이차함수이므로

$f(x)-2x=(x-2)(x+a)$ (a는 상수)라 하면

$$\lim_{x\to2}\frac{f(x)-2x}{x-2}=\lim_{x\to2}\frac{(x-2)(x+a)}{x-2}$$

$$=\lim_{x\to2}(x+a)=2+a=6$$

즉, $a=4$

따라서 $f(x)=(x-2)(x+4)+2x$이므로

$f(3)=1\times7+6=13$

12

정 답 7

답안 예시

$\lim_{x\to1}\frac{(x+1)f(x)}{x-1}=12$에서 $\lim_{x\to1}(x-1)=0$이므로

$\lim_{x\to1}(x+1)f(x)=0$이어야 한다.

최고차항의 계수가 1인 이차함수 $f(x)$를

$f(x)=(x-1)(x+a)$ (a는 상수)라 하면

$$\lim_{x\to1}\frac{(x+1)f(x)}{x-1}=\lim_{x\to1}\frac{(x+1)(x-1)(x+a)}{x-1}$$

$$=\lim_{x\to1}(x+1)(x+a)=2\times(1+a)=12$$

즉, $a=5$

따라서 $f(x)=(x-1)(x+5)$이므로

$f(2)=1\times7=7$

13

정 답 76

답안 예시

함수 $f(x)$가 다항함수이고 $\lim_{x\to\infty}\frac{f(x)-2x^3}{3x^2}=5$이므로

$f(x)=2x^3+15x^2+ax+b$ (a, b는 상수)로 놓을 수 있다.

또, $\lim_{x\to1}\frac{f(x)}{x-1}=-4$에서 $\lim_{x\to1}(x-1)=0$이므로

$\lim_{x\to1}f(x)=\lim_{x\to1}(2x^3+15x^2+ax+b)=0$이어야 한다.

$2+15+a+b=0$, 즉 $b=-a-17$

$$\lim_{x\to1}\frac{f(x)}{x-1}=\lim_{x\to1}\frac{2x^3+15x^2+ax-(a+17)}{x-1}$$

$$=\lim_{x\to1}\frac{(x-1)(2x^2+17x+a+17)}{x-1}$$

($\because$ 조립제법)

$$=\lim_{x\to1}(2x^2+17x+a+17)$$

$$=2+17+a+17=36+a=-4$$

즉, $a=-40$, $b=23$

따라서 $f(x)=2x^3+15x^2-40x+23$이므로

$f(-1)=-2+15+40+23=76$

14

정 답 -9

답안 예시

함수 $f(x)$가 다항함수이고 $\lim_{x\to\infty}\frac{f(x)}{x^2}=2$이므로

$f(x)=2x^2+ax+b$ (a, b는 상수)로 놓을 수 있다.

$\lim_{x\to-1}\frac{f(x)}{x^2-x-2}=3$에서

$\lim_{x\to-1}(x^2-x-2)=\lim_{x\to-1}(x-2)(x+1)=0$이므로

$\lim_{x\to-1}f(x)=0$이어야 한다.

$f(-1)=2-a+b=0$, 즉 $b=a-2$

$$\lim_{x\to-1}\frac{f(x)}{x^2-x-2}=\lim_{x\to-1}\frac{2x^2+ax+(a-2)}{x^2-x-2}$$

$$=\lim_{x\to-1}\frac{(x+1)(2x+a-2)}{(x+1)(x-2)}$$

$$=\lim_{x\to-1}\frac{2x+a-2}{x-2}=\frac{-4+a}{-3}=3$$

즉, $a=-5$, $b=-7$

따라서 $f(x)=2x^2-5x-7$이므로

$f(2)=8-10-7=-9$

15

정 답 -8

답안 예시

$\frac{1}{x}=t$로 놓으면 $x\to0+$일 때, $t\to\infty$이므로

$$\lim_{x\to0+}\frac{x^2f\left(\frac{1}{x}\right)-\frac{2}{x}}{x^2-3}=\lim_{t\to\infty}\frac{\frac{f(t)}{t^2}-2t}{\frac{1}{t^2}-3}$$

$$=\lim_{t\to\infty}\frac{f(t)-2t^3}{1-3t^2}=3$$

따라서 $f(t)-2t^3$은 이차항의 계수가 -9인 이차식이므로

$f(t)=2t^3-9t^2+at+b$ (a, b는 상수)로 놓을 수 있다.

$\lim_{x\to0-}\frac{f(x)}{2x}=3$에서 $x\to0-$일 때, $2x\to0$이므로

$f(x)\to0$이어야 한다.

즉, $\lim_{x\to0-}f(x)=f(0)=b=0$

$$\lim_{x\to0-}\frac{f(x)}{2x}=\lim_{x\to0-}\frac{2x^3-9x^2+ax}{2x}$$

$$=\lim_{x\to0-}\left(x^2-\frac{9}{2}x+\frac{a}{2}\right)=\frac{a}{2}=3$$

즉, $a=6$

따라서 $f(x)=2x^3-9x^2+6x$이므로

$f(2)=16-36+12=-8$

16

정 답 3

답안 예시

$$\frac{\sqrt{3n^2+2n}-1}{n^2+1}<a_n<\frac{\sqrt{3n^2+2n}+7}{n^2+1}$$

부등식의 각 변에 n을 곱하면

$$\frac{\sqrt{3n^4+2n^3}-n}{n^2+1}<na_n<\frac{\sqrt{3n^4+2n^3}+7n}{n^2+1}$$

부등식의 각 변에 극한을 취하면

$$\lim_{n\to\infty}\frac{\sqrt{3n^4+2n^3}-n}{n^2+1}<\lim_{n\to\infty}na_n<\lim_{n\to\infty}\frac{\sqrt{3n^4+2n^3}+7n}{n^2+1}$$

이때 $\lim_{n\to\infty}\frac{\sqrt{3n^4+2n^3}-n}{n^2+1}=\sqrt{3}$,

$\lim_{n\to\infty}\frac{\sqrt{3n^4+2n^3}+7n}{n^2+1}=\sqrt{3}$이므로

$\lim_{n\to\infty}na_n=\sqrt{3}$

따라서 $(\lim_{n\to\infty}na_n)^2=(\sqrt{3})^2=3$

17

정 답 2

답안 예시

x의 값이 0보다 크면서 0에 한없이 가까워질 때, $f(x)$의 값은 2에 한없이 가까워지므로

$\lim_{x\to0+}f(x)=2$

$x=0$에서 함숫값은 $f(0)=4$

x의 값이 2보다 작으면서 2에 한없이 가까워질 때, $f(x)$의 값은 4에 한없이 가까워지므로

$\lim_{x\to2-}f(x)=4$

따라서 $\lim_{x\to0+}f(x)+\lim_{x\to2-}f(x)-f(0)=2+4-4=2$

18

정 답 -2

답안 예시

$\lim_{x\to1-}f(x)+\lim_{x\to1+}f(x)-\lim_{x\to4+}f(x)$에서

$x\to1-$, $x\to1+$, $x\to4+$는 각각 $x=1$에서의 좌극한값과 우극한값, 그리고 $x=4$에서의 우극한값을 말한다.

$$f(x)=\begin{cases}x^2-2x+8 & (x<1)\\ x-5 & (1\le x<4)\\ \log_2x+3 & (x\ge4)\end{cases}$$

모든 실수 x에서

$\lim_{x\to1-}f(x)=\lim_{x\to1-}(x^2-2x+8)=7$

$\lim_{x\to1+}(x-5)=-4$

$\lim_{x\to4+}(\log_2x+3)=5$

따라서 $7-4-5=-2$

19

정 답 1

답안 예시

$x^2\le f(x)\le 2x^2-2x+1$에서

$x^2-x\le f(x)-x\le 2x^2-3x+1$

$x(x-1)\le f(x)-x\le(2x-1)(x-1)$

(i) $x>1$일 때,

$$x\le\frac{f(x)-x}{x-1}\le 2x-1$$

$\lim_{x\to1+}x=\lim_{x\to1+}(2x-1)=1$이므로

$$\lim_{x\to1+}\frac{f(x)-x}{x-1}=1$$

(ii) $x<1$일 때,

$$2x-1\le\frac{f(x)-x}{x-1}\le x$$

$\lim_{x\to1-}(2x-1)=\lim_{x\to1-}x=1$이므로

$$\lim_{x\to1-}\frac{f(x)-x}{x-1}=1$$

(i), (ii)에서 $\lim_{x\to1+}\frac{f(x)-x}{x-1}=\lim_{x\to1-}\frac{f(x)-x}{x-1}=1$이므로

$$\lim_{x\to1}\frac{f(x)-x}{x-1}=1$$

20

정답 -3

답안 예시

함수 $f(x)$가 실수 전체의 집합에서 연속이므로 $x=2$에서 연속이어야 한다.

즉, $\lim_{x\to2}f(x)=f(2)$이어야 하므로

$\lim_{x\to2}f(x)=\lim_{x\to2}(x^2-5x+3)=-3$, $f(2)=a$에서

$a=-3$

21

정답 8

답안 예시

함수 $f(x)$가 실수 전체의 집합에서 연속이므로 $x=1$에서 연속이어야 한다.

즉, $\lim_{x\to1}f(x)=f(1)$이어야 하므로

$\lim_{x\to1}\frac{x^2+ax-3}{x-1}=b$ ⋯⋯ ㉠

㉠에서 $\lim_{x\to1}(x-1)=0$이므로 $\lim_{x\to1}(x^2+ax-3)=0$이어야 한다.

$\lim_{x\to1}(x^2+ax-3)=a-2=0$에서 $a=2$

$a=2$를 ㉠에 대입하면

$$\lim_{x\to1}\frac{x^2+2x-3}{x-1}=\lim_{x\to1}\frac{(x-1)(x+3)}{x-1}=\lim_{x\to1}(x+3)=4=b$$

따라서 $ab=2\times4=8$

22

정답 -1

답안 예시

$x\neq2$일 때, $f(x)=\frac{2x^2+ax-6}{x-2}$

함수 $f(x)$가 실수 전체의 집합에서 연속이므로 $x=2$에서 연속이다.

즉, $\lim_{x\to2}f(x)=f(2)$이다.

$f(2)=\lim_{x\to2}f(x)=\lim_{x\to2}\frac{2x^2+ax-6}{x-2}$

$x\to2$일 때, (분모)$\to0$이고 극한값이 존재하므로 (분자)$\to0$이어야 한다.

즉, $\lim_{x\to2}(2x^2+ax-6)=0$이므로 $2a+2=0$

따라서 $a=-1$

23

정답 -1

답안 예시

함수 $f(x)g(x)$가 $x=2$에서 연속이려면

$\lim_{x\to2-}f(x)g(x)=\lim_{x\to2+}f(x)g(x)=f(2)g(2)$이어야 한다.

$$\lim_{x\to2-}f(x)g(x)=\lim_{x\to2-}f(x)\times\lim_{x\to2-}g(x)=-2\times(4+2a-2)=-4a-4$$

$$\lim_{x\to2+}f(x)g(x)=\lim_{x\to2+}f(x)\times\lim_{x\to2+}g(x)=3\times(2a+2)=6(a+1)$$

$f(2)g(2)=6(a+1)$

따라서 $-4a-4=6(a+1)$이므로 $a=-1$

24

정답 $-\frac{1}{2}$

답안 예시

함수 $f(x)$가 $x\neq2$인 모든 실수에서 연속이고, 함수 $g(x)$가 실수 전체의 집합에서 연속이므로 함수 $f(x)g(x)$가 실수 전체의 집합에서 연속이려면 $x=2$에서 연속이어야 한다.

즉, $\lim_{x\to2}f(x)g(x)=f(2)g(2)$

$$\lim_{x\to2}f(x)g(x)=\lim_{x\to2}f(x)\times\lim_{x\to2}g(x)=\lim_{x\to2}(x-3)^2\times\lim_{x\to2}(x+4k)=1\times(2+4k)=2+4k$$

$f(2)g(2)=4\times(2+4k)=8+16k$

따라서 $2+4k=8+16k$이므로 $k=-\frac{1}{2}$

25

정답 4

답안 예시

함수 $f(x)$가 $x=3$에서만 불연속이고 이차함수 $g(x)$가 실수 전체의 집합에서 연속이므로 함수 $\frac{g(x)}{f(x)}$가 실수 전체의 집합에서 연속이려면 $x=3$에서 연속이어야 한다.

즉, $\lim_{x\to3+}\frac{g(x)}{f(x)}=\lim_{x\to3-}\frac{g(x)}{f(x)}=\frac{g(3)}{f(3)}$

$\lim_{x\to3+}\frac{g(x)}{f(x)}=\lim_{x\to3+}\frac{g(x)}{x-3}$의 값이 존재하고

$\lim_{x\to3+}(x-3)=0$이므로 $\lim_{x\to3+}g(x)=0$이어야 한다.

따라서 $g(3)=0$이므로 이차함수 $g(x)$를

$g(x)=(x-3)(x+a)$ (a는 실수)라 하자.

$\lim_{x\to3-}\frac{g(x)}{f(x)}=\lim_{x\to3-}\frac{g(x)}{x^2-6x+10}=\frac{g(3)}{1}=0$

$\frac{g(3)}{f(3)}=\frac{g(3)}{1}=0$이므로 $\lim_{x\to3+}\frac{g(x)}{f(x)}=0$이고

$\lim_{x\to3+}\frac{g(x)}{f(x)}=\lim_{x\to3+}\frac{(x-3)(x+a)}{x-3}$

$=\lim_{x\to3+}(x+a)=3+a=0$

$a=-3$이므로 $g(x)=(x-3)^2$

따라서 $g(1)=(-2)^2=4$

26

정 답 1

답안 예시

함수 $f(x)+g(x)$가 $x=0$에서 연속이려면

$\lim_{x\to0}\{f(x)+g(x)\}=f(0)+g(0)$이어야 한다.

$f(0)+g(0)=k$로 놓으면

$\lim_{x\to0-}\{f(x)+g(x)\}=\lim_{x\to0-}\{(-x+3)+(-x^2-2)\}=1$

$\lim_{x\to0+}\{f(x)+g(x)\}=\lim_{x\to0+}\{3x^2+(2x+k)\}=k$

따라서 $k=1$

27

정 답 -1

답안 예시

$x<1$일 때, $f(x)=x^2-2x+3=(x-1)^2+2>0$

$x\geq1$일 때, $f(x)=1>0$

이므로 함수 $f(x)$는 실수 전체의 집합에서 $f(x)>0$

그런데 $f(x)$는 $x=1$에서 불연속이므로 함수 $\frac{g(x)}{f(x)}$가 실수 전체의 집합에서 연속이기 위해서는 $x=1$에서 연속이어야 한다.

$\lim_{x\to1-}\frac{g(x)}{f(x)}=\lim_{x\to1-}\frac{ax+1}{x^2-2x+3}=\frac{a+1}{2}$

$\lim_{x\to1+}\frac{g(x)}{f(x)}=\lim_{x\to1+}\frac{ax+1}{1}=a+1$

$x=1$에서 함숫값은 $\frac{g(1)}{f(1)}=a+1$

함수 $\frac{g(x)}{f(x)}$가 $x=1$에서 연속이므로

$\lim_{x\to1-}\frac{g(x)}{f(x)}=\lim_{x\to1+}\frac{g(x)}{f(x)}=\frac{g(1)}{f(1)}$

즉, $\frac{a+1}{2}=a+1$이므로 $a+1=2a+2$

따라서 $a=-1$

28

정 답 5

답안 예시

함수 $f(r)$은 원 $x^2+y^2=r^2$의 내부의 x좌표와 y좌표가 모두 정수인 점의 개수이므로 다음과 같이 구할 수 있다.

$$f(r)=\begin{cases}1 & (0<r\leq1)\\5 & (1<r\leq\sqrt{2})\\9 & (\sqrt{2}<r\leq2)\\\vdots & \quad\vdots\end{cases}$$

위와 같이 원 $x^2+y^2=r^2$은 x좌표, y좌표가 모두 정수인 점을 지날 때마다 함수 $f(r)$은 불연속이 된다. 그러므로 원점으로부터 거리(반지름의 길이 r)가 서로 다른 정수 격자점의 개수를 세면 함수 $f(r)$이 불연속이 되는 r의 개수를 알 수 있다.

$0<r<3$이므로 원점으로부터 거리(반지름의 길이 r)가 서로 다르고 x좌표, y좌표가 모두 정수인 점은

영역 $\begin{cases}0<x^2+y^2<3^2\\0\leq y\leq x\end{cases}$에서 찾을 수 있다.

$x=1$일 때, $(1,\ 0)$, $(1,\ 1)$

$x=2$일 때, $(2,\ 0)$, $(2,\ 1)$, $(2,\ 2)$

따라서 불연속이 되는 r의 개수는 5이다.

29

정 답 3

답안 예시

함수 $f(x)$가 실수 전체의 집합에서 연속이므로 $x=-1$에서 연속이어야 한다.

즉, $\lim_{x\to-1-}f(x)=\lim_{x\to-1+}f(x)=f(-1)$

$\lim_{x\to-1-}f(x)=\lim_{x\to-1-}(2x^2+ax+b)=2-a+b$

$\lim_{x\to-1+}f(x)=\lim_{x\to-1+}(-x+b)=1+b$

$f(-1)=3$이므로

$2-a+b=1+b=3$

따라서 $a=1$, $b=2$이므로

$a+b=1+2=3$

30

정 답 4

답안 예시

함수 $f(x)$가 실수 전체의 집합에서 연속이므로 $x=1$에서 연속이어야 한다.

즉, $\lim_{x\to1-}f(x)=\lim_{x\to1+}f(x)=f(1)$

$\lim_{x\to1-}f(x)=\lim_{x\to1-}(-x+3)=2$

$\lim_{x\to1+}f(x)=\lim_{x\to1+}(x^2-3ax+a^2-3)=a^2-3a-2$

$f(1)=a^2-3a-2$이므로

$a^2-3a-2=2$, $a^2-3a-4=0$

$(a-4)(a+1)=0$이므로

$a=4$ ($\because a>0$)

31

정 답 105

답안 예시

$x\neq1$일 때, $f(x)=\dfrac{(x-1)(x-5)}{x^2+2x+k}$

함수 $f(x)$가 실수 전체의 집합에서 연속이므로 $x=1$ 또는 $x=5$에서 연속이어야 한다.

또한, $k<0$이고 $x^2+2x+k=0$의 두 근이 정수이므로 아래 식과 같이 두 일차식의 곱으로 인수분해된다.

$x^2+2x+k=(x+a)(x+b)$ ($a>0$, $b<0$, a, b는 정수)

$f(x)=\dfrac{(x-1)(x-5)}{x^2+2x+k}=\dfrac{(x-1)(x-5)}{(x+a)(x+b)}$

위의 함수가 모든 실수에서 연속이기 위해서는 $x=1$ 또는 $x=5$에서 분모가 0이 되지 않아야 한다. 즉, $(x+b)$가 $(x-1)$ 또는 $(x-5)$와 약분되어 사라져야 함을 의미한다.

$$\begin{cases}x^2+2x+k=(x-1)(x+a)=x^2+(a-1)x-a\\x^2+2x+k=(x-5)(x+a)=x^2+(a-5)x-5a\end{cases}$$

$a-1=2$, $a=3$ 또는 $a-5=2$, $a=7$

이에 따라 k의 값은 -3 또는 -35이다.

따라서 모든 k의 값의 곱은

$(-3)\times(-35)=105$

32

정 답 5

답안 예시

함수 $f(x)$가 $x\neq1$인 모든 실수에서 연속이고, 함수 $g(x)$가 실수 전체의 집합에서 연속이므로 함수 $f(x)g(x)$가 실수 전체의 집합에서 연속이려면 $x=1$에서 연속이어야 한다.

즉, $\lim_{x\to1-}f(x)g(x)=\lim_{x\to1+}f(x)g(x)=f(1)g(1)$

$\lim_{x\to1-}f(x)g(x)=\lim_{x\to1-}\dfrac{x^3+ax+b}{x-1}$의 값이 존재하고

$\lim_{x\to1-}(x-1)=0$이므로 $\lim_{x\to1-}(x^3+ax+b)=0$이어야 한다.

$\lim_{x\to1-}(x^3+ax+b)=1+a+b=0$

즉, $b=-a-1$ …… ㉠

$$\begin{aligned}\lim_{x\to1-}f(x)g(x)&=\lim_{x\to1-}\frac{x^3+ax-a-1}{x-1}\\&=\lim_{x\to1-}\frac{(x-1)(x^2+x+a+1)}{x-1}\\&=\lim_{x\to1-}(x^2+x+a+1)=a+3\end{aligned}$$

$\lim_{x\to1+}f(x)g(x)=\lim_{x\to1+}\dfrac{x^3+ax-a-1}{x^2+3x+1}=0$

$f(1)g(1)=\dfrac{1}{5}(1+a-a-1)=0$이므로

$a+3=0$, 즉 $a=-3$

$a=-3$을 ㉠에 대입하면 $b=2$

따라서 $b-a=2-(-3)=5$

33

정 답 -24

답안 예시

함수 $|f(x)|$가 실수 전체의 집합에서 연속이 되려면 $x=a$에서 연속이어야 하므로

$\lim_{x\to a+}|f(x)|=\lim_{x\to a-}|f(x)|=|f(a)|$

$|a^2-9|=|a+3|$에서 $a^2-9=\pm(a+3)$

(i) $a^2-9=a+3$일 때,

$a^2-a-12=0$에서 $a=-3$ 또는 $a=4$

(ii) $a^2-9=-(a+3)$일 때,

$a^2+a-6=0$에서 $a=-3$ 또는 $a=2$

(i), (ii)에서 함수 $|f(x)|$가 실수 전체의 집합에서 연속이 되도록 하는 실수 a의 값은 -3, 2, 4로 그 곱은

$(-3)\times2\times4=-24$

34

정 답 10

답안 예시

$\lim_{x\to3}\frac{f(x+3)}{x-3}=2$에서 $x\to3$일 때 (분모)$\to0$이므로

(분자)$\to0$이어야 한다.

$\lim_{x\to3}f(x+3)=f(6)=0$

이때 최고차항의 계수가 1인 이차함수 $f(x)$를

$f(x)=(x-6)(x-\alpha)$ (α는 상수)로 놓으면

$$\lim_{x\to3}\frac{f(x+3)}{x-3}=\lim_{x\to3}\frac{(x-3)(x+3-\alpha)}{x-3}$$

$$=\lim_{x\to3}(x+3-\alpha)=6-\alpha=2$$

$\alpha=4$이므로 $f(x)=(x-4)(x-6)$이고,

함수 $f(x)$는 모든 실수 x에서 연속이다.

따라서 $\lim_{x\to a}f(x)=f(a)=(a-4)(a-6)=0$을 만족시키는 a의 값은 4와 6이고, 그 합은 10이다.

35

정 답 -5

답안 예시

함수 $f(x)$가 실수 전체의 집합에서 연속이므로 $x=2$에서 연속이어야 한다.

즉, $\lim_{x\to2}f(x)=f(2)$이어야 하므로

$\lim_{x\to2}f(x)=\lim_{x\to2}(x^2-3x+7)=5$

$f(2)=\sqrt{a^2}$에서

$\sqrt{a^2}=5$

$a=5$ 또는 $a=-5$

a는 음수라고 하였으므로

$a=-5$

36

정 답 8

답안 예시

함수 $f(x)$가 실수 전체의 집합에서 연속이므로 $x=-2$에서 연속이어야 한다.

즉, $\lim_{x\to-2-}f(x)=\lim_{x\to-2+}f(x)=f(-2)$

$\lim_{x\to-2-}f(x)=\lim_{x\to-2-}(|x-4|\times|x+1|)=6$

$\lim_{x\to-2+}f(x)=\lim_{x\to-2+}(x+k)=-2+k$

$f(-2)=-2+k$

따라서 $-2+k=6$이므로

$k=8$

37

정 답 $-4\sqrt{2}$

답안 예시

함수 $f(x)$가 $x=a$에서 연속이려면

$\lim_{x\to a-}f(x)=\lim_{x\to a+}f(x)=f(a)$이어야 한다.

$\lim_{x\to a-}f(x)=\lim_{x\to a-}(x+8)=a+8$

$\lim_{x\to a+}f(x)=\lim_{x\to a+}(x^2+|x|)=a^2+|a|$

$f(a)=a^2+|a|$

(i) $a\ge0$인 경우

$a^2+a=a+8$

$a^2-8=0$

$(a-2\sqrt{2})(a+2\sqrt{2})=0$

여기서 a는 0보다 크거나 같아야 하므로

$a=2\sqrt{2}$이다.

(ii) $a<0$인 경우

$a^2-a=a+8$

$a^2-2a-8=0$

$(a-4)(a+2)=0$

여기서 a는 음수이어야 하므로 $a=-2$이다.

따라서 모든 a의 값의 곱은 $-4\sqrt{2}$이다.

38

정 답 15

답안 예시

함수 $f(x)$가 모든 실수 x에서 연속이려면 $x=-1$에서 연속이어야 하므로

$\lim_{x\to-1}f(x)=f(-1)$

$\lim_{x\to-1}\frac{x^2+ax+b}{x+1}=10$에서

$x\to-1$일 때, (분모)$\to0$이고 극한값이 존재하므로

(분자)$\to0$이어야 한다.

즉, $\lim_{x\to-1}(x^2+ax+b)=0$이므로 $1-a+b=0$

$\therefore\ b=a-1$ ······ ㉠

$$\lim_{x\to-1}\frac{x^2+ax+a-1}{x+1}=\lim_{x\to-1}\frac{(x^2-1)+a(x+1)}{x+1}$$
$$=\lim_{x\to-1}\frac{(x+1)(x+a-1)}{x+1}$$
$$=\lim_{x\to-1}(x+a-1)=a-2$$

$a-2=10$, 즉 $a=12$

㉠에서 $b=12-1=11$

$x\neq-1$일 때,

$$f(x)=\frac{x^2+12x+11}{x+1}=\frac{(x+11)(x+1)}{x+1}=x+11$$

따라서 $f(4)=4+11=15$

39

정 답 ㄱ, ㄴ

답안 예시

$g(x)=\begin{cases}\dfrac{f(x)-f(0)}{x} & (x\neq0)\\ f(0) & (x=0)\end{cases}$에서

ㄱ. $f(x)=x^2+x+1$에서 $g(x)=\begin{cases}x+1 & (x\neq0)\\ 1 & (x=0)\end{cases}$이므로

$x=0$에서 연속이다.

ㄴ. $f(x)=2x^3+3x+3$에서 $g(x)=\begin{cases}2x^2+3 & (x\neq0)\\ 3 & (x=0)\end{cases}$이므로 $x=0$에서 연속이다.

ㄷ. $f(x)=\dfrac{2}{x+2}$에서 $g(x)=\begin{cases}-\dfrac{1}{x+2} & (x\neq0)\\ 1 & (x=0)\end{cases}$이므로

$\lim_{x\to0}g(x)=-\dfrac{1}{2}\neq g(0)$

$x=0$에서 불연속이다.

따라서 연속인 것은 ㄱ, ㄴ이다.

02 미분계수와 도함수

문제 p. 122

01

정 답 8

답안 예시

함수 $f(x)=2x^2-1$에서 x의 값이 1에서 3까지 변할 때의 평균변화율은

$$\frac{f(3)-f(1)}{3-1}=\frac{17-1}{3-1}=\frac{16}{2}=8$$

02

정 답 (1) 3, (2) -7

답안 예시

(1) $f(x)=x^2+x+1$에서 $f'(x)=2x+1$이므로
$f'(1)=2+1=3$

(2) $f(x)=2x^2-3x+1$에서 $f'(x)=4x-3$이므로
$f'(-1)=-4-3=-7$

03

정 답 $\sqrt{3}$

답안 예시

함수 $f(x)=x^3$에서 x의 값이 0에서 3까지 변할 때의 평균변화율과 $x=a$에서의 미분계수가 서로 같으므로

$$\frac{f(3)-f(0)}{3-0}=\frac{27-0}{3-0}=9=3a^2$$

$a>0$이므로

$3a^2=9$, $a^2=3$

따라서 $a=\sqrt{3}$

04

정 답 4

답안 예시

함수 $f(x)=x(x+1)(x-2)$에서 x의 값이 0에서 4까지 변할 때의 평균변화율과 x의 값이 0에서 a까지 변할 때의 평균변화율이 서로 같으므로

$$\frac{40-0}{4-0}=\frac{a(a+1)(a-2)-0}{a-0}$$

$a>0$이므로

$(a+1)(a-2)=10$, $a^2-a-12=0$, $(a+3)(a-4)=0$

따라서 $a=4$

05

정 답 $\dfrac{c-a}{d-b}$

답안 예시

주어진 그래프에서 $f(a)=b$, $f(c)=d$이고 함수 $g(x)$는 함수 $f(x)$의 역함수이므로 $g(b)=a$, $g(d)=c$

따라서 함수 $g(x)$에 대하여 닫힌구간 $[b, d]$에서의 평균변화율은

$$\frac{g(d)-g(b)}{d-b}=\frac{c-a}{d-b}$$

06

정 답 $t=6$

답안 예시

$Q(t)=\frac{1}{3}t^3-4t^2+12t+3$에서

$$Q'(t)=t^2-8t+12$$
$$=(t-2)(t-6)$$

$t=2$일 때 순간변화율 $Q'(t)=0$이 된다.

따라서 $t\neq 2$이고, $Q'(t)=0$이 되게끔 하는 시각은 $t=6$일 때이다.

07

정 답 6

답안 예시

$$\lim_{h\to 0}\frac{f(1+3h)-f(1)}{2h}$$
$$=\frac{3}{2}\times\lim_{h\to 0}\frac{f(1+3h)-f(1)}{3h}$$
$$=\frac{3}{2}\times f'(1)=\frac{3}{2}\times 4=6$$

08

정 답 2

답안 예시

$$\lim_{h\to 0}\frac{f(-1+3h)-f(-1)}{h}$$
$$=3\times\lim_{h\to 0}\frac{f(-1+3h)-f(-1)}{3h}$$
$$=3\times f'(-1)=6$$

따라서 $f'(-1)=2$

09

정 답 ㄴ

답안 예시

ㄱ. $g(4)=\dfrac{f(4)-f(1)}{4-1}=\dfrac{4-2}{3}=\dfrac{2}{3}$

$g(6)=\dfrac{f(6)-f(1)}{6-1}=\dfrac{0-2}{5}=-\dfrac{2}{5}$이므로

$g(4)>g(6)$ (거짓)

ㄴ. $g(x)=\dfrac{1}{2}$이므로 점 $(1, 2)$를 지나고 기울기가 $\dfrac{1}{2}$인 직선의 방정식은 $h(x)=\dfrac{1}{2}x+\dfrac{3}{2}$

즉, $1<x\leq 6$인 범위에서 $g(x)=\dfrac{1}{2}$인 x의 값의 개수는 두 함수 $y=f(x)$와 $y=\dfrac{1}{2}x+\dfrac{3}{2}$의 그래프의 교점의 개수 중 $x=1$을 제외하면 2이다. (참)

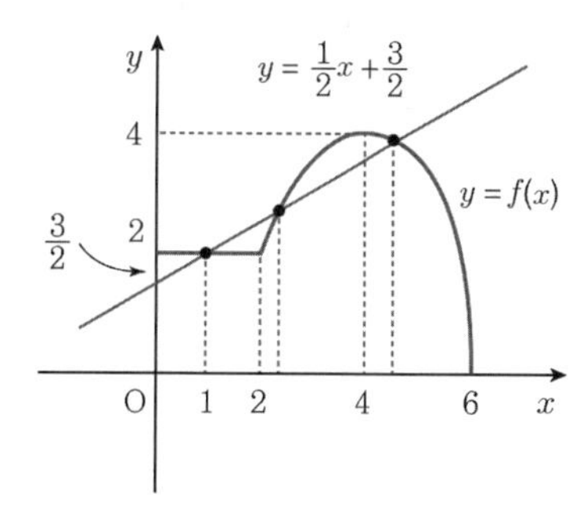

ㄷ. $g(x)$는 두 점 $(1, f(1))$, $(x, f(x))$를 지나는 두 직선의 기울기이므로 $x=6$일 때, 최솟값을 갖는다. (거짓)

따라서 옳은 것은 ㄴ이다.

10

정 답 $\dfrac{4}{3}$

답안 예시

$(x^2-1)f'(x)=4f(x^2)-4x^2$의 양변에 $x=1$을 대입하면 $0=4f(1)-4$, $f(1)=1$

$x\neq 1$일 때, $f'(x)=\dfrac{4f(x^2)-4x^2}{x^2-1}$

다항함수 $f(x)$의 도함수 $f'(x)$는 다항함수이므로 실수 전체의 집합에서 연속이다. 따라서 $x=1$에서도 연속이므로 $f'(1)=\lim_{x\to 1}f'(x)$가 성립한다.

$$f'(1)=\lim_{x\to 1}f'(x)=\lim_{x\to 1}\frac{4f(x^2)-4x^2}{x^2-1}$$
$$=\lim_{x\to 1}\frac{4\{f(x^2)-1\}-4(x^2-1)}{x^2-1}$$

$$=\lim_{x\to1}\left[\frac{4\{f(x^2)-f(1)\}}{x^2-1}-\frac{4(x^2-1)}{x^2-1}\right]$$

$$=4\lim_{x\to1}\frac{f(x^2)-f(1)}{x^2-1}-4$$

$$=4f'(1)-4$$

따라서 $f'(1)=\frac{4}{3}$

11

정 답 6

답안 예시

$\lim_{h\to0}\frac{f(2+h)-4}{2h}=1$이고 $\lim_{h\to0}2h=0$이므로

$\lim_{h\to0}\{f(2+h)-4\}=0$, 즉 $f(2)=4$

$$\lim_{h\to0}\frac{f(2+h)-4}{2h}=\frac{1}{2}\times\lim_{h\to0}\frac{f(2+h)-f(2)}{h}$$

$$=\frac{1}{2}f'(2)=1$$

이므로 $f'(2)=2\times1=2$

따라서 $f(2)+f'(2)=4+2=6$

12

정 답 $\sqrt{3}$

답안 예시

$a>1$이므로 $f(a)>f(1)$이고

두 점 $(1,\ f(1))$, $(a,\ f(a))$ 사이의 거리가 a^2-1이므로

$\sqrt{(a-1)^2+\{f(a)-f(1)\}^2}=a^2-1$

양변을 제곱하면

$(a-1)^2+\{f(a)-f(1)\}^2=(a^2-1)^2$

$\{f(a)-f(1)\}^2=(a^2-1)^2-(a-1)^2$

$=(a+1)^2(a-1)^2-(a-1)^2$

$=(a-1)^2\{(a+1)^2-1\}$ …… ㉠

$\therefore\ f(a)-f(1)=(a-1)\sqrt{a^2+2a}$

($\because\ a>1$이고 $f(a)>f(1)$)

따라서

$$f'(1)=\lim_{a\to1}\frac{f(a)-f(1)}{a-1}$$

$$=\lim_{a\to1}\frac{(a-1)\sqrt{a^2+2a}}{a-1}$$

$$=\lim_{a\to1}\sqrt{a^2+2a}$$

$$=\sqrt{3}$$

13

정 답 25

답안 예시

$$f(x)=\begin{cases}-(x-a)(x+1) & (x\le a)\\(x-a)(x+1) & (x>a)\end{cases}$$

함수 $f(x)$가 $x=a$에서 미분가능하므로

$$\lim_{x\to a-}\frac{f(x)-f(a)}{x-a}=\lim_{x\to a+}\frac{f(x)-f(a)}{x-a}$$

이때

$$\lim_{x\to a-}\frac{f(x)-f(a)}{x-a}=\lim_{x\to a-}\frac{-(x-a)(x+1)-0}{x-a}$$

$$=\lim_{x\to a-}\{-(x+1)\}$$

$$=-a-1$$

$$\lim_{x\to a+}\frac{f(x)-f(a)}{x-a}=\lim_{x\to a+}\frac{(x-a)(x+1)-0}{x-a}$$

$$=\lim_{x\to a+}(x+1)$$

$$=a+1$$

이므로 $-a-1=a+1$, $a=-1$

따라서 $f(x)=|x+1|(x+1)$이므로

$f(4)=5\times5=25$

14

정 답 68

답안 예시

(i) 함수 $f(x)$는 $x=1$에서 연속이므로

$\lim_{x\to1-}f(x)=\lim_{x\to1+}f(x)=f(1)$

$4+a+b=5a-12$, 즉 $b=4a-16$ …… ㉠

(ii) 함수 $f(x)$는 $x=1$에서 미분계수 $f'(1)$이 존재하므로

$$\lim_{h\to0-}\frac{f(1+h)-f(1)}{h}$$

$$=\lim_{h\to0-}\frac{\{4(1+h)^2+a(1+h)+b\}-(5a-12)}{h}$$

$$=\lim_{h\to0-}\frac{4h^2+8h+ah}{h}\quad(\text{㉠을 대입})$$

$$=\lim_{h\to0-}(4h+8+a)=8+a$$

$$\lim_{h\to0+}\frac{f(1+h)-f(1)}{h}$$

$$=\lim_{h\to0+}\frac{\{5a(1+h)-12\}-(5a-12)}{h}$$

$$=\lim_{h\to0+}\frac{5ah}{h}=5a$$

$$\lim_{h\to0-}\frac{f(1+h)-f(1)}{h}=\lim_{h\to0+}\frac{f(1+h)-f(1)}{h}$$

이므로 $8+a=5a$, 즉 $a=2$

$a=2$를 ㉠에 대입하면 $b=-8$

따라서 $a^2+b^2=2^2+(-8)^2=68$

15

정답 8

답안 예시

함수 $f(x)$가 실수 전체의 집합에서 미분가능하므로 $x=2$에서 미분가능하다.

(i) 함수 $f(x)$가 $x=2$에서 연속이므로

$$\lim_{x\to2-}f(x)=\lim_{x\to2+}f(x)=f(2)$$

$4+2a=4+b$, $b=2a$ …… ㉠

(ii) 함수 $f(x)$는 $x=2$에서 미분계수 $f'(2)$가 존재하므로

$$\lim_{h\to0-}\frac{f(2+h)-f(2)}{h}$$
$$=\lim_{h\to0-}\frac{\{(2+h)^2+a(2+h)\}-(4+b)}{h}$$
$$=\lim_{h\to0-}\frac{h^2+4h+ah}{h}\quad(\text{㉠을 대입})$$
$$=\lim_{h\to0-}(h+4+a)=4+a$$

$$\lim_{h\to0+}\frac{f(2+h)-f(2)}{h}$$
$$=\lim_{h\to0+}\frac{\{2(2+h)+b\}-(4+b)}{h}$$
$$=\lim_{h\to0+}\frac{2h}{h}=2$$

$$\lim_{h\to0-}\frac{f(2+h)-f(2)}{2h}=\lim_{h\to0+}\frac{f(2+h)-f(2)}{h}$$

이므로 $4+a=2$, 즉 $a=-2$

$a=-2$를 ㉠에 대입하면 $b=-4$

따라서 $ab=(-2)\times(-4)=8$

16

정답 65

답안 예시

(i) 함수 $f(x)$는 $x=1$에서 연속이므로

$$\lim_{x\to1-}f(x)=\lim_{x\to1+}f(x)=f(1)$$

$-1+a=6+b$, 즉 $a=b+7$ …… ㉠

(ii) 함수 $f(x)$는 $x=1$에서 미분계수 $f'(1)$이 존재하므로

$$\lim_{x\to1-}\frac{f(x)-f(1)}{x-1}=\lim_{x\to1-}\frac{(-x^2+b+7)-(6+b)}{x-1}$$
$$=\lim_{x\to1-}\frac{-(x-1)(x+1)}{x-1}$$
$$=\lim_{x\to1-}\{-(x+1)\}=-2$$

$$\lim_{x\to1+}\frac{f(x)-f(1)}{x-1}=\lim_{x\to1+}\frac{(3x^2+bx+3)-(6+b)}{x-1}$$
$$=\lim_{x\to1+}\frac{(x-1)(3x+3+b)}{x-1}$$
$$=\lim_{x\to1+}(3x+3+b)=6+b$$

$$\lim_{x\to1-}\frac{f(x)-f(1)}{x-1}=\lim_{x\to1+}\frac{f(x)-f(1)}{x-1}$$ 이므로

$-2=6+b$, $b=-8$

$b=-8$을 ㉠에 대입하면 $a=-1$

따라서 $a^2+b^2=(-1)^2+(-8)^2=65$

17

정답 5

답안 예시

$$h'(2)=\lim_{x\to2}\frac{f(x)g(x)-f(2)g(2)}{x-2}$$
$$=\lim_{x\to2}\frac{f(x)\times\frac{1}{x-2}-2f(2)}{x-2}$$
$$=\lim_{x\to2}\frac{f(x)-2(x-2)f(2)}{(x-2)^2}=6 \quad\cdots\cdots ㉠$$

분모인 $\lim_{x\to2}(x-2)^2=0$이므로

분자인 $\lim_{x\to2}\{f(x)-2(x-2)f(2)\}=0$, 즉 $f(2)=0$

최고차항의 계수가 1인 삼차함수 $f(x)$를

$f(x)=(x-2)(x^2+ax+b)$ (a, b는 상수)라 놓고 ㉠에 대입하면

$$\lim_{x\to2}\frac{(x-2)(x^2+ax+b)}{(x-2)^2}=\lim_{x\to2}\frac{x^2+ax+b}{x-2}=6 \quad\cdots\cdots ㉡$$

분모인 $\lim_{x\to2}(x-2)=0$이므로

분자인 $\lim_{x\to2}(x^2+ax+b)=0$, 즉 $4+2a+b=0$

따라서 $b=-2a-4$이고 이를 ㉡에 대입하면

$$\lim_{x\to2}\frac{x^2+ax-2a-4}{x-2}=\lim_{x\to2}\frac{(x-2)(x+a+2)}{x-2}$$
$$=\lim_{x\to2}(x+a+2)=a+4=6$$

에서 $a=2$, $b=-8$

따라서 $f(x)=(x-2)(x^2+2x-8)$ 이므로

$f(1)=(-1)\times(-5)=5$

18

정 답 ㄱ, ㄴ, ㄷ

답안 예시

ㄱ. $f(1)=1\le 2$이므로 $g(1)=f(1)=1$ (참)

ㄴ. (i) $f(x)\le 2x$인 경우 $g(x)=f(x)\le 2x$

(ii) $f(x)>2x$인 경우 $g(x)=2x$

(i), (ii)에 의하여 모든 실수 x에 대하여 $g(x)\le 2x$ 이다. (참)

ㄷ. 함수 $y=g(x)$의 그래프는 그림과 같다.

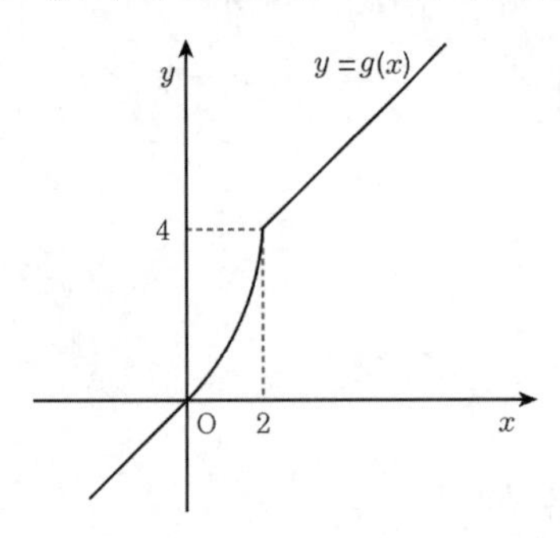

함수 $g(x)$는 $x<0$, $0<x<2$, $x>2$에서 미분가능하므로 $x=0$, $x=2$에서의 미분가능성을 조사해 보면

(i) $x=0$일 때,

$$\lim_{h\to 0-}\frac{g(0+h)-g(0)}{h}=\lim_{h\to 0-}\frac{2h-0}{h}=2$$

$$\lim_{h\to 0+}\frac{g(0+h)-g(0)}{h}=\lim_{h\to 0+}\frac{h^2-0}{h}=0$$

이므로 함수 $g(x)$는 $x=0$에서 미분가능하지 않다.

(ii) $x=2$일 때,

$$\lim_{h\to 0-}\frac{g(2+h)-g(2)}{h}=\lim_{h\to 0-}\frac{(2+h)^2-4}{h}=\lim_{h\to 0-}(h+4)=4$$

$$\lim_{h\to 0+}\frac{g(2+h)-g(2)}{h}=\lim_{h\to 0+}\frac{2(2+h)-4}{h}=2$$

이므로 함수 $g(x)$는 $x=2$에서 미분가능하지 않다.

따라서 실수 전체의 집합에서 함수 $g(x)$가 미분가능하지 않은 점의 개수는 2이다. (참)

이상에서 옳은 것은 ㄱ, ㄴ, ㄷ이다.

19

정 답 11

답안 예시

함수 $f(x)=x^2+ax+b$ (a, b는 상수)라 하자.

함수 $g(x)$는 $x=1$에서 미분가능하므로 $x=1$에서 연속이다.

$$\lim_{x\to 1+}g(x)=\lim_{x\to 1+}\sqrt{x^2+8}=3$$

$$\lim_{x\to 1-}g(x)=\lim_{x\to 1-}(x^2+ax+b)=1+a+b$$

$g(1)=3$이므로

$1+a+b=3$, 즉 $b=-a+2$

$$\lim_{h\to 0+}\frac{g(1+h)-g(1)}{h}$$

$$=\lim_{h\to 0+}\frac{\sqrt{(1+h)^2+8}-3}{h}$$

$$=\lim_{h\to 0+}\frac{h+2}{\sqrt{(1+h)^2+8}+3}=\frac{1}{3}$$

$$\lim_{h\to 0-}\frac{g(1+h)-g(1)}{h}$$

$$=\lim_{h\to 0-}\frac{\{(1+h)^2+a(1+h)-a+2\}-3}{h}$$

$$=\lim_{h\to 0-}\frac{h^2+(a+2)h}{h}$$

$$=\lim_{h\to 0-}(h+a+2)$$

$=a+2$

이때 함수 $g(x)$는 $x=1$에서 미분가능하므로

$\lim_{h\to 0-}\frac{g(1+h)-g(1)}{h}=\lim_{h\to 0+}\frac{g(1+h)-g(1)}{h}$ 이고

$a+2=\frac{1}{3}$ 에서 $a=-\frac{5}{3}$

이때 $b=\frac{11}{3}$ 이므로 $f(x)=x^2-\frac{5}{3}x+\frac{11}{3}$

따라서 $g(-2)=f(-2)=4+\frac{10}{3}+\frac{11}{3}=11$

20

정 답 12

답안 예시

곡선 $y=f(x)$ 위의 점 $(1,\ 7)$에서의 접선의 기울기가 2이므로 $f(1)=7$, $f'(1)=2$

따라서

$$\lim_{x\to 1}\frac{x^2f(1)-f(x)}{x-1}$$

$$=\lim_{x\to 1}\frac{x^2f(1)-f(1)-\{f(x)-f(1)\}}{x-1}$$

$=\lim_{x\to1}\left\{\frac{f(1)(x^2-1)}{x-1}-\frac{f(x)-f(1)}{x-1}\right\}$

$=f(1)\lim_{x\to1}\frac{(x-1)(x+1)}{x-1}-\lim_{x\to1}\frac{f(x)-f(1)}{x-1}$

$=f(1)\times2-f'(1)$

$=7\times2-2=12$

21

정답 85

답안 예시

함수 $f(x)$에서 x의 값이 -2에서 0까지 변할 때의 평균변화율은 두 점 $(-2,\ f(-2))$, $(0,\ f(0))$을 지나는 직선의 기울기이다.

함수 $f(x)$에서 x의 값이 0에서 4까지 변할 때의 평균변화율은 두 점 $(0,\ f(0))$, $(4,\ f(4))$를 지나는 직선의 기울기이다.

따라서 함수 $y=f(x)$의 그래프와 직선 $y=3x$의 교점의 x좌표는 $-2,\ 0,\ 4$이다.

즉, 방정식 $f(x)-3x=0$의 서로 다른 세 실근은 $-2,\ 0,\ 4$이므로

$f(x)-3x=2(x+2)x(x-4)$

따라서 $f(x)=2x(x+2)(x-4)+3x$이므로

$f(5)=2\times5\times7\times1+15=85$

22

정답 3

답안 예시

$f(x)=\frac{1}{3}x^3-ax^2+7x+3$에서 $f'(x)=x^2-2ax+7$

$f'(1)=2$이므로 $1-2a+7=2$

따라서 $a=3$

23

정답 $\frac{1}{2}$

답안 예시

$f(x)=\frac{2}{3}x^3+\frac{1}{2}x^2-2x+5$에서 $f'(x)=2x^2+x-2$

함수 $f(x)$의 $x=k$에서의 미분계수 $f'(k)$는

$f'(k)=2k^2+k-2$

함수 $f(x)$의 $x=2k$에서의 미분계수 $f'(2k)$는

$f'(2k)=8k^2+2k-2$

이때 $f'(k)+f'(2k)=0$이므로

$2k^2+k-2+8k^2+2k-2=0$

$10k^2+3k-4=0$

$(5k+4)(2k-1)=0$

$k>0$이므로 $k=\frac{1}{2}$

24

정답 18

답안 예시

$f(x)=2x^3+3x^2-x$에서 $f'(x)=6x^2+6x-1$

$f(1)=4$, $f'(1)=11$이므로

$\lim_{x\to1}\frac{f(x^2)-xf(1)}{x-1}$

$=\lim_{x\to1}\frac{f(x^2)-f(1)-xf(1)+f(1)}{x-1}$

$=\lim_{x\to1}\left\{\frac{f(x^2)-f(1)}{x^2-1}\times(x+1)\right\}-f(1)\lim_{x\to1}\frac{x-1}{x-1}$

$=2f'(1)-f(1)=2\times11-4=18$

25

정답 8

답안 예시

$$\lim_{h\to0}\frac{f(x+2h)-f(x)}{f(2+h)-f(2)}=\lim_{h\to0}\frac{\frac{f(x+2h)-f(x)}{h}}{\frac{f(2+h)-f(2)}{h}}$$

$$=\lim_{h\to0}\frac{\frac{f(x+2h)-f(x)}{2h}\times2}{\frac{f(2+h)-f(2)}{h}}$$

$$=\frac{2f'(x)}{f'(2)}$$

이므로 $f'(2)+\frac{2f'(x)}{f'(2)}=x^2+x-2$ …… ㉠

㉠의 양변에 $x=2$를 대입하면

$f'(2)+2=4+2-2$, $f'(2)=2$

㉠에서 $2+\frac{2f'(x)}{2}=x^2+x-2$

따라서 $f'(x)=x^2+x-4$이므로

$f'(3)=9+3-4=8$

26

정답 11

답안 예시

$f(x)=x^2+5x+12$에서

$f'(x)=2x+5$

따라서 $f'(3)=6+5=11$

27

정답 13

답안 예시

$f(x)=x^3+x^2-3x+3$에서

$f'(x)=3x^2+2x-3$

따라서 $f'(2)=12+4-3=13$

28

정답 80

답안 예시

$\lim_{x\to1}\frac{f(x)-4}{x^2-1}=4$에서 $x\to1$일 때 (분모)$\to0$이고 극한값이 존재하므로 (분자)$\to0$이어야 한다.

즉, $\lim_{x\to1}\{f(x)-4\}=0$에서 $f(x)$는 다항함수이므로

$f(1)=4$

$$\begin{aligned}\lim_{x\to1}\frac{f(x)-4}{x^2-1}&=\lim_{x\to1}\frac{f(x)-4}{(x+1)(x-1)}\\&=\lim_{x\to1}\frac{f(x)-f(1)}{(x+1)(x-1)}\\&=\lim_{x\to1}\left\{\frac{f(x)-f(1)}{x-1}\times\frac{1}{x+1}\right\}\\&=f'(1)\times\frac{1}{2}\end{aligned}$$

이므로 $f'(1)\times\frac{1}{2}=4$에서 $f'(1)=8$

함수 $g(x)=(x^2+3x+1)f(x)$에서

$g'(x)=(2x+3)f(x)+(x^2+3x+1)f'(x)$

따라서

$g(1)=(1+3+1)\times f(1)=5\times4=20$

$$\begin{aligned}g'(1)&=(2+3)\times f(1)+(1+3+1)\times f'(1)\\&=20+40=60\end{aligned}$$

이므로 $g(1)+g'(1)=20+60=80$

29

정답 2

답안 예시

$f(x+y)=f(x)+f(y)+x^2y-xy^2-2xy$의 양변에

$x=0,\ y=0$을 대입하면

$f(0)=f(0)+f(0)+0$에서 $f(0)=0$

$$\begin{aligned}f'(x)&=\lim_{h\to0}\frac{f(x+h)-f(x)}{h}\\&=\lim_{h\to0}\frac{f(x)+f(h)+x^2h-xh^2-2xh-f(x)}{h}\\&=\lim_{h\to0}\frac{f(h)+x^2h-xh^2-2xh}{h}\\&=\lim_{h\to0}\left\{\frac{f(h)}{h}+x^2-xh-2x\right\}\\&=\lim_{h\to0}\frac{f(0+h)-f(0)}{h}+\lim_{h\to0}(x^2-xh-2x)\\&=f'(0)+x^2-2x\end{aligned}$$

$f'(1)=2$에서

$f'(1)=f'(0)+1-2=2,\ f'(0)=3$

따라서 $f'(x)=x^2-2x+3=(x-1)^2+2$이므로

함수 $f'(x)$의 최솟값은 2이다.

30

정답 8

답안 예시

$\lim_{x\to1}\frac{f(x)}{x-1}=6$에서 $\lim_{x\to1}(x-1)=0$이므로

$\lim_{x\to1}f(x)=0$

따라서 $f(1)=0$

$f(x)=2x^2+ax+b$에서

$f(1)=2+a+b=0$

$a+b=-2$ …… ㉠

$\lim_{x\to1}\frac{f(x)}{x-1}=\lim_{x\to1}\frac{f(x)-f(1)}{x-1}=f'(1)=6$

$f'(x)=4x+a$이므로

$f'(1)=4+a=6$에서 $a=2$ …… ㉡

㉠, ㉡에서 $a=2,\ b=-4$

따라서 $f(x)=2x^2+2x-4$이므로

$f(2)=8+4-4=8$

31

정 답 4

답안 예시

$$\lim_{x\to2}\frac{f(x)-f(2)}{x^3-8}=\lim_{x\to2}\frac{f(x)-f(2)}{(x-2)(x^2+2x+4)}$$

$$=\lim_{x\to2}\frac{f(x)-f(2)}{x-2}\times\lim_{x\to2}\frac{1}{x^2+2x+4}$$

$$=f'(2)\times\frac{1}{12}=2$$

이므로 $f'(2)=24$

따라서 $\frac{f'(2)}{6}=\frac{24}{6}=4$

32

정 답 7

답안 예시

$f(x)=(x+1)(x^3-4x+a)$에서

$f'(x)=(x^3-4x+a)+(x+1)(3x^2-4)$

$f'(1)=(a-3)+2\times(-1)=2$

따라서 $a=7$

33

정 답 21

답안 예시

함수 $h(x)=f(x)g(x)$라 하면

$$\lim_{x\to1}\frac{f(x)g(x)-f(1)g(1)}{x-1}=\lim_{x\to1}\frac{h(x)-h(1)}{x-1}=h'(1)$$

$h(x)=f(x)g(x)$이므로

$h'(x)=f'(x)g(x)+f(x)g'(x)$

$g(x)=x^2+4x$에서 $g'(x)=2x+4$

$g(1)=1+4=5$, $g'(1)=2+4=6$

따라서

$h'(1)=f'(1)g(1)+f(1)g'(1)=3\times5+1\times6=21$

34

정 답 23

답안 예시

$\lim_{x\to0}\frac{f(x)-2}{x}=5$에서 극한값이 존재하고 $x\to0$일 때

(분모)$\to0$이므로 (분자)$\to0$이어야 한다.

즉, $\lim_{x\to0}\{f(x)-2\}=0$에서 $f(0)=2$

$$\lim_{x\to0}\frac{f(x)-2}{x}=\lim_{x\to0}\frac{f(x)-f(0)}{x}=f'(0)=5$$

$\lim_{x\to3}\frac{g(x-3)-3}{x-3}=4$에서 $x-3=t$로 놓으면

$x\to3$일 때 $t\to0$

$\lim_{t\to0}\frac{g(t)-3}{t}=4$에서 극한값이 존재하고 $t\to0$일 때

(분모)$\to0$이므로 (분자)$\to0$이어야 한다.

즉, $\lim_{t\to0}\{g(t)-3\}=0$에서 $g(0)=3$

$$\lim_{t\to0}\frac{g(t)-3}{t}=\lim_{t\to0}\frac{g(t)-g(0)}{t}=g'(0)=4$$

$h(x)=f(x)g(x)$이므로

$h'(x)=f'(x)g(x)+f(x)g'(x)$

따라서

$h'(0)=f'(0)g(0)+f(0)g'(0)$

$=5\times3+2\times4$

$=23$

35

정 답 8

답안 예시

$\lim_{x\to2}\frac{g(x)-f(2)}{x^2-4}=1$에서

$x\to2$일 때 (분모)$\to0$이고 극한값이 존재하므로

(분자)$\to0$이어야 한다.

즉, $\lim_{x\to2}\{g(x)-f(2)\}=0$이고 $g(x)$는 다항함수이므로

$g(2)-f(2)=0$, $g(2)=f(2)=3$

$$\lim_{x\to2}\frac{g(x)-f(2)}{x^2-4}=\lim_{x\to2}\left\{\frac{g(x)-g(2)}{x-2}\times\frac{1}{x+2}\right\}$$

$$=\frac{1}{4}g'(2)$$

이므로 $\frac{1}{4}g'(2)=1$에서 $g'(2)=4$

$g(x)=(ax^2-3ax+7)f(x)$의 양변에 $x=2$를 대입하면

$g(2)=(-2a+7)f(2)$

$f(2)=g(2)\neq0$이므로

$1=-2a+7$, $a=3$

$g(x)=(3x^2-9x+7)f(x)$이므로

$g'(x)=(6x-9)f(x)+(3x^2-9x+7)f'(x)$의 양변에

$x=2$를 대입하면

$g'(2)=3f(2)+f'(2)=3\times3+f'(2)=4$에서

$f'(2)=-5$

따라서 $a-f'(2)=3-(-5)=8$

36

정답 9

답안 예시

이차함수 $f(x)$는 최고차항의 계수가 1이고 함수 $y=f(x)$의 그래프는 x축에 접하므로

$f(x)=(x-a)^2$ (a는 상수)라 하면

$f'(x)=2(x-a)$

$g(x)=(x-2)f'(x)=2(x-a)(x-2)$

$=2x^2-2(a+2)x+4a$

함수 $y=g(x)$의 그래프가 y축에 대하여 대칭이므로 x의 계수가 0이다. 즉, $a=-2$

따라서 $f(x)=(x+2)^2$이므로

$f(1)=3^2=9$

37

정답 40

답안 예시

조건 (가)에서 함수 $f(x)-2x^2$은 이차항의 계수가 3인 이차함수이고

조건 (나)에서 $\lim_{x\to 1}\{f(x)-2x^2\}=0$이므로

방정식 $f(x)-2x^2$은 $x=1$을 실근으로 갖는다.

즉, $f(x)-2x^2=3(x-1)(x-a)$ (a는 상수)라 하면

$$\lim_{x\to 1}\frac{f(x)-2x^2}{x^2-1}=\lim_{x\to 1}\frac{3(x-1)(x-a)}{x^2-1}$$

$$=\lim_{x\to 1}\frac{3(x-a)}{x+1}=\frac{3(1-a)}{2}=3$$

$\therefore\ a=-1$

$f(x)=2x^2+3(x-1)(x+1)=5x^2-3$

따라서 $f'(x)=10x$이므로 $f'(4)=40$

38

정답 7

답안 예시

두 함수 $f(x)$, $g(x)$의 최고차항의 계수가 1이고

$f(-x)=-f(x)$, $g(-x)=-g(x)$이므로 두 다항함수 $f(x)$, $g(x)$의 모든 항의 차수는 홀수이다.

두 홀수 m, n에 대하여 두 함수 $f(x)$, $g(x)$의 최고차항을 각각 x^m, x^n이라 하면, 두 도함수 $f'(x)$, $g'(x)$의 최고차항은 각각 mx^{m-1}, nx^{n-1}이다.

$\lim_{x\to\infty}\frac{f'(x)}{x^2g'(x)}=3$에서

$m-1=2+(n-1)$, 즉 $m=n+2$ …… ㉠

또, 최고차항의 계수의 비에서 $\frac{m}{n}=3$ …… ㉡

㉠, ㉡에서 $m=3$, $n=1$

$f(x)=x^3+ax$ (a는 상수), $g(x)=x$라 하면

$$\lim_{x\to 0}\frac{f(x)g(x)}{x^2}=\lim_{x\to 0}\frac{(x^3+ax)x}{x^2}$$

$$=\lim_{x\to 0}(x^2+a)=a=2$$

따라서 $f(x)=x^3+2x$, $g(x)=x$이므로

$f(1)+g(4)=3+4=7$

39

정답 4

답안 예시

$\lim_{x\to 2}\frac{f(x)-3}{x-2}=2$에서 $x\to 2$일 때 (분모)$\to 0$이므로 (분자)$\to 0$이어야 한다.

즉, $f(2)=3$

$$\lim_{x\to 2}\frac{f(x)-3}{x-2}=\lim_{x\to 2}\frac{f(x)-f(2)}{x-2}=f'(2)=2$$

또한, $\lim_{x\to 2}\frac{f(x)g(x)+3}{x-2}=10$에서 $x\to 2$일 때 (분모)$\to 0$이므로 (분자)$\to 0$이어야 한다.

즉, $f(2)g(2)=-3$

$\lim_{x\to 2}\frac{f(x)g(x)+3}{x-2}=\lim_{x\to 2}\frac{f(x)g(x)-f(2)g(2)}{x-2}$이고,

함수 $f(x)g(x)$의 $x=2$에서의 미분계수가 10이므로

$\{f(x)g(x)\}'=f'(x)g(x)+f(x)g'(x)$에서

$f'(2)g(2)+f(2)g'(2)=10$

즉, $f'(2)=2$, $f(2)=3$, $g(2)=-1$이므로

$2\times(-1)+3\times g'(2)=10$

따라서 $g'(2)=4$

40

정답 18

답안 예시

다항함수 $f(x)$의 최고차항을 px^n ($p\neq 0$, n은 자연수)라 하면 도함수 $f'(x)$의 최고차항은 pnx^{n-1}이므로

조건 (가)에 대입하여 최고차항을 비교하면

$(a+1)\times pnx^n$과 px^n이다.

$(a+1)pn=p$, $(a+1)n=1$

a는 정수, n은 자연수이므로 $a=0$, $n=1$

$f(x)=px+q$ (p, q는 상수, $p \neq 0$)으로 놓으면

조건 (가)에서 $x \times p = px+q$이므로 $q=0$

조건 (나)에서 $f(1)=p \times 1=3$이므로 $p=3$

따라서 $f(x)=3x$이므로

$f(6)=3 \times 6=18$

41

정 답 1

답안 예시

함수 $g(x)$가 실수 전체의 집합에서 미분가능하므로 $x=3$, $x=-1$에서도 미분가능하고 연속이어야 한다.

$g(x)=\begin{cases} 3 & (x \geq 3) \\ f(x) & (-1<x<3) \\ -1 & (x \leq -1) \end{cases}$ 에서

$f(3)=3$, $f(-1)=-1$

따라서 $f(3)-3=0$, $f(-1)+1=0$ ...... ㉠

$g'(x)=\begin{cases} 0 & (x \geq 3) \\ f'(x) & (-1<x<3) \\ 0 & (x \leq -1) \end{cases}$ 에서

$f'(3)=0$, $f'(-1)=0$ ...... ㉡

㉠에서 방정식 $f(x)-x=0$의 두 실근이 3, -1이므로

$f(x)-x=a(x-3)(x+1)(x+b)$ ($a \neq 0$)이라 하면

$f(x)=ax^3+a(b-2)x^2+(-3a-2ab+1)x-3ab$

함수 $f(x)$의 도함수 $f'(x)$는

$f'(x)=3ax^2+2a(b-2)x-3a-2ab+1$

㉡에서 방정식 $f'(x)=0$의 두 실근은 3, -1이므로

근과 계수의 관계에 의해

$$-\frac{2a(b-2)}{3a}=3+(-1),\quad \frac{-3a-2ab+1}{3a}=3 \times (-1)$$

즉, $a=-\frac{1}{8}$, $b=-1$이므로

$$f(x)=-\frac{1}{8}x^3+\frac{3}{8}x^2+\frac{9}{8}x-\frac{3}{8}$$

따라서 $g(1)=f(1)=1$

42

정 답 14

답안 예시

$f(x)=x^2+bx+c$ (b, c는 상수)라 하자.

조건 (가)에서

$$\lim_{x \to 1} \frac{g(x)-2f(x)}{x-1}$$

$$=\lim_{x \to 1} \frac{(x^2-x+a)f(x)-2f(x)}{x-1}$$

$$=\lim_{x \to 1} \frac{(x^2-x+a-2)f(x)}{x-1}$$

$\lim_{x \to 1}(x-1)=0$이므로

$\lim_{x \to 1}(x^2-x+a-2)f(x)=(a-2)f(1)=0$

따라서 $a=2$ 또는 $f(1)=0$

(i) $a \neq 2$라 하면 $f(1)=0$이어야 하므로

$c=-b-1$이고 $f(x)=(x-1)(x+b+1)$

$$\lim_{x \to 1} \frac{g(x)-2f(x)}{x-1}$$

$$=\lim_{x \to 1} \frac{(x^2-x+a-2)(x-1)(x+b+1)}{x-1}$$

$=(a-2)(b+2)=0$

이므로 $b=-2$, $f(x)=(x-1)^2$

$g'(x)=(2x-1)(x-1)^2+(x^2-x+a)(2x-2)$에서

$g'(1)=0$이므로 조건 (나)를 만족시키지 않는다.

(ii) $f(1) \neq 0$이라 하면 $a=2$이고

$$\lim_{x \to 1} \frac{g(x)-2f(x)}{x-1}=\lim_{x \to 1} \frac{x(x-1)f(x)}{x-1}$$

$=f(1)=0$

이므로 모순이다.

(i), (ii)에서 $a=2$이고 $f(1)=0$이며 $b \neq -2$

$f(x)=(x-1)(x+b+1)$에서

$f'(x)=2x+b$

$g(x)=(x^2-x+2)f(x)$에서

$g'(x)=(2x-1)f(x)+(x^2-x+2)f'(x)$

조건 (다)에서 $f(\alpha)=f'(\alpha)$이므로

$(\alpha-1)(\alpha+b+1)=2\alpha+b$ ...... ㉠

$g'(\alpha)=(2\alpha-1)f(\alpha)+(\alpha^2-\alpha+2)f'(\alpha)$

$g'(\alpha)=3f'(\alpha)$이므로

$(2\alpha-1)f'(\alpha)+(\alpha^2-\alpha+2)f'(\alpha)=3f'(\alpha)$

$(\alpha^2+\alpha-2)f'(\alpha)=0$

$(\alpha+2)(\alpha-1)(2\alpha+b)=0$

따라서 $\alpha=-2$ 또는 $\alpha=1$ 또는 $\alpha=-\frac{b}{2}$

이때 $\alpha=1$ 또는 $\alpha=-\frac{b}{2}$이면

㉠에서 $b=-2$이므로 $b \neq -2$인 것에 모순이다.

즉, $\alpha=-2$이므로 ㉠에서 $b=\frac{7}{4}$이고

$$g(x)=(x^2-x+2)(x-1)\left(x+\frac{11}{4}\right)$$

따라서

$$g(\alpha-1)=g(-3)=14 \times (-4) \times \left(-\frac{1}{4}\right)=14$$

03 도함수의 활용

문제 p. 148

01

정답 -2

답안 예시

$y=-2x^3+4x+3$에서 $y'=-6x+4$

점 $(1,\ 5)$에서의 접선의 기울기는 $-6+4=-2$

02

정답 10

답안 예시

$y=x^3+x^2-\frac{1}{x^2}-\frac{1}{x^3}$에서 $y=x^3+x^2-x^{-2}-x^{-3}$

$y'=3x^2+2x+2x^{-3}+3x^{-4}$

점 $(1,\ 0)$에서의 접선의 기울기는 $3+2+2+3=10$

03

정답 7

답안 예시

$y=2x^2-x+5$에서 $y'=4x-1$

점 $(a,\ b)$에서의 접선의 기울기가 3이므로

$4a-1=3,\ a=1$

점 $(a,\ b)$는 $y=2x^2-x+5$ 위의 점이므로

$b=2\times1^2-1+5=6$

따라서 $a+b=7$

04

정답 7

답안 예시

$f(x)=x^3+px^2-q$로 놓으면 $f'(x)=3x^2+2px$

곡선 $y=f(x)$ 위의 점 $(2,\ -4)$에서 접선이 원점을 지나므로

$x=2$에서 접선의 기울기는 $\frac{-4-0}{2-0}=-2$

즉, $f'(2)=-2$이므로 $f'(2)=12+4p=-2$

$\therefore\ p=-\frac{7}{2}$

곡선 $f(x)=x^3-\frac{7}{2}x^2-q$가 점 $(2,\ -4)$를 지나므로

$f(2)=-4$

$-4=8-14-q\quad\therefore\ q=-2$

따라서 $pq=-\frac{7}{2}\times(-2)=7$

05

정답 20

답안 예시

$y=x^3-5x+3$에서 $y'=3x^2-5$

점 $(2,\ 1)$에서의 접선의 기울기는

$m=3\times2^2-5=7$

기울기가 7이고 점 $(2,\ 1)$을 지나는 접선의 방정식은

$y=7(x-2)+1$, 즉 $y=7x-13$이므로

$m=7,\ n=-13$

따라서 $m-n=7-(-13)=20$

06

정답 2

답안 예시

함수 $f(x)$는 최고차항의 계수가 1인 삼차함수이므로

$f(x)=x^3+ax^2+bx+c$ ($a,\ b,\ c$는 상수)라 하자.

이때 곡선 $y=f(x)$는 두 점 $(2,\ 7)$, $(-1,\ 1)$을 지나므로

$f(2)=7,\ f(-1)=1$을 만족한다.

$f(2)=8+4a+2b+c=7$에서 $4a+2b+c=-1$ …… ㉠

$f(-1)=-1+a-b+c=1$에서 $a-b+c=2$ …… ㉡

곡선 $y=f(x)$ 위의 점 $(2,\ 7)$에서의 접선의 기울기는 $f'(2)$이다.

$f'(x)=3x^2+2ax+b$이므로 $f'(2)=12+4a+b$

곡선 $y=f(x)$ 위의 점 $(2,\ 7)$에서의 접선이 점 $(-1,\ 1)$을 지나므로 접선의 기울기는 두 점 $(2,\ 7)$, $(-1,\ 1)$을 지나는 직선의 기울기인 2와 같다.

따라서 $12+4a+b=2$에서 $4a+b=-10$ …… ㉢

㉠−㉡을 하면 $3a+3b=-3,\ a+b=-1$ …… ㉣

㉢, ㉣을 연립하여 풀면 $a=-3,\ b=2$

따라서 $f'(x)=3x^2-6x+2$이므로

$f'(2)=12-12+2=2$

07

정답 32

답안 예시

함수 $f(x)$는 최고차항의 계수가 1인 삼차함수이고

$f(0)=2$이므로

$f(x)=x^3+ax^2+bx+2$ (단, $a,\ b$는 상수) …… ㉠

$\lim_{x\to1}\frac{f(x)-x^2}{x-1}=-3$에서 극한값이 존재하고 $x\to1$일 때

(분모) $\to0$이므로 (분자) $\to0$이다.

즉, $\lim_{x\to1}\{f(x)-x^2\}=f(1)-1=0$에서 $f(1)=1$

㉠에 $x=1$을 대입하면

$1+a+b+2=1,\ b=-a-2$ ...... ㉡

이때 ㉠, ㉡을 주어진 극한식에 대입하면

$$\lim_{x\to1}\frac{f(x)-x^2}{x-1}=\lim_{x\to1}\frac{x^3+ax^2+(-a-2)x+2-x^2}{x-1}$$
$$=\lim_{x\to1}\frac{x^3+(a-1)x^2-(a+2)x+2}{x-1}$$
$$=\lim_{x\to1}\frac{(x-1)(x^2+ax-2)}{x-1}$$
$$=\lim_{x\to1}(x^2+ax-2)=a-1=-3$$

따라서 $a=-2$이고 ㉡에 대입하면 $b=0$

$f(x)=x^3-2x^2+2$에서 $f'(x)=3x^2-4x$이므로

곡선 $y=f(x)$ 위의 점 $(4,\ f(4))$에서의 접선의 기울기는

$f'(4)=48-16=32$

08

정 답 10

답안 예시

$f(x)=x^4+2x^2+a$라 하자.

곡선 $y=f(x)$ 위의 점 $(t,\ f(t))$에서의 접선의 기울기는

$f'(t)=4t^3+4t=8,\ 4(t-1)(t^2+t+2)=0$

이때 모든 실수 t에 대하여

$t^2+t+2=\left(t+\frac{1}{2}\right)^2+\frac{7}{4}>0$이므로 $t=1$

$f(x)=x^4+2x^2+a$에 $x=1$을 대입하면

$f(1)=1+2+a=a+3$

즉, 접점의 좌표는 $(1,\ a+3)$이다.

접선의 방정식은 $y=8x+5$이므로 $a+3=8+5$

따라서 $a=10$

09

정 답 4

답안 예시

$f(x)=x^3-ax$에서 $f'(x)=3x^2-a$

곡선 $y=f(x)$ 위의 점 $(t,\ t^3-at)$에서의 접선의 기울기는 $f'(t)=3t^2-a$이므로 접선의 방정식은

$y-(t^3-at)=(3t^2-a)(x-t)$이고,

이 접선이 점 $(0,\ 2)$를 지나므로

$2-t^3+at=-3t^3+at$

$2t^3=-2,\ t^3=-1,\ t=-1$

접선의 기울기는 1이므로

$f'(-1)=3-a=1,\ a=2$

따라서 $f(x)=x^3-2x$이므로

$f(a)=f(2)=2^3-2\times2=4$

10

정 답 4

답안 예시

$f(x)=\frac{1}{3}x^3-2x^2+3x+\frac{4}{3}$로 놓으면

$f'(x)=x^2-4x+3$

점 $(a,\ b)$에서의 접선의 기울기는 $f'(a)=a^2-4a+3$

이때 직선 $2x-2y+6=0$의 기울기는 1이고

이 직선과 점 $(a,\ b)$에서의 접선이 수직이므로

$(a^2-4a+3)\times1=-1,\ a^2-4a+4=0$

$(a-2)^2=0$

$\therefore\ a=2$

점 $(2,\ b)$가 곡선 $y=\frac{1}{3}x^3-2x^2+3x+\frac{4}{3}$ 위의 점이므로

$b=\frac{1}{3}\times2^3-2\times2^2+3\times2+\frac{4}{3}$

$b=2$

따라서 $a=2,\ b=2$이므로 $a+b=4$

11

정 답 25

답안 예시

함수 $y=x^3+2$의 그래프와 원점을 지나는 기울기가 k인 직선을 그려 보면 그림과 같다.

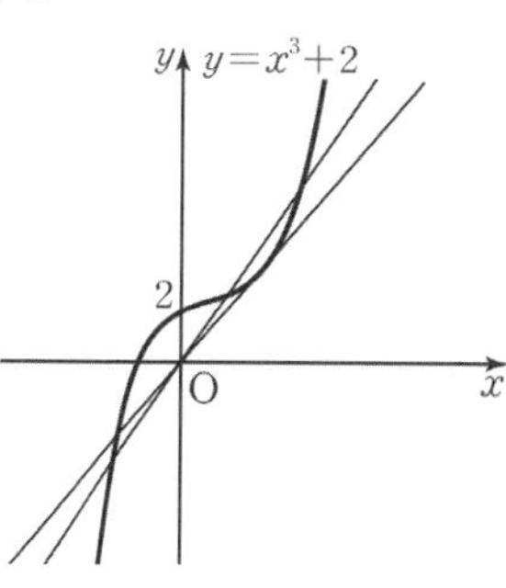

함수 $y=x^3+2$의 그래프와 직선 $y=kx$ $(k>0$일 때)는 제3사분면에서 항상 1개의 교점을 갖는다.

함수 $y=x^3+2$의 그래프와 직선 $y=kx$가 접하는 경우 그 접점의 좌표를 $(t,\ t^3+2)$라 할 때,

접선의 방정식은 $y-(t^3+2)=3t^2(x-t)$이고,

이 접선이 원점을 지나므로

$-t^3-2=-3t^3,\ t^3=1$

t는 실수이므로 $t=1$이고 접점의 좌표는 $(1,\ 3)$이다.
원점을 지나는 접선의 기울기가 3이므로 $f(3)=2$
$k<3$인 경우 $f(1)=1,\ f(2)=1$
$k>3$인 경우 $f(k)=3$
따라서

$$\sum_{k=1}^{10} f(k)=f(1)+f(2)+f(3)+f(4)+f(5)+f(6)+\cdots+f(10)$$
$$=1+1+2+3\times 7=25$$

12

정 답 3

답안 예시

점 P에서의 접선의 기울기와 점 Q에서의 기울기가 같으려면 점 Q의 x좌표의 범위는 $x \geq 0$이어야 한다.
$x<0$일 때, $f'(x)=3x^2$이므로 $f'(-1)=3$이고
$12x^2=3,\ 4x^2=1$에서 $x=\frac{1}{2}$ 또는 $x=-\frac{1}{2}$이므로
접선의 기울기가 같은 점 Q의 x좌표는 $\frac{1}{2}$이어야 한다.
점 $\mathrm{P}(-1,\ -1)$에서의 접선의 방정식은
$y=3(x+1)-1,\ y=3x+2$이고,
점 $\mathrm{Q}\left(\frac{1}{2},\ \frac{1}{2}+k\right)$에서의 접선의 방정식은
$y=3\left(x-\frac{1}{2}\right)+\frac{1}{2}+k,\ y=3x-1+k$
따라서 두 접선의 방정식이 같으므로
$2=-1+k,\ k=3$

13

정 답 7

답안 예시

$f(x)=x^3-2kx+4$에서 $f'(x)=3x^2-2k$
$\frac{f(3)-f(-2)}{3-(-2)}=f'(c)$에서
$\frac{f(3)-f(-2)}{3-(-2)}=\frac{(3^3-6k+4)-\{(-2)^3+4k+4\}}{5}=7-2k$
$f'(c)=3c^2-2k$
이때 $7-2k=3c^2-2k$이므로 $c^2=\frac{7}{3}$
따라서 $3\times c_1\times c_2=3\times\frac{7}{3}=7$

14

정 답 7

답안 예시

$y=x^3+3$에서 $y'=3x^2$
접점의 좌표를 $(t,\ t^3+3)$이라 하면 접선의 방정식은
$y=3t^2(x-t)+t^3+3$이고,
이 접선이 점 $(1,\ a)$를 지나므로
$a=-2t^3+3t^2+3$ …… ㉠
$f(t)=-2t^3+3t^2+3$이라 하면
$f'(t)=-6t^2+6t=-6t(t-1)$
$f'(t)=0$에서 $t=0$ 또는 $t=1$
함수 $f(t)$의 증가와 감소를 표로 나타내면 다음과 같다.

t	$\cdots$	0	$\cdots$	1	$\cdots$
$f'(t)$	$-$	0	$+$	0	$-$
$f(t)$	↘	3	↗	4	↘

따라서 함수 $y=f(t)$의 그래프와 직선 $y=a$가 서로 다른 두 점에서 만날 때, ㉠은 서로 다른 두 실근을 갖고 접선을 2개 그을 수 있다.
따라서 구하는 a의 값은 3과 4이고, 그 합은 7이다.

15

정 답 8

답안 예시

[STEP 1] 두 점 Q, R의 좌표를 각각 t로 나타내어 $f(t)$를 구한다.
$y=x^2$에서 $y'=2x$
$\mathrm{R}(t,\ 0)$이고, 점 $\mathrm{P}(t,\ t^2)$에서의 접선 l의 방정식은
$y=2t(x-t)+t^2$, 즉 $y=2tx-t^2$
접선 l의 x절편은 $\frac{t}{2}$이므로 $\mathrm{Q}\left(\frac{t}{2},\ 0\right)$
$\overline{\mathrm{QR}}=\frac{t}{2},\ \overline{\mathrm{PR}}=t^2$
따라서 삼각형 PQR의 넓이는
$f(t)=\frac{1}{2}\times\overline{\mathrm{QR}}\times\overline{\mathrm{PR}}=\frac{1}{2}\times\frac{t}{2}\times t^2=\frac{1}{4}t^3$

[STEP 2] 점 A의 좌표를 t로 나타내고 $g(t)$를 구한다.
$x>0$일 때, 두 곡선 $y=x^2$, $y=\sqrt{x}$는 직선 $y=x$에 대하여 대칭이다.
두 점 P와 A는 각각 두 곡선 위의 점이고, 기울기가 -1인 직선 위에 있으므로 직선 $y=x$에 대하여 대칭이다.
따라서 점 $\mathrm{P}(t,\ t^2)$의 $y=x$에 대한 대칭점은 $\mathrm{A}(t^2,\ t)$이다.

한 변의 길이가 $t-t^2$인 정사각형 PCAB의 넓이는

$g(t)=\overline{AB}^2=(t-t^2)^2=t^2(1-t)^2$

따라서

$$\lim_{t\to0+}\frac{2t\times g(t)}{f(t)}=\lim_{t\to0+}\frac{2t\times t^2(1-t)^2}{\frac{1}{4}t^3}$$
$$=8\lim_{t\to0+}(1-t)^2=8$$

16

정 답 2

답안 예시

$f(x)=x^2-4x-4$는 닫힌구간 $[-2, 6]$에서

$f(-2)=f(6)=8$이므로 롤의 정리를 만족시킨다.

$f'(x)=2x-4$에서 $f'(c)=2c-4=0$

$c=2$

17

정 답 $\sqrt{3}$

답안 예시

$f(x)=x^3-9x$는 닫힌구간 $[0, 3]$에서

$f(0)=f(3)=0$이므로 롤의 정리를 만족시킨다.

$f'(x)=3x^2-9$에서 $f'(c)=3c^2-9=0$

$c^2=3$

$c=\sqrt{3}$ ($\because 0\le c\le 3$)

18

정 답 $-\frac{5}{2}$

답안 예시

$f(x)=-2x^2-12x-10$이므로 닫힌구간 $[-4, -1]$에서 평균값 정리에 의하여

$$\frac{f(-1)-f(-4)}{-1-(-4)}=\frac{0-6}{3}=-2=f'(c)$$

인 c가 -4와 -1 사이에 적어도 하나 존재한다.

$f'(x)=-4x-12$이므로

$-4c-12=-2$, $c=-\frac{5}{2}$

19

정 답 3

답안 예시

$f(x)=x^2-5x+1$이므로 닫힌구간 $[0, 6]$에서 평균값 정리에 의하여

$$\frac{f(6)-f(0)}{6-0}=\frac{7-1}{6}=1=f'(c)$$

인 c가 0과 6 사이에 적어도 하나 존재한다.

$f'(x)=2x-5$이므로

$2c-5=1$, $c=3$

20

정 답 4

답안 예시

$f(x)=-x^2+ax+2$는 닫힌구간 $[0, b]$에서 롤의 정리를 만족시키는 상수 1이 존재하므로

$f'(x)=-2x+a$에서 $f'(1)=-2+a=0$, $a=2$

$f(0)=f(b)$이므로 $-b^2+2b+2=2$

$b^2-2b=b(b-2)=0$이므로 $b=2$ ($\because b>1$)

따라서 $a+b=4$

21

정 답 5

답안 예시

$f(x)=2x^2-6x+7$이므로 닫힌구간 $[3, k]$에서 평균값 정리를 만족시키는 상수 4가 존재하므로

$$\frac{f(k)-f(3)}{k-3}=\frac{2k^2-6k}{k-3}=2k=f'(4)$$

$f'(x)=4x-6$이므로 $f'(4)=10$

$2k=10$, $k=5$

22

정 답 2

답안 예시

$f(x)=x^3-3x^2+4$라 하자.

$f'(x)=3x^2-6x$는 $x=0$, $x=2$에서 각각 극댓값과 극솟값을 갖는다.

$f(2)=0$이므로 함수 $f(x)$는 $x=2$에서 x축에 접한다.

따라서 $f(x)=0$은 서로 다른 두 실근을 갖는다.

23

정답 58, -50

답안 예시

$f(x)=x^3-27x+4-k$라 하자.

$f'(x)=3x^2-27$은 $x=-3$, $x=3$에서 각각 극댓값과 극솟값을 갖는다.

극댓값과 극솟값에서의 함숫값이 0이면 x축과 접하므로 서로 다른 두 실근을 갖게 된다.

$f(-3)=-27+81+4-k=0$, $k=58$

$f(3)=27-81+4-k=0$, $k=-50$

따라서 $k=58$ 또는 $k=-50$

24

정답 $0<k<4$

답안 예시

$f(x)=x^3-3x+2$라 하자.

$f'(x)=3x^2-3$은 $x=-1$, $x=1$에서 각각 극댓값과 극솟값을 갖는다.

$f(-1)=4$, $f(1)=0$

따라서 서로 다른 세 점에서 만나도록 하는 실수 k의 값의 범위는 $0<k<4$이다.

25

정답 $a<-27$, $5<a$

답안 예시

$f(x)=x^3-3x^2-9x-a$라 하자.

$f'(x)=3x^2-6x-9$는 $x=-1$, $x=3$에서 각각 극댓값과 극솟값을 갖는다.

$f(-1)=5-a$, $f(3)=-27-a$

$f(x)=0$에 대하여 하나의 근을 가지려면 $f(-1)<0$이거나 $f(3)>0$이어야 한다.

따라서 $a<-27$, $5<a$

26

정답 $-\frac{13}{2}$

답안 예시

$f(x)=x^3-\frac{3}{2}x^2-6x-a$라 하자.

$f'(x)=3x^2-3x-6$은 $x=-1$, $x=2$에서 각각 극댓값과 극솟값을 갖는다.

$f(-1)=-1-\frac{3}{2}+6-a=\frac{7}{2}-a$

$f(2)=8-6-12-a=-10-a$

$f(x)=0$이 서로 다른 두 실근을 갖도록 하려면 $f(-1)=0$이거나 $f(2)=0$이어야 한다.

따라서 a의 값의 합은 $-\frac{13}{2}$이다.

27

정답 48

답안 예시

$f(x)=x^4-32x+a$라 하자.

모든 실수 x에 대하여 $f(x)\ge 0$이 성립하려면 함수 $f(x)$의 극솟값이 0 이상이어야 한다.

$f'(x)=4x^3-32$는 $x=2$에서 극솟값을 갖는다.

$f(2)\ge 0$

$\therefore a\ge 48$

따라서 a의 최솟값은 48이다.

28

정답 -17

답안 예시

$f(x)=x^3-12x-a$라 하자.

$f'(x)=3x^2-12$는 $x=-2$, $x=2$에서 각각 극댓값과 극솟값을 갖는다.

$f(x)>0$이 성립하도록 하려면 $f(2)>0$이어야 한다.

$f(2)=-16-a>0$, $a<-16$

따라서 정수 a의 최댓값은 -17이다.

29

정답 -3

답안 예시

$f(x)-g(x)=x^4+4x-a$

모든 실수 x에 대하여 $x^4+4x-a\ge 0$이기 위해서는 x^4+4x-a의 극솟값이 0 이상이어야 한다.

$f'(x)=4x^3+4=4(x+1)(x^2-x+1)$

$x=-1$에서 극솟값을 가지므로

$1-4-a\ge 0$이어야 한다.

$\therefore a\le -3$

따라서 a의 최댓값은 -3이다.

30

정답 13

답안 예시

$f(x)=x^3-\frac{3}{2}x^2-6x+2-k$라 하면

$f'(x)=3x^2-3x-6=3(x^2-x-2)=3(x+1)(x-2)$

$f'(x)=0$에서 $x=-1$ 또는 $x=2$

삼차방정식 $f(x)=0$이 서로 다른 세 실근을 가지려면

$f(-1)f(2)<0$이어야 하므로

$\left(\frac{11}{2}-k\right)(-8-k)<0$, $-8<k<\frac{11}{2}$

따라서 모든 정수 k의 개수는 13이다.

31

정답 $-\frac{2}{9}$

답안 예시

함수 $y=g(x)$가 함수 $y=f(x)$의 역함수이고,

함수 $y=f(x)$의 그래프와 함수 $y=g(x)$의 그래프가 서로 다른 두 점에서 만나므로 함수 $y=f(x)$의 그래프와 직선 $y=x$가 서로 다른 두 점에서 만난다.

함수 $y=f(x)$의 그래프와 직선 $y=x$가 서로 다른 두 점에서 만나기 위해서는 한 점에서 접해야 한다.

함수 $y=f(x)$의 그래프와 직선 $y=x$의 접점의 x좌표를 k라 하면

$f(k)=k$이므로 $\frac{2}{3}k^3+a=k$, $a=-\frac{2}{3}k^3+k$

$f'(k)=1$이므로 $f'(x)=2x^2$에서 $2k^2=1$, $k=\pm\frac{1}{\sqrt{2}}$

$k=\frac{1}{\sqrt{2}}$일 때, $a=\frac{1}{\sqrt{2}}-\frac{1}{3\sqrt{2}}=\frac{2}{3\sqrt{2}}$

$k=-\frac{1}{\sqrt{2}}$일 때, $a=-\frac{1}{\sqrt{2}}+\frac{1}{3\sqrt{2}}=-\frac{2}{3\sqrt{2}}$

따라서 모든 상수 a의 값의 곱은

$\left(\frac{2}{3\sqrt{2}}\right)\times\left(-\frac{2}{3\sqrt{2}}\right)=-\frac{2}{9}$

32

정답 11

답안 예시

삼차방정식 $x^3-3x+8-2k=0$에서 $x^3-3x+8=2k$

$h(x)=x^3-3x+8$, $g(x)=2k$라 하면

주어진 방정식의 실근은 두 함수 $h(x)$와 $g(x)$의 그래프의 교점의 좌표이다.

$h'(x)=3x^2-3=3(x^2-1)=3(x+1)(x-1)$

$h'(x)=0$에서 $x=-1$ 또는 $x=1$

방정식 $h(x)=g(x)$의 실근의 개수가 $f(k)$이므로

두 함수 $y=h(x)$와 $y=g(x)$의 그래프의 교점의 개수를 구하면

$f(4)=3$, $f(1)=f(2)=f(6)=f(7)=1$,

$f(3)=f(5)=2$

따라서 $\sum_{k=1}^{7}f(k)=1\times4+2\times2+3\times1=11$

33

정답 8

답안 예시

$f(x)=x^4-4x-a^2+a+15$라 하면

$f'(x)=4x^3-4=4(x-1)(x^2+x+1)$

함수 $f(x)$는 $x=1$에서 극소이면서 최소이므로 최솟값은

$f(1)=-a^2+a+12$

모든 실수 x에 대하여 $f(x)\ge0$이 성립하려면

$-a^2+a+12\ge0$, $a^2-a-12\le0$

$(a+3)(a-4)\le0$, $-3\le a\le4$

따라서 조건을 만족시키는 정수 a의 값은

$-3, -2, -1, 0, 1, 2, 3, 4$이므로 정수 a의 개수는 8이다.

34

정답 -9

답안 예시

$f(x)=2x^3+9x^2-24x+4$에서

$f'(x)=6x^2+18x-24=6(x+4)(x-1)$

$f'(x)=0$에서 $x=-4$ 또는 $x=1$

함수 $f(x)$는 $x=1$에서 극솟값을 가지므로

$f(1)=2+9-24+4=-9$

35

정답 17

답안 예시

$f(x)=x^3-\frac{15}{2}x^2+18x+1$에서

$f'(x)=3x^2-15x+18=3(x-2)(x-3)$

$f'(x)=0$에서 $x=2$ 또는 $x=3$

함수 $f(x)$는 $x=2$에서 극댓값을 가지므로

$\alpha=2$, $M=f(2)=8-30+36+1=15$

따라서 $\alpha+M=2+15=17$

36

정답 6

답안 예시

$f(x)=-x^3+12x+3$에서

$f'(x)=-3x^2+12=-3(x+2)(x-2)$

$f'(x)=0$에서 $x=-2$ 또는 $x=2$

함수 $f(x)$는 $x=-2$에서 극솟값, $x=2$에서 극댓값을 갖는다.

$f(-2)=-13$, $f(2)=19$이므로

$a=-13$, $b=19$

따라서 $a+b=6$

37

정답 2

답안 예시

$f(x)=x^3+ax^2+(a^2-2a)x+8$에서

$f'(x)=3x^2+2ax+(a^2-2a)$

함수 $f(x)$가 극값을 가지려면 $f'(x)=0$이 서로 다른 두 실근을 가져야 하므로 이차방정식

$3x^2+2ax+(a^2-2a)=0$의 판별식을 D라 하면

$\frac{D}{4}=a^2-3(a^2-2a)>0$

$a^2-3a<0$, $a(a-3)<0$

$0<a<3$이므로 정수 a의 값은 1, 2이다.

따라서 주어진 함수가 극값을 갖도록 하는 정수 a의 개수는 2이다.

38

정답 14

답안 예시

$f(x)=-x^3+3x^2+5$에서

$f'(x)=-3x^2+6x=-3x(x-2)$

$f'(x)=0$에서 $x=0$ 또는 $x=2$

닫힌구간 $[1, 3]$에서 함수 $f(x)$는 $x=2$일 때 최댓값 9, $x=3$일 때 최솟값 5를 갖는다.

따라서 $M=9$, $m=5$이므로

$M+m=9+5=14$

39

정답 581

답안 예시

함수 $f(x)$가 $x=k$에서 극값을 가지므로 $f'(k)=0$이 성립한다.

$f(x)=x^3-kx^2+2kx+7$

$f'(x)=3x^2-2kx+2k$

$f'(k)=3k^2-2k^2+2k=k(k+2)=0$에서

$k=0$ 또는 $k=-2$

(i) $k=0$이면

$f'(x)=3x^2\geq 0$이므로 함수 $f(x)$는 증가하고 극값을 갖지 않는다.

(ii) $k=-2$이면

$f'(x)=3x^2+4x-4=(x+2)(3x-2)=0$에서

$x=-2$ 또는 $x=\frac{2}{3}$

따라서 극댓값과 극솟값의 합은

$f(-2)+f\left(\frac{2}{3}\right)=15+\frac{149}{27}=\frac{554}{27}$

$p=27$, $q=554$이므로

$p+q=27+554=581$

40

정답 5

답안 예시

$f(x)=2x^3-3ax^2+(2a^2-3a)x+3$에서

$f'(x)=6x^2-6ax+(2a^2-3a)$

함수 $f(x)$가 극값을 가지려면 $f'(x)=0$이 서로 다른 두 실근을 가져야 하므로 이차방정식

$6x^2-6ax+(2a^2-3a)=0$의 판별식을 D라 하면

$\frac{D}{4}=9a^2-6(2a^2-3a)>0$

$-3a^2+18a>0$, $3a(a-6)<0$

$0<a<6$이므로 정수 a의 값은 1, 2, 3, 4, 5이다.

따라서 주어진 함수가 극값을 갖도록 하는 정수 a의 개수는 5이다.

41

정답 30

답안 예시

$f(x)=x^3-3x^2-9x+a$에서

$f'(x)=3x^2-6x-9=3(x+1)(x-3)$

$f'(x)=0$에서 $x=-1$ 또는 $x=3$

함수 $f(x)$는 $x=3$에서 극솟값을 가지므로

$f(3)=27-27-27+a=3$

따라서 $a=30$

42

정답 -8

답안 예시

$f(x)=-x^3+3x^2+8$에서

$f'(x)=-3x^2+6x=-3x(x-2)$

$f'(x)=0$에서 $x=0$ 또는 $x=2$

닫힌구간 $[0, 4]$에서 함수 $f(x)$는 $x=4$일 때 최솟값을 갖는다.

따라서 $f(4)=-8$

43

정답 4

답안 예시

$f(x)=x^3-6x^2+4$에서

$f'(x)=3x^2-12x=3x(x-4)$

$f'(x)=0$에서 $x=0$ 또는 $x=4$

닫힌구간 $[-1, 4]$에서 함수 $f(x)$는 $x=0$일 때 최댓값을 갖는다.

따라서 $f(0)=4$

44

정답 79

답안 예시

$f(x)=-x^3+3x^2+9x+a$에서

$f'(x)=-3x^2+6x+9=-3(x+1)(x-3)$

$f'(x)=0$에서 $x=-1$ 또는 $x=3$

닫힌구간 $[-2, 6]$에서 함수 $f(x)$는 $x=6$일 때 최솟값 $a-54$를 가지므로

$a-54=-2$, 즉 $a=52$

따라서 닫힌구간 $[-2, 6]$에서 함수 $f(x)$의 최댓값은 $x=3$일 때, $a+27=52+27=79$

45

정답 64

답안 예시

$f(x)=x^3-\frac{15}{2}x^2+18x+a$에서

$f'(x)=3x^2-15x+18=3(x-2)(x-3)$

$f'(x)=0$에서 $x=2$ 또는 $x=3$

닫힌구간 $[-2, 3]$에서 함수 $f(x)$는 $x=-2$일 때 최솟값 $a-74$를 가지므로

$a-74=-24$, 즉 $a=50$

따라서 닫힌구간 $[-2, 3]$에서 함수 $f(x)$의 최댓값은 $x=2$일 때, $a+14=50+14=64$

46

정답 9

답안 예시

$f(x)=x^3-3x^2+a$에서

$f'(x)=3x^2-6x=3x(x-2)$

$f'(x)=0$에서 $x=0$ 또는 $x=2$

$f(-1)=(-1)^3-3\times(-1)^2+a=a-4$

$f(4)=4^3-3\times4^2+a=a+16$

닫힌구간 $[-1, 4]$에서 함수 $f(x)$의 최댓값은 $a+16$, 최솟값은 $a-4$이므로

최댓값과 최솟값의 합은

$(a+16)+(a-4)=2a+12=30$

따라서 $a=9$

47

정답 28

답안 예시

$f(x)=x^3+3x^2+4$에서

$f'(x)=3x^2+6x=3x(x+2)$

$f'(x)=0$에서 $x=0$ 또는 $x=-2$

닫힌구간 $[-2, 2]$에서 최댓값은 $f(2)$, 최솟값은 $f(0)$이다.

$f(2)=24$, $f(0)=4$이므로

최댓값과 최솟값의 합은 28이다.

48

정답 9

답안 예시

조건 (가)에서 $g(2)=g'(2)$이고 조건 (나)에서 $x=2$에서 극솟값을 가지므로

$g(2)=g'(2)=0$

$g(x)$는 $x=-2$, $x=0$, $x=2$에서 극솟값을 가지므로 그래프의 개형은 그림과 같다.

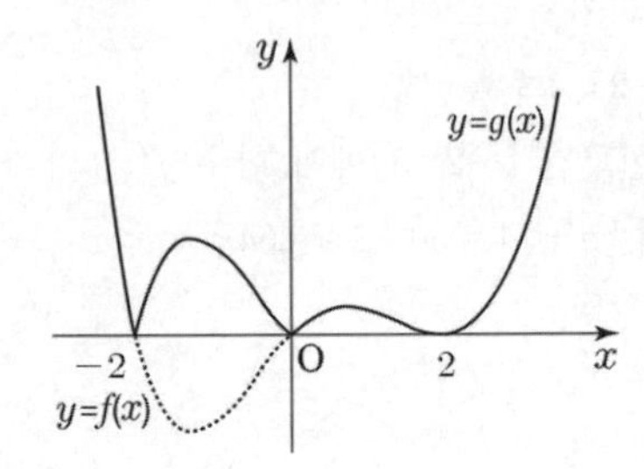

따라서 $f(x)=(x-2)^2x(x+2)$이고,

$g(x)=|(x-2)^2x(x+2)|$이므로

$g(-1)=|(-3)^2\times(-1)\times1|=9$

49

정답 $-6\le a\le 6$

답안 예시

$f'(x)\ge0$인 구간에서 함수 $f(x)$는 증가한다.

$f(x)=2x^3+ax^2+6x+3$에서

$f'(x)=6x^2+2ax+6$

$f'(x)\ge0$을 만족시키려면 $a^2-36\le0$이다.

따라서 조건을 만족시키는 a의 값의 범위는 $-6\le a\le 6$이다.

50

정답 27

답안 예시

점 $A(t,\ 2t^2+1)$로 놓으면 두 점 $P(2,\ 0)$, $Q(5,\ 0)$에 대하여

$$\overline{AP}^2+\overline{AQ}^2=(t-2)^2+(t-5)^2+2(2t^2+1)^2$$
$$=8t^4+10t^2-14t+31$$

$f(t)=8t^4+10t^2-14t+31$로 놓으면

$f'(t)=32t^3+20t-14=2(2t-1)(8t^2+4t+7)$

$f'(t)=0$에서 $t=\frac{1}{2}$

함수 $f(t)$의 증가와 감소를 나타내면 다음 표와 같다.

t	$\cdots$	$\frac{1}{2}$	$\cdots$
$f'(t)$	$-$	0	$+$
$f(t)$	↘	극소	↗

따라서 $f(t)$는 $t=\frac{1}{2}$일 때, 극소이면서 최소이므로 최솟값은 $f\left(\frac{1}{2}\right)=27$

51

정답 8

답안 예시

방정식 $f'(x)=0$의 두 실근이 α, β이므로

$f'(\alpha)=f'(\beta)=0$

따라서 $f(\alpha)$, $f(\beta)$는 삼차함수 $f(x)$의 극값이다.

조건 (나)에서 두 점 $(\alpha,\ f(\alpha))$, $(\beta,\ f(\beta))$ 사이의 거리가 10이므로

$\sqrt{(\beta-\alpha)^2+\{f(\beta)-f(\alpha)\}^2}=10$

$(\beta-\alpha)^2+\{f(\beta)-f(\alpha)\}^2=10^2$

$6^2+\{f(\beta)-f(\alpha)\}^2=10^2$

$\{f(\beta)-f(\alpha)\}^2=10^2-6^2=8^2$

$|f(\beta)-f(\alpha)|=8$

따라서 삼차함수 $f(x)$의 극댓값과 극솟값의 차는 8이다.

52

정답 10

답안 예시

$\frac{dx}{dt}=6t-2$이므로

$t=2$에서의 속도는 10이다.

53

정답 16

답안 예시

$\frac{d^2x}{dt^2}=6t-2$이므로

$t=3$에서의 가속도는 16이다.

54

정답 6

답안 예시

$\frac{dx}{dt}=-t^2+8t-12=-(t-2)(t-6)$

두 번째로 운동 방향을 바꾸는 시각은 $t=6$일 때이다.

55

정답 12

답안 예시

수직선 위의 점 P의 시각 t에서의 위치가 $x=-t^2+8t$이므로 속도 v는

$v=\frac{dx}{dt}=-2t+8$

속도가 4이므로 $-2t+8=4$에서 $t=2$

따라서 시각 $t=2$에서의 점 P의 위치는

$-2^2+8\times2=12$

56

정답 3

답안 예시

수직선 위의 점 P의 시각 t $(t\geq0)$에서의 속도 $v(t)$가 $v(t)=-t^2+6t$이므로 가속도는

$\frac{dv}{dt}=v'(t)=-2t+6$

시각 $t=a$에서의 가속도가 0이므로

$-2a+6=0$

따라서 $a=3$

57

정답 5

답안 예시

수직선 위의 점 P의 시각 t $(t>0)$에서의 위치 x가

$x=\frac{1}{3}t^3-\frac{3}{2}t^2-10t+4$이므로 속도 v는

$v=\frac{dx}{dt}=t^2-3t-10$

운동 방향을 바꾸는 순간 점 P의 속도가 0이므로

$t^2-3t-10=0$, $(t+2)(t-5)=0$

$t>0$이므로 $t=5$

따라서 $0<t<5$일 때 $v<0$, $t>5$일 때 $v>0$이므로 시각 $t=5$에서 운동 방향을 바꾼다.

58

정답 15

답안 예시

$f(x)=2x^4+6x^2-20x-a^2+6a+58$이라 하면

$f'(x)=8x^3+12x-20=4(x-1)(2x^2+2x+5)$

함수 $f(x)$는 $x=1$에서 극소이면서 최소이므로 최솟값은

$f(1)=-a^2+6a+40$

모든 실수 x에 대하여 $f(x)\geq0$이 성립하려면

$-a^2+6a+40\geq0$, $a^2-6a-40\leq0$

$(a+4)(a-10)\leq0$, $-4\leq a\leq10$

따라서 조건을 만족시키는 정수 a의 개수는 15이다.

59

정답 88

답안 예시

두 점 P, Q가 원점을 출발한 후 만나는 시각은

$2t^3-5t^2+3t=t^3+2t^2-7t$에서

$t^3-7t^2+10t=0$

$t(t-2)(t-5)=0$

$t\neq0$이므로 $t=2$ 또는 $t=5$

따라서 두 점 P, Q가 원점을 출발한 후 두 번째로 만나는 시각은 $t=5$이고, 점 Q의 시각 t에서의 속도를 $v(t)$라 하면

$v(t)=\{x_2(t)\}'=3t^2+4t-7$

따라서 $v(5)=3\times25+4\times5-7=88$

04 부정적분

문제 p. 179

01

정답 4

답안 예시

주어진 식의 양변을 x에 대하여 미분하면

$f(x)=6x-2$

따라서 $f(1)=4$

02

정답 1

답안 예시

주어진 식의 양변을 x에 대하여 미분하면

$(x-3)f(x)=x^2-4x+3$

$f(x)=x-1$

따라서 $f(2)=1$

03

정답 13

답안 예시

$\int f'(x)dx=x^4-x^3+4x+C$ (단, C는 적분상수)

$f(x)=x^4-x^3+4x+C$

$f(1)=1-1+4+C=1$

$C=-3$

따라서 $f(x)=x^4-x^3+4x-3$이므로

$f(2)=16-8+8-3=13$

04

정답 106

답안 예시

$\int f'(x)dx=3x^3+3x^2+C$ (단, C는 적분상수)

$f(x)=3x^3+3x^2+C$

$f(1)=3+3+C=4$

$C=-2$

따라서 $f(x)=3x^3+3x^2-2$이므로

$f(3)=81+27-2=106$

05

정답 7

답안 예시

$f'(x)=2x-1$

$f(x)=x^2-x+C$ (단, C는 적분상수)

$f(2)=4-2+C=9$이므로 $C=7$

따라서 $f(x)=x^2-x+7$이므로

$f(1)=1-1+7=7$

06

정답 10

답안 예시

$$\begin{aligned} f(x) &= \int \frac{x^3-1}{x^2+x+1}dx+\int \frac{x^3+1}{x^2-x+1}dx \\ &= \int (x-1)dx+\int (x+1)dx \\ &= \int 2x\,dx \\ &= x^2+C \text{ (단, } C\text{는 적분상수)} \end{aligned}$$

$f(0)=0+C=6$이므로 $C=6$

따라서 $f(x)=x^2+6$이므로 $f(2)=10$

07

정답 7

답안 예시

$$f(x)=\begin{cases} x^3+C_1 & (x<2) \\ -x^2+2x+C_2 & (x>2) \end{cases}$$

(단, C_1과 C_2는 적분상수)

$f(-1)=-1+C_1=1$, $C_1=2$

함수 $f(x)$는 연속함수이므로 $x=2$에서 연속이어야 한다.

$8+2=-4+4+C_2$, $C_2=10$

따라서 $f(3)=-9+6+10=7$

08

정답 5

답안 예시

$f(x)=\int(3x^2+2x)dx=x^3+x^2+C$ (단, C는 적분상수)

$f(0)=C=3$이므로 $f(x)=x^3+x^2+3$

따라서 $f(1)=1+1+3=5$

09

정답 40

답안 예시

$f(x)=\int xg(x)\,dx$의 양변을 x에 대하여 미분하면

$f'(x)=xg(x)$ ...... ㉠

$\frac{d}{dx}\{f(x)-g(x)\}=6x^3+4x$에서

$f'(x)-g'(x)=6x^3+4x$ ...... ㉡

㉠을 ㉡에 대입하면

$xg(x)-g'(x)=6x^3+4x$ ...... ㉢

따라서 함수 $g(x)$는 최고차항의 계수가 6인 이차함수이다.

$g(x)=6x^2+ax+b$ (a, b는 상수)라 하면

$g'(x)=12x+a$

$g(x)$와 $g'(x)$를 ㉢에 대입하면

$xg(x)-g'(x)=x(6x^2+ax+b)-(12x+a)$

$=6x^3+ax^2+(b-12)x-a=6x^3+4x$

각 항의 계수를 비교하면

$a=0$, $b-12=4$에서 $b=16$

따라서 $g(x)=6x^2+16$이므로

$g(-2)=24+16=40$

10

정답 5

답안 예시

$f(x)=\int(3x^2-2x)dx=x^3-x^2+C$ (단, C는 적분상수)

$f(0)=C=1$이므로 $f(x)=x^3-x^2+1$

따라서 $f(2)=8-4+1=5$

11

정답 $(-\sqrt{6},\ \sqrt{6})$

답안 예시

$f(x)$가 이차함수이고 조건 (가)에서 $f(-x)=f(x)$이므로 우함수이다.

$f(x)=ax^2+b$라 하면

조건 (나)에서 $f(0)=-3$이므로 $b=-3$

따라서 $f(x)=ax^2-3$이므로 $f'(x)=2ax$

조건 (다)에서 $f(f'(x))=f'(f(x))$이므로

$a(2ax)^2-3=2a(ax^2-3)$

$4a^3x^2-3=2a^2x^2-6a$

이 식이 모든 실수 x에 대하여 성립해야 하므로

$4a^3=2a^2$, $-3=-6a$에서 $a=\frac{1}{2}$

따라서 $f(x)=\frac{1}{2}x^2-3$

함수 $F(x)=\int f(x)\,dx$가 감소하는 구간의 길이는 $F'(x)<0$, 즉 $f(x)<0$을 만족하는 구간의 길이를 구해야 한다.

$f(x)=\frac{1}{2}x^2-3<0$에서

$x^2-6<0$, $(x+\sqrt{6})(x-\sqrt{6})<0$

$-\sqrt{6}<x<\sqrt{6}$

따라서 함수 $F(x)=\int f(x)\,dx$가 감소하는 구간은

$(-\sqrt{6},\ \sqrt{6})$

12

정답 44

답안 예시

$f(x)=\int f'(x)\,dx=\int(3x^2+2x+5)\,dx$

$=x^3+x^2+5x+C$ (단, C는 적분상수)

$f(1)=1+1+5+C=0$, $C=-7$

따라서 $f(x)=x^3+x^2+5x-7$이므로

$f(3)=27+9+15-7=44$

13

정답 20

답안 예시

$f'(x)+g'(x)=\frac{x^3}{x^2-x+1}+\frac{1}{x^2-x+1}$

$=\frac{x^3+1}{x^2-x+1}=\frac{(x+1)(x^2-x+1)}{x^2-x+1}$

$=x+1$

$f(x)+g(x)=\int f'(x)\,dx+\int g'(x)\,dx$

$=\int\{f'(x)+g'(x)\}\,dx=\int(x+1)\,dx$

$=\frac{1}{2}x^2+x+C$ (단, C는 적분상수)

이므로

$f(6)+g(6)=\frac{1}{2}\times6^2+6+C=24+C$

$f(2)+g(2)=\frac{1}{2}\times2^2+2+C=4+C$

따라서

$f(6)-f(2)+\{g(6)-g(2)\}$

$=f(6)+g(6)-\{f(2)+g(2)\}$

$=24+C-4-C=20$

14

정 답 10

답안 예시

$f'(x)=3x^2-3=3(x^2-1)=3(x+1)(x-1)$

$f'(x)=0$에서 $x=-1$ 또는 $x=1$

함수 $f(x)$는 $x=-1$에서 극댓값, $x=1$에서 극솟값을 갖는다.

함수 $f(x)$의 극솟값이 6이므로 $f(1)=6$

$f'(x)=3x^2-3$에서

$f(x)=\int(3x^2-3)dx=x^3-3x+C$ (단, C는 적분상수)

$f(1)=1-3+C=6$, $C=8$

따라서 $f(x)=x^3-3x+8$이므로

함수 $f(x)$의 극댓값은

$f(-1)=-1+3+8=10$

15

정 답 -1

답안 예시

$\frac{d}{dx}\int\{f(x)-2x^2+3\}dx=f(x)-2x^2+3$

$\int\frac{d}{dx}\{2f(x)-6x+1\}dx=2f(x)-6x+C$

(단, C는 적분상수)이므로

$f(x)-2x^2+3=2f(x)-6x+C$

$f(x)=-2x^2+6x+3-C$

$f(2)=-8+12+3-C=3$, $C=4$

따라서 $f(x)=-2x^2+6x-1$이므로

$f(0)=-1$

16

정 답 10

답안 예시

이차식 $f'(-1)=f'(1)=0$이므로

$f'(x)=a(x+1)(x-1)$로 나타낼 수 있다.

삼차항 계수의 부호에 따라 극댓값과 극솟값이 바뀌므로 $a>0$일 때와 $a<0$일 때로 나누어 생각한다.

(ⅰ) $a>0$일 때,

$f(x)=\int a(x+1)(x-1)dx$

$=\int a(x^2-1)dx$

$=\frac{a}{3}x^3-ax+C$ (단, C는 적분상수)

$f(-1)=a\left(-\frac{1}{3}+1\right)+C=7$, $\frac{2}{3}a+C=7$

$f(1)=a\left(\frac{1}{3}-1\right)+C=3$, $-\frac{2}{3}a+C=3$

두 식을 연립하여 $C=5$, $a=3$

따라서 $f(x)=x^3-3x+5$이므로

$f(3)=3^3-3\times3+5=23$

(ⅱ) $a<0$일 때,

$f(-1)=a\left(-\frac{1}{3}+1\right)+C=3$, $\frac{2}{3}a+C=3$

$f(1)=a\left(\frac{1}{3}-1\right)+C=7$, $-\frac{2}{3}a+C=7$

두 식을 연립하여 $C=5$, $a=-3$

따라서 $f(x)=-x^3+3x+5$이므로

$f(3)=-3^3+3\times3+5=-13$

(ⅰ), (ⅱ)에서 모든 $f(3)$의 값의 합은

$23+(-13)=10$

17

정 답 9

답안 예시

$f(x)=\int\left\{\frac{d}{dx}(x^2-4x)\right\}dx$

$=x^2-4x+C$ (단, C는 적분상수)

양변을 x에 대하여 미분하면

$f'(x)=2x-4$

$f'(x)=0$에서 $x=2$

즉, $f(x)$는 $x=2$일 때 최솟값을 가지므로

$f(2)=4-8+C=5$, $C=9$

따라서 $f(x)=x^2-4x+9$이므로

$f(4)=16-16+9=9$

18

정 답 28

답안 예시

$f(x)=\int xg(x)dx$의 양변을 x에 대하여 미분하면

$f'(x)=xg(x)$ …… ㉠

$\frac{d}{dx}\{f(x)-g(x)\}=4x^3+4x$에서

$f'(x)-g'(x)=4x^3+4x$ …… ㉡

㉠을 ㉡에 대입하면

$xg(x)-g'(x)=4x^3+4x$ …… ㉢

따라서 함수 $g(x)$는 최고차항의 계수가 4인 이차함수이다.

$g(x)=4x^2+ax+b$ (a, b는 상수)라 하면

$g'(x)=8x+a$

$g(x)$와 $g'(x)$를 ㉢에 대입하면

$$xg(x)-g'(x)=x(4x^2+ax+b)-(8x+a)$$
$$=4x^3+ax^2+(b-8)x-a=4x^3+4x$$

각 항의 계수를 비교하면

$a=0$, $b-8=4$에서 $b=12$

따라서 $g(x)=4x^2+12$이므로

$g(2)=16+12=28$

19

정 답 180

답안 예시

$$f(x)+xf'(x)=\int(12x^2-6x)\,dx$$
$$=4x^3-3x^2+C_1 \quad \cdots\cdots ㉠$$

(단, C_1은 적분상수)

이때 $f(0)=0$이므로 $x=0$을 ㉠에 대입하면 $C_1=0$

또, $\{xf(x)\}'=f(x)+xf'(x)$이므로

$xf(x)$는 $f(x)+xf'(x)$의 한 부정적분이다.

따라서 ㉠의 양변을 적분하면

$$xf(x)=\int(4x^3-3x^2)\,dx$$
$$=x^4-x^3+C_2 \text{ (단, } C_2\text{는 적분상수)}$$

위의 식의 양변에 $x=0$을 대입하면 $C_2=0$이므로

$x\neq 0$일 때, $f(x)=x^3-x^2$이다.

이때 조건 (가)에서 $f(0)=0$이므로 모든 실수 x에 대하여

$f(x)=x^3-x^2$

따라서 $f(6)=6^3-6^2=216-36=180$

20

정 답 4

답안 예시

$\int(x+1)f(x)\,dx=x^3-x^2+4x+3$의 양변을 x에 대하여 미분하면

$(x+1)f(x)=3x^2-2x+4$

$x=2$를 대입하면 $3f(2)=12-4+4$

따라서 $f(2)=4$

05 정적분

문제 p. 191

01

정 답 8

답안 예시

$$\int_0^2 3x^2\,dx=\Big[x^3\Big]_0^2=8$$

02

정 답 4

답안 예시

$$\int_0^4|x-2|\,dx=\int_0^2(-x+2)\,dx+\int_2^4(x-2)\,dx$$
$$=\Big[-\frac{1}{2}x^2+2x\Big]_0^2+\Big[\frac{1}{2}x^2-2x\Big]_2^4=4$$

03

정 답 $\frac{5}{6}$

답안 예시

$$\int_a^1(2x+5a)\,dx=\Big[x^2+5ax\Big]_a^1$$
$$=(1+5a)-(a^2+5a^2)=2$$

$-6a^2+5a-1=0$이므로

모든 실수 a의 값의 합은 $\frac{5}{6}$이다.

04

정 답 68

답안 예시

$$\int_3^5 f(x)\,dx-\int_4^5 f(x)\,dx+\int_2^3 f(x)\,dx$$
$$=\int_2^4 f(x)dx=\Big[x^3+x^2\Big]_2^4=68$$

05

정 답 24

답안 예시

$$\int_1^x f(t)\,dt=2x^3-a$$

$x=1$을 양변에 대입하면

$0=2-a$, $a=2$

$f(x)=6x^2$이므로

$f(a)=f(2)=24$

06

정답 7

답안 예시

$\int_a^x f(t)\,dt=x^2-3x-4$

$x=a$를 양변에 대입하면

$0=a^2-3a-4$, $a=4$ $(a>0)$

$f(x)=2x-3$, $f'(x)=2$

$f(4)=5$, $f'(4)=2$이므로

$f(a)+f'(a)=5+2=7$

07

정답 6

답안 예시

$f'(x)=x^2-4$, $f(3)=0$이므로

$f(x)=\frac{1}{3}x^3-4x+3$이다.

함수 $f(x)$는 $x=-2$에서 극댓값을, $x=2$에서 극솟값을 갖는다.

$f(-2)=\frac{25}{3}$, $f(2)=-\frac{7}{3}$이므로

극댓값과 극솟값의 합은 $\frac{25}{3}+\left(-\frac{7}{3}\right)=6$

08

정답 4

답안 예시

$g(t)=\{1+f(t)\}^2f'(t)$로 놓으면

$$\begin{aligned}\lim_{x\to1}\frac{1}{x-1}\int_1^x g(t)\,dt&=\lim_{x\to1}\frac{G(x)-G(1)}{x-1}\\&=G'(1)\\&=g(1)\\&=\{1+f(1)\}^2f'(1)\\&=16\times\frac{1}{4}=4\end{aligned}$$

09

정답 -4

답안 예시

$\int_0^2 f(t)\,dt=k$ (k는 상수)라 하면

$f(x)=3x^2-2x+k$이다.

$\int_0^2(3x^2-2x+k)dx=k$

$\left[x^3-x^2+kx\right]_0^2=k$

$8-4+2k=k$, $k=-4$

따라서 $\int_0^2 f(x)\,dx=-4$

10

정답 7

답안 예시

$\lim_{x\to2}\frac{1}{x-2}\int_2^x(t^3-2t^2+3t+1)\,dt=8-8+6+1=7$

11

정답 2

답안 예시

$\int_0^1(3x^2+2x)\,dx=\left[x^3+x^2\right]_0^1=1+1=2$

12

정답 3

답안 예시

이차함수 $f(x)$의 그래프는 x축과 만나는 점의 x좌표가 0, 4이고,

a는 양수이므로 $0<x<4$에서 $f(x)<0$이다.

$\int_0^5\{f(x)+|f(x)|\}dx$

$=\int_0^4\{f(x)+|f(x)|\}dx+\int_4^5\{f(x)+|f(x)|\}dx$

$=\int_0^4[f(x)+\{-f(x)\}]\,dx+\int_4^5\{f(x)+f(x)\}dx$

$=0+2\int_4^5 f(x)\,dx=2\int_4^5(ax^2-4ax)\,dx$

$=2\left[\frac{a}{3}x^3-2ax^2\right]_4^5$

$=2\left\{\left(\frac{125}{3}a-50a\right)-\left(\frac{64}{3}a-32a\right)\right\}$

$=2\times\frac{7}{3}a=14$

따라서 $a=3$

13

정 답 36

답안 예시

최고차항의 계수가 1인 삼차함수 $f(x)$를

$f(x)=x^3+ax^2+bx+c$ (a, b, c는 상수)라 하면

조건 (가)에 의하여 $f(0)=0$이므로 $c=0$

$f'(x)=3x^2+2ax+b$에서 조건 (나)에 의하여 $y=f'(x)$의 그래프는 직선 $x=3$에 대하여 대칭이다.

$f'(x)=3(x-3)^2+b-27$이므로

$f'(x)=3x^2-18x+b$

$2a=-18$, $a=-9$

조건 (다)에 의하여 $b-27\geq-20$, $b\geq7$

$\int_0^2 f(x)\,dx=\int_0^2(x^3-9x^2+bx)\,dx$

$=\left[\frac{1}{4}x^4-3x^3+\frac{b}{2}x^2\right]_0^2$

$=4-24+2b\geq-6$ ($\because$ $b\geq7$)

$\int_0^2 f(x)\,dx$의 최솟값은 $b=7$일 때 -6이므로 $m=-6$

따라서 $m^2=36$

14

정 답 16

답안 예시

$\int_{-2}^2(x^3+2x^2)\,dx+\int_2^{-2}(x^3-x^2)\,dx$

$=\int_{-2}^2(x^3+2x^2)\,dx-\int_{-2}^2(x^3-x^2)\,dx$

$=\int_{-2}^2(x^3+2x^2-x^3+x^2)\,dx$

$=\int_{-2}^2 3x^2\,dx=\left[x^3\right]_{-2}^2$

$=2^3-(-2)^3=16$

15

정 답 $\frac{5}{2}$

답안 예시

$\int_0^2(4x-5)\,dx+\int_2^k(4x-5)\,dx$

$=\int_0^k(4x-5)\,dx$

$=\left[2x^2-5x\right]_0^k$

$=2k^2-5k=k(2k-5)=0$

$k>0$이므로 $k=\frac{5}{2}$

16

정 답 77

답안 예시

주어진 식의 양변을 x에 대하여 미분하면

$\frac{d}{dx}\int_1^x f(t)\,dt=\frac{d}{dx}(x^3+2x-7)$

$f(x)=3x^2+2$

따라서 $f(5)=3\times25+2=77$

17

정 답 128

답안 예시

$g(a)=\int_{-a}^a f(x)\,dx$라 하자.

$g(a)=\int_{-a}^0 f(x)\,dx+\int_0^a f(x)\,dx$

$=\int_{-a}^0(2x+8)\,dx+\int_0^a(-x^2+2x+8)\,dx$

$=\left[x^2+8x\right]_{-a}^0+\left[-\frac{1}{3}x^3+x^2+8x\right]_0^a$

$=-a^2+8a-\frac{1}{3}a^3+a^2+8a$

$=-\frac{1}{3}a^3+16a$

$g'(a)=-a^2+16=-(a+4)(a-4)$

$g'(a)=0$에서 $a=-4$ 또는 $a=4$

양의 실수 a에 대하여 함수 $g(a)$의 증가와 감소를 표로 나타내면 다음과 같다.

a	$\cdots$	4	$\cdots$
$g'(a)$	$+$	0	$-$
$g(a)$	$\nearrow$	$\frac{128}{3}$	$\searrow$

따라서 함수 $g(a)$는 $a=4$에서 최댓값 $\frac{128}{3}$을 갖는다.

그러므로 $3M=128$

18

정 답 9

답안 예시

주어진 식의 양변에 $x=1$을 대입하면

$0=1+a+2$, $a=-3$

$\int_1^x f(t)\,dt=x^3-3x^2+2$의 양변을 x에 대하여 미분하면

$f(x)=3x^2-6x$

따라서 $f(-1)=3+6=9$

19

정 답 -4

답안 예시

$\lim_{x\to1}\frac{\int_1^x f(t)\,dt-f(x)}{x^2-1}=2$에서 극한값이 존재하고

(분모) $\to 0$이므로 (분자) $\to 0$이어야 한다.

즉, $\lim_{x\to1}\left\{\int_1^x f(t)\,dt-f(x)\right\}=0$에서

$\int_1^1 f(t)\,dt-f(1)=0$이므로 $f(1)=0$ ...... ㉠

함수 $f(t)$의 한 부정적분을 $F(t)$라 하면

$$\lim_{x\to1}\frac{\int_1^x f(t)\,dt-f(x)}{x^2-1}$$

$$=\lim_{x\to1}\frac{\int_1^x f(t)\,dt}{x^2-1}-\lim_{x\to1}\frac{f(x)-f(1)}{x^2-1}\quad(\because ㉠)$$

$$=\lim_{x\to1}\left\{\frac{F(x)-F(1)}{x-1}\times\frac{1}{x+1}\right\}$$

$$-\lim_{x\to1}\left\{\frac{f(x)-f(1)}{x-1}\times\frac{1}{x+1}\right\}$$

$$=f(1)\times\frac{1}{2}-f'(1)\times\frac{1}{2}$$

$$=-\frac{f'(1)}{2}=2\quad(\because ㉠)$$

따라서 $f'(1)=-4$

20

정 답 8

답안 예시

$F(x)=\int_0^x f(t)\,dt$의 양변을 x에 대하여 미분하면

$F'(x)=f(x)$

함수 $F(x)$가 극값을 갖지 않으려면 $F'(x)=f(x)$의 부호가 바뀌지 않아야 한다.

이차함수 $f(x)=2x^2+8x+k$의 그래프가 x축과 접하거나 만나지 않아야 하므로 이차방정식 $2x^2+8x+k=0$의 판별식을 D라 하면

$\frac{D}{4}=16-2k\le0\quad\therefore\ k\ge8$

따라서 k의 최솟값은 8이다.

06 정적분의 활용

문제 p. 203

01

정 답 $\frac{10}{3}$

답안 예시

$$\int_{-1}^{0}(x^2-6x)dx=\left[\frac{1}{3}x^3-3x^2\right]_{-1}^{0}=\frac{10}{3}$$

02

정 답 $\frac{32}{3}$

답안 예시

$$\int_{0}^{4}(-x^2+4x)dx=\left[-\frac{1}{3}x^3+2x^2\right]_{0}^{4}=\frac{32}{3}$$

03

정 답 6

답안 예시

$f(x)-g(x)=3x^2-6x$이므로

$$\int_{1}^{2}(-3x^2+6x)dx+\int_{2}^{3}(3x^2-6x)dx$$

$$=\left[-x^3+3x^2\right]_{1}^{2}+\left[x^3-3x^2\right]_{2}^{3}=6$$

04

정 답 $\frac{16}{3}$

답안 예시

$y=x^2+2x+2$에서 접점의 좌표를 $(t,\ t^2+2t+2)$라 하면

접선의 기울기는 $2x+2$이므로

점 $(t,\ t^2+2t+2)$에서의 접선의 방정식은

$y=(2t+2)(x-t)+t^2+2t+2$이다.

이 접선은 점 $(0,\ -2)$를 지나므로

$-2=(2t+2)\times(-t)+t^2+2t+2$

$t^2-4=0$

$t=-2$ 또는 $t=2$

이므로 두 접선의 방정식은

$y=6x-2,\ y=-2x-2$

두 접선과 곡선 $y=x^2+2x+2$로 둘러싸인 부분의 넓이 S는

$$S=\int_{-2}^{0}\{x^2+2x+2-(-2x-2)\}dx$$

$$+\int_{0}^{2}\{x^2+2x+2-(6x-2)\}dx$$

$$=\left[\frac{1}{3}x^3+2x^2+4x\right]_{-2}^{0}+\left[\frac{1}{3}x^3-2x^2+4x\right]_{0}^{2}$$

$$=\left\{0-\left(-\frac{8}{3}\right)\right\}+\left\{\left(\frac{8}{3}\right)-0\right\}=\frac{16}{3}$$

05

정 답 128

답안 예시

$f(x)=x^3-16x=(x-4)x(x+4)$이므로

$$\int_{-4}^{0}f(x)dx+\int_{0}^{4}\{-f(x)\}dx$$

$$=\left[\frac{1}{4}x^4-8x^2\right]_{-4}^{0}+\left[-\frac{1}{4}x^4+8x^2\right]_{0}^{4}=128$$

06

정 답 98

답안 예시

(i) $f(x)\ge g(x)$일 때,

$x^2-4x+10\ge 3x,\ x^2-7x+10\ge 0$

$x\le 2$ 또는 $x\ge 5$

$|f(x)-g(x)|=f(x)-g(x)$이므로

$$h(x)=\frac{|f(x)-g(x)|+f(x)+g(x)}{2}=f(x)$$

(ii) $f(x)<g(x)$일 때,

$x^2-4x+10<3x,\ x^2-7x+10<0$

$2<x<5$

$|f(x)-g(x)|=-f(x)+g(x)$이므로

$$h(x)=\frac{|f(x)-g(x)|+f(x)+g(x)}{2}=g(x)$$

(i), (ii)에서

$$h(x)=\begin{cases}x^2-4x+10 & (x\le 2 \text{ 또는 } x\ge 5)\\ 3x & (2<x<5)\end{cases}$$

따라서 구하는 넓이는

$$S=\int_{0}^{2}(x^2-4x+10)dx+\int_{2}^{4}3x\,dx$$

$$=\left[\frac{1}{3}x^3-2x^2+10x\right]_{0}^{2}+\left[\frac{3}{2}x^2\right]_{2}^{4}$$

$$=\frac{44}{3}+18=\frac{98}{3}$$

따라서 $3S=98$

07

정 답 $\frac{27}{4}$

답안 예시

곡선 $y=x^3-3x^2+3x-2$와 직선 $y=3x-6$이 만나는 점의 x좌표는

$x^3-3x^2+3x-2=3x-6$에서 $x^3-3x^2+4=0$

$(x+1)(x-2)^2=0$, $x=-1$ 또는 $x=2$

따라서 주어진 곡선과 직선으로 둘러싸인 부분의 넓이는

$$\int_{-1}^{2}|(x^3-3x^2+3x-2)-(3x-6)|\,dx$$

$$=\int_{-1}^{2}(x^3-3x^2+4)\,dx$$

$$=\left[\frac{1}{4}x^4-x^3+4x\right]_{-1}^{2}=\frac{27}{4}$$

08

정 답 160

답안 예시

함수 $f(x)=\begin{cases}x^2-2x+2 & (x\ge 0)\\ -x^2-2x+2 & (x<0)\end{cases}$이고,

음수 a에 대하여 직선 $y=2x+a$가 곡선 $y=f(x)$에 접해야 하므로 그래프는 그림과 같다.

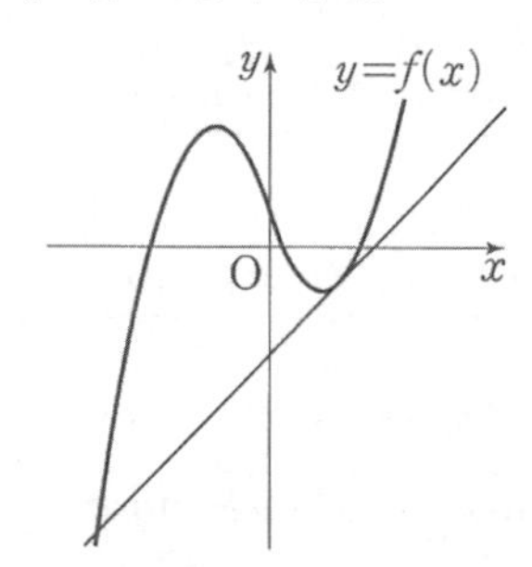

접점의 좌표를 $(t,\ t^2-2t+2)$라 하면 접선의 방정식은

$y=(2t-2)(x-t)+t^2-2t+2$

$\quad=(2t-2)x-t^2+2$

이 접선의 기울기는 2이므로 $2t-2=2$, $t=2$

접선의 방정식에 $t=2$를 대입하여 정리하면

$y=2x-2$

또한, 이 접선과 함수 $f(x)$를 연립하여 만나는 점의 좌표를 구하면

$2x-2=-x^2-2x+2$에서 $x^2+4x-4=0$

이 방정식의 음수인 실근을 k라 하면

$k^2+4k-4=0$이고 $k=-2-2\sqrt{2}$

곡선과 접선으로 둘러싸인 도형의 넓이는

$$\int_{k}^{2}\{f(x)-(2x-2)\}\,dx$$

$$=\int_{k}^{0}\{(-x^2-2x+2)-(2x-2)\}\,dx+\int_{0}^{2}\{(x^2-2x+2)-(2x-2)\}\,dx$$

$$=\int_{k}^{0}(-x^2-4x+4)\,dx+\int_{0}^{2}(x^2-4x+4)\,dx$$

$$=\left[-\frac{1}{3}x^3-2x^2+4x\right]_{k}^{0}+\left[\frac{1}{3}x^3-2x^2+4x\right]_{0}^{2}$$

$$=\frac{1}{3}k^3+2k^2-4k+\frac{8}{3}$$

$$=\frac{1}{3}(k^3+6k^2-12k+8)$$

$$=\frac{1}{3}(k^3+6k^2+12k+8-24k)$$

$$=\frac{1}{3}(k^3+6k^2+12k+8)-8k$$

$$=\frac{1}{3}(k+2)^3-8k$$

$$=\frac{1}{3}(-2-2\sqrt{2}+2)^3-8(-2-2\sqrt{2})$$

$$=\frac{-16\sqrt{2}}{3}+16+16\sqrt{2}=16+\frac{32\sqrt{2}}{3}$$

따라서 $p=16$, $q=\frac{32}{3}$이므로

$$6(p+q)=6\left(16+\frac{32}{3}\right)=160$$

09

정 답 33

답안 예시

다항함수 $f(x)$에 대하여

$f(x)=a_nx^n+a_{n-1}x^{n-1}+\cdots+a_1x+a_0$

$\quad(a_0,\ a_1,\ a_2,\ \cdots,\ a_n$은 실수)라 하면

$f(-x)=a_n(-x)^n+a_{n-1}(-x)^{n-1}+\cdots+a_1(-x)+a_0$

이고 k가 홀수인 경우 $\int_{-3}^{3}x^k\,dx=0$이므로

$$\int_{-3}^{3}f(-x)\,dx=\int_{-3}^{3}f(x)\,dx$$

조건 (가)에 의하여 $f(x)+f(-x)=3x^2+ax+b$ (a, b는 상수)이고 $f(x)+f(-x)$는 차수가 홀수인 항을 갖지 않으므로 $a=0$

조건 (나)에 의하여 $f(0)+f(0)=2=b$

그러므로 $f(x)+f(-x)=3x^2+2$

$$\int_{-3}^{3}\{f(x)+f(-x)\}dx=\int_{-3}^{3}f(x)\,dx+\int_{-3}^{3}f(-x)\,dx$$
$$=2\int_{-3}^{3}f(x)\,dx$$

따라서

$$\int_{-3}^{3}f(x)\,dx=\frac{1}{2}\int_{-3}^{3}\{f(x)+f(-x)\}dx$$
$$=\frac{1}{2}\int_{-3}^{3}(3x^2+2)\,dx$$
$$=\frac{1}{2}\Big[x^3+2x\Big]_{-3}^{3}=\frac{1}{2}\times 66=33$$

10

정답 $\frac{7}{2}$

답안 예시

위치 $p(t)=-\frac{1}{2}t^2+4t$이므로

$p(1)=\frac{7}{2}$

11

정답 10

답안 예시

$$\int_{1}^{5}(-t+5)dt+\int_{5}^{7}(t-5)dt$$
$$=\Big[-\frac{1}{2}t^2+5t\Big]_{1}^{5}+\Big[\frac{1}{2}t^2-5t\Big]_{5}^{7}=10$$

12

정답 $\frac{355}{3}$

답안 예시

절댓값 기호 안의 식이 0이 되는 x의 값은

$x=-1$ 또는 $x=4$이므로

$$y=|x^2-3x-4|=\begin{cases}-x^2+3x+4 & (-1\le x\le 4)\\ x^2-3x-4 & (x<-1 \text{ 또는 } x>4)\end{cases}$$

$y=x^2-3x-4$와 직선 $y=x+8$의 교점의 x좌표는

$x^2-3x-4=x+8$

즉, $x^2-4x-12=0$에서 $(x+2)(x-6)=0$이므로

$x=-2$ 또는 $x=6$

닫힌구간 $[-2,\ 6]$에서 $x+8\ge x^2-3x-4$이므로 구하는 넓이를 S라 하면

$$S=\int_{-2}^{6}\{(x+8)-(x^2-3x-4)\}dx$$
$$-2\int_{-1}^{4}(-x^2+3x+4)dx$$
$$=\int_{-2}^{6}(-x^2+4x+12)dx-2\int_{-1}^{4}(-x^2+3x+4)dx$$
$$=\Big[-\frac{1}{3}x^3+2x^2+12x\Big]_{-2}^{6}-2\Big[-\frac{1}{3}x^3+\frac{3}{2}x^2+4x\Big]_{-1}^{4}$$
$$=(-72+72+72)-\left(\frac{8}{3}+8-24\right)$$
$$-2\left(-\frac{64}{3}+24+16\right)+2\left(\frac{1}{3}+\frac{3}{2}-4\right)$$
$$=72-\left(-\frac{40}{3}\right)-2\times\left(-\frac{56}{3}\right)+2\times\left(-\frac{13}{6}\right)$$
$$=\frac{355}{3}$$

13

정답 110m

답안 예시

$t=3$일 때 물체는 최고 지점에 도달하므로

$$20+\int_{0}^{3}(60-20t)dt=20+\Big[60t-10t^2\Big]_{0}^{3}=110$$

14

정답 32

답안 예시

곡선 $y=ax^2-a^2x$와 직선 $y=4x$의 교점의 x좌표는 다음 식의 x의 값이다.

$ax^2-a^2x=4x$

$x(ax-a^2-4)=0$

$\therefore\ x=0$ 또는 $x=a+\frac{4}{a}$

그런데 닫힌구간 $\left[0,\ a+\frac{4}{a}\right]$에서

$ax^2-a^2x-4x=ax\left(x-a-\frac{4}{a}\right)\le 0$이므로

$ax^2-a^2x\le 4x$

즉, $S(a)=\int_{0}^{a+\frac{4}{a}}\{4x-(ax^2-a^2x)\}dx=\frac{a}{6}\left(a+\frac{4}{a}\right)^3$

에서 $\frac{3S(a)}{a}=\frac{3}{6}\left(a+\frac{4}{a}\right)^3$

그런데 $a>0$이므로

$a+\frac{4}{a}\ge 2\sqrt{a\times\frac{4}{a}}=4$ (단, 등호는 $a=2$일 때 성립)

즉, $\frac{3S(a)}{a}\ge 3\times\frac{1}{6}\times 4^3=32$

따라서 $\frac{3S(a)}{a}$는 $a=2$일 때, 최솟값 32이다.

기출유형 예시 답안

2025 가천대학교 수학 인문계열

문제 p.212

01

정 답 $\alpha=\log_5\frac{1}{3}$, $\beta=2$, $M=-\frac{134}{9}$, $m=-1240$

답안 예시

$y=(5^x)^2-75\times5^x+10$

$5^x=A$라 하자. $(A>0)$

$y=A^2-75A+10$

$=\left(A-\frac{75}{2}\right)^2-\frac{5585}{4}$

이때 $\frac{1}{3}\le A\le25$

$A=\frac{1}{3}$일 때, 즉 $x=\alpha=\log_5\frac{1}{3}$에서 최댓값 $M=-\frac{134}{9}$

$A=25$일 때, 즉 $x=\beta=2$에서 최솟값 $m=-1240$

02

정 답 $-\frac{605}{2}$

답안 예시

$$f(x)=\sum_{k=1}^{45}\frac{\sqrt{x+k+45}-\sqrt{x+k}}{x\sqrt{x}}$$

$$=\sum_{k=1}^{45}\frac{45}{x\sqrt{x}(\sqrt{x+k+45}+\sqrt{x+k})}$$

$$=\sum_{k=1}^{45}\frac{1}{x\sqrt{x}}\left(\frac{45}{\sqrt{x+k+45}+\sqrt{x+k}}\right)$$

이므로 $g(x)=ax^2+bx+c$라 하면

$\lim_{x\to\infty}f(x)g(x)$

$$=\lim_{x\to\infty}\frac{ax^2+bx+c}{x^2}\left(\sum_{k=1}^{45}\frac{45\sqrt{x}}{\sqrt{x+k+45}+\sqrt{x+k}}\right)$$

$=\frac{2025}{2}a$

따라서 $a=2$

또한 α, β가 방정식 $g(x)=0$의 서로 다른 두 실근이므로 근과 계수의 관계로부터

$\alpha+\beta=-\frac{b}{2}=25$, $\alpha\beta=\frac{c}{2}=5$이고 $b=-50$, $c=10$이다.

따라서 $g(x)=2x^2-50x+10=2\left(x-\frac{25}{2}\right)^2-\frac{605}{2}$이므로

최솟값은 $g\left(\frac{25}{2}\right)=-\frac{605}{2}$

03

정 답 $\frac{25}{4}$

답안 예시

다항함수 $f(x)$는 $f(-x)=f(x)$이므로 y축 대칭이고

$\int_0^1 f(t)dt=a$ (a는 상수)라 하면

$\int_{-1}^1 f(t)dt=2a$이다.

따라서 $f(x)=5x^4+2ax^2-|a|$로 나타내어지며

$a=\int_0^1(5t^4+2at^2-|a|)dt$

$=\left[t^5+\frac{2}{3}at^3-|a|t\right]_0^1$

$=1+\frac{2a}{3}-|a|$를 만족한다.

(1) $a\ge0$인 경우, $a=\frac{3}{4}$이고

$f(x)=5x^4+\frac{3}{2}x^2-\frac{3}{4}$이므로 $f(1)=\frac{23}{4}$이다.

(2) $a<0$인 경우, $a=-\frac{3}{2}$이고

$f(x)=5x^4-3x^2-\frac{3}{2}$이므로 $f(1)=\frac{1}{2}$이다.

따라서 모든 $f(1)$의 값의 합은 $\frac{25}{4}$이다.

04

정 답 $\alpha=9$, $\beta=435$

답안 예시

$$\sum_{k=1}^{21}\frac{a_{k+1}-a_k}{\sqrt{a_{k+1}}+\sqrt{a_k}}=\sum_{k=1}^{21}(\sqrt{a_{k+1}}-\sqrt{a_k})$$

$$=\sqrt{a_{22}}-\sqrt{a_1}$$

$$=\sqrt{a_{22}}-1$$

따라서 50 이하의 자연수 m에 대하여

$\sqrt{a_{22}}-1=m$, $a_{22}=(m+1)^2=m^2+2m+1$

공차를 d라 하면, $a_{22}=a_1+21d=1+21d$이다.

따라서 $1+21d=m^2+2m+1$

$21d=m^2+2m=m(m+2)$, $d=\dfrac{m(m+2)}{21}$

즉, 집합 A

$=\left\{d \,\middle|\, d=\dfrac{m(m+2)}{21}\text{인 자연수}, m=1, 2, \cdots, 50\right\}$이다.

공차 $d=\dfrac{m(m+2)}{21}$가 자연수인 경우는

$m=7, 12, 19, 21, 28, 33, 40, 42, 49$이다.

(m이 21의 배수인 경우 : $m=21, 42$; $m+2$가 21의 배수인 경우 : $m=19, 40$)

(m이 7의 배수인 경우 : $m=7, 28, 49$; $m+2$가 7의 배수인 경우 : $m=12, 33$)

따라서 $A=\{3, 8, 19, 23, 40, 55, 80, 88, 119\}$이므로

$\alpha=9$, $\beta=435$

05

정 답 $\dfrac{39}{98}\sqrt{3}$

답안 예시

(1) □ABCD가 원에 내접하므로

$\angle DCB=\pi-\angle BAD=\pi-\dfrac{2}{3}\pi=\dfrac{\pi}{3}$

(2) △BCD에서

$\overline{BD}^2=3^2+8^2-2\times3\times8\times\cos\dfrac{\pi}{3}=49$

$\therefore\ \overline{BD}^2=49$ ······ ①

(3) △ABD에서

$\overline{BD}^2=\overline{AB}^2+3^2-2\times\overline{AB}\times3\times\cos\dfrac{2}{3}\pi$

$=\overline{AB}^2+3\overline{AB}+9$ ······ ②

①과 ②에 의해, $49=\overline{AB}^2+3\overline{AB}+9$

$(\overline{AB}+8)(\overline{AB}-5)=0$

$\overline{AB}>0$이므로 $\overline{AB}=5$

(4) □ABCD = △BAD + △BCD

$=\dfrac{1}{2}\times5\times3\times\sin\dfrac{2}{3}\pi+\dfrac{1}{2}\times3\times8\times\sin\dfrac{\pi}{3}$

$=\dfrac{15\sqrt{3}}{4}+\dfrac{24\sqrt{3}}{4}=\dfrac{39}{4}\sqrt{3}$ ······ ③

(5) $\angle ADC=\theta$, $\angle ABC=\pi-\theta$라 하자.

□ABCD = △ABC + △ADC

$=\dfrac{1}{2}\times5\times8\times\sin(\pi-\theta)+\dfrac{1}{2}\times3\times3\times\sin\theta$

$=\dfrac{49}{2}\sin\theta$ ······ ④

③과 ④에 의해, $\dfrac{39}{4}\sqrt{3}=\dfrac{49}{2}\sin\theta$

$\therefore\ \sin(\angle ADC)=\dfrac{39}{98}\sqrt{3}$

06

정 답 $t<-1-2\sqrt{15}$ 또는 $t>-1+2\sqrt{15}$

답안 예시

$f(x)$는 $x=-1$과 $x=3$에서 연속이고, 미분가능하다.

따라서

$-a+b=\lim_{x\to-1-}f(x)=\lim_{x\to-1+}f(x)=5$이고,

$a=\lim_{x\to-1-}\dfrac{f(x)-f(-1)}{x+1}=\lim_{x\to-1+}\dfrac{f(x)-f(-1)}{x+1}=-4$

이므로, $a=-4$, $b=1$이다.

또한 $5=\lim_{x\to3-}f(x)=\lim_{x\to3+}f(x)=3c+d$이고,

$4=\lim_{x\to3-}\dfrac{f(x)-f(3)}{x-3}=\lim_{x\to3+}\dfrac{f(x)-f(3)}{x-3}=9+c$이므로,

$c=-5$, $d=20$이다.

$g'(x)=3ax^2+2(b+t)x+c=-12x^2+2(t+1)x-5$

이므로, $g(x)$가 극값을 가지려면

$(t+1)^2-60>0$을 만족해야 한다. 따라서 t의 범위는

$t<-1-2\sqrt{15}$ 또는 $t>-1+2\sqrt{15}$이다.

2025 가천대학교 수학 자연계열

문제 p.214

01

정 답 $-\frac{\sqrt[3]{9}}{2}$

답안 예시

$\frac{S_4-S_1}{S_{10}-S_4}=\frac{r^3-1}{r^3(r^6-1)}=\frac{1}{r^3(r^3+1)}=\frac{64}{9}$

$r^3(r^3+1)=\frac{9}{64}$, $\left(r^3+\frac{1}{2}\right)^2-\frac{1}{4}-\frac{9}{64}=0$

$\left(r^3+\frac{1}{2}\right)^2=\frac{25}{64}$

$(8r^3-1)(8r^3+9)=0$

$r^3=\frac{1}{8}$ 또는 $r^3=-\frac{9}{8}$

공비 r은 음수이므로

$r=-\sqrt[3]{\frac{9}{8}}=-\left(\frac{9}{8}\right)^{\frac{1}{3}}=-\frac{\sqrt[3]{9}}{2}$

02

정 답 $-\frac{17}{3}$

답안 예시

조건 $\lim_{x\to\infty}\frac{\sqrt{x^4-5}-f(x)}{6x^2+1}=\frac{1}{3}$ 로부터, $f(x)$는 이차함수이며, $f(x)=ax^2+bx+c$ (a, b, c는 상수)라 하자.

$\frac{1-a}{6}=\frac{1}{3}$ 이므로 $a=-1$이고,

$f(x)=-x^2+bx+c$,

$g(x)=\begin{cases}(2-2b)x+b-1 & (x<1)\\ f(x) & (x\ge 1)\end{cases}$ 이다.

(1) 함수 $g(x)$가 $x=1$에서 미분가능하므로 $x=1$에서 연속이다.
따라서 $f(0)-f(1)=f(1)$, 즉 $2f(1)=f(0)$을 만족하므로 $2b+c=2$이다.

(2) 함수 $g(x)$가 $x=1$에서 미분가능하므로

$\lim_{x\to1-}\frac{g(x)-g(1)}{x-1}=(2-2b)=-2+b=\lim_{x\to1+}\frac{g(x)-g(1)}{x-1}$

이다.

따라서 $b=\frac{4}{3}$, $c=-\frac{2}{3}$이다.

$f(x)=-x^2+\frac{4}{3}x-\frac{2}{3}$ 이므로 $f(3)=-\frac{17}{3}$ 이다.

03

정 답 1960

답안 예시

$y=5^{3x+3}-5^{2x+\log_2 k}$

$5^{3x+3}=5^{2x+\log_2 k}$

$x=\log_2 k-3$

함수 $y=f(x)$의 그래프가 x축과 만나는 점의 x좌표 a는 $a=\log_2 k-3$이다.

$1\le a\le 3$이므로 $1\le\log_2 k-3\le 3$, $16\le k\le 64$이다.

따라서 $16+17+\cdots+63+64$이므로 모든 k의 값의 합은 1960이다.

04

정 답 $-\frac{287}{6}$

답안 예시

임의의 실수 x에 대하여 $f(x)>0$이면 $g(x)$는 모든 실수에서 연속이므로 주어진 조건을 만족시킬 수 없다. 그러므로 $f(x)=(x+\alpha)(x+\beta)$라 하자($\alpha\le\beta$).

$g(x)=\frac{x}{f(x^2+9)}=\frac{x}{(x^2+9+\alpha)(x^2+9+\beta)}$ 이므로

$9+\alpha>0$이면 $9+\beta>0$이므로 모든 실수 x에 대하여 $f(x^2+9)>0$이고 함수 $g(x)$는 실수 전체의 집합에서 연속이 되므로 조건 (가)를 만족시킬 수 없다.

$9+\alpha<0$이면 함수 $g(x)$는 $x=-\sqrt{-\alpha-9}$와 $x=\sqrt{-\alpha-9}$에서 불연속이므로 조건 (가)를 만족시킬 수 없다.

따라서 $9+\alpha=0$, $\alpha=-9$이고 $f(x)=(x-9)(x+\beta)$

$\lim_{x\to-3}\frac{f(x-2)}{f(x^2)}=\lim_{x\to-3}\frac{(x-2-9)(x-2+\beta)}{(x+3)(x-3)(x^2+\beta)}=b$이므로

$\lim_{x\to-3}(x-2+\beta)=-5+\beta=0$이다.

따라서 $\beta=5$이고 $f(x)=(x-9)(x+5)$이다.

따라서 $f(3)=-6\times8=-48$이고,

$g(x)=\frac{x}{f(x^2+9)}=\frac{x}{x^2(x^2+14)}$는 $x=0$에서만 불연속이므로 $a=0$이다.

또한

$b=\lim_{x\to-3}\frac{f(x-2)}{f(x^2)}=\lim_{x\to-3}\frac{(x-11)(x+3)}{(x+3)(x-3)(x^2+5)}$

$=\frac{-14}{-6\times14}=\frac{1}{6}$ 이다.

따라서 $a+b+f(3)=0+\frac{1}{6}-48=-\frac{287}{6}$

05

정 답 $\overline{AP}=2\sqrt{6}$, $\sin(\angle PBC)=\dfrac{\sqrt{3}}{3}$

답안 예시

$\overline{PD}\perp\overline{BC}$ 이고 $\overline{PB}=\overline{PC}$, $\overline{OB}=\overline{OC}=3$이므로

$\overline{CD}=\overline{BD}$이다. 선분 OD가 직각삼각형 ABC의 두 변의 중점을 지나므로 선분 AC는 선분 OD와 평행이고,

$\overline{AC}=2\overline{OD}$이다. 사각형 ACPD가 평행사변형이므로

$\overline{AD}=\overline{CP}$이다.

$\overline{PB}=\overline{PC}=x$, $\overline{AC}=\overline{PD}=y$라 놓으면

$\dfrac{y}{2}+y=3$이므로 $y=2$

$\angle APB=\dfrac{\pi}{2}$이므로 $\overline{AP}^2=36-x^2$

$\angle ACB=\dfrac{\pi}{2}$이므로 $\overline{BC}^2=32$, 즉 $\overline{BC}=4\sqrt{2}$

또한 사각형 ACPD가 평행사변형이므로 $\overline{AD}=\overline{CP}=x$

$\angle PBC=\theta$라 할 때, $\overline{AP}^2=x^2+4+4x\sin\theta$이므로

$2x^2+4x\sin\theta-32=0$

직각삼각형 PBD로부터 $\sin\theta=\dfrac{2}{x}$이므로

$2x^2+8-32=0$, $x^2=12$

즉, $x=2\sqrt{3}$이고 $\sin\theta=\sin(\angle PBC)=\dfrac{1}{\sqrt{3}}=\dfrac{\sqrt{3}}{3}$

따라서 $\overline{AD}=2\sqrt{3}$, $\overline{AP}=2\sqrt{6}$이다.

06

정 답 $a=\dfrac{5}{2}$, $b=\dfrac{5}{2}$

답안 예시

$c=\displaystyle\int_0^2 f(x)dx$라 놓으면

$f(x)=x^3-3x^2+2cx+\dfrac{1}{2}c^2$이므로

$$c=\int_0^2\left(x^3-3x^2+2cx+\frac{1}{2}c^2\right)dx$$
$$=\left[\frac{1}{4}x^4-x^3+cx^2+\frac{1}{2}c^2x\right]_0^2$$
$$=c^2+4c-4$$

이므로 $c=1$ 또는 $c=-4$이다.

(1) $c=1$일 때, $f(x)=x^3-3x^2+2x+\dfrac{1}{2}$이므로

$f(x)+3x^2=x^3+2x+\dfrac{1}{2}$은 증가함수이다. 따라서 조건 (나)를 만족한다.

(2) $c=-4$일 때, $f(x)=x^3-3x^2-8x+8$이므로

$f(x)+3x^2=x^3-8x+8$인데 모든 실수에서 증가함수인 것이 아니므로 조건 (나)를 만족시키지 않는다.

따라서 모든 조건을 만족시키는 함수는

$f(x)=x^3-3x^2+2x+\dfrac{1}{2}$이다.

$g(x)$가 $x=1$에서 연속이므로

$$\lim_{x\to1-}g(x)=\lim_{x\to1+}g(x)=\lim_{x\to0+}g(x)+b$$
$$=\lim_{x\to0+}f(x)+ax^2+b$$
$$=\frac{1}{2}+b$$

인데 $\displaystyle\lim_{x\to1-}g(x)=f(1)+a=\frac{1}{2}+a$이므로 $a=b$이다.

$$\int_2^3 g(x)dx=\int_1^2\{g(x)+b\}dx$$
$$=\int_1^2 g(x)dx+b$$
$$=\int_0^1 g(x)dx+2b$$
$$=\int_0^1\left(x^3-3x^2+2x+\frac{1}{2}+ax^2\right)dx+2a$$
$$=\frac{28a+9}{12}=\frac{79}{12}$$

이므로 $a=b=\dfrac{5}{2}$이다.

07

정 답 $C=\left\{0,\ \dfrac{27}{16}\right\}$

답안 예시

$f'(x)=\begin{cases}-2 & (x>b)\\ -(x+2)(2x+1)^2 & (x\le b)\end{cases}$에서 실수 전체의 집합에서 정의된 두 함수 $f_1'(x)$, $f_2'(x)$를

$f_1'(x)=-2$, $f_2'(x)=-4x^3-12x^2-9x-2$라 하자.

$f(x)$가 실수 전체의 집합에서 미분가능하므로 실수 전체의 집합에서 연속이다. $f(x)$가 연속함수가 되도록 하는 $f_1'(x)$의 부정적분 중 하나를 $f_1(x)$라 하고, $f_2'(x)$의 부정적분 중 하나를 $f_2(x)$라 하자.

$f(x)$가 $x=b$에서 연속이므로 $f(b)=f_1(b)=f_2(b)$이고,

$f(x)$가 $x=b$에서 미분가능하므로

$\displaystyle\lim_{x\to b-}\frac{f(x)-f(b)}{x-b}=\lim_{x\to b+}\frac{f(x)-f(b)}{x-b}$이고,

$-4b^3-12b^2-9b-2=-2$이므로 $b=-\dfrac{3}{2}$ 또는 $b=0$이다.

(1) $b=-\frac{3}{2}$일 때,

$$g(x)=|f(x)| = \begin{cases} |2x-K_1| & \left(x>-\frac{3}{2}\right) \\ \left|x^4+4x^3+\frac{9}{2}x^2+2x-K_2\right| & \left(x\le -\frac{3}{2}\right) \end{cases}$$

에 대해 $n(A)=3$, $n(B)=2$, $n(C)=2$를 만족하는 경우가 없다.

(2) $b=0$일 때,

$$f(x)=\begin{cases} -2x+D_1 & (x>0) \\ -x^4-4x^3-\frac{9}{2}x^2-2x+D_2 & (x\le 0) \end{cases}$$ 이고,

$f(x)$가 연속함수이므로 $D_1=D_2$이다.

$$h(x)=\begin{cases} -2x & (x>0) \\ -x^4-4x^3-\frac{9}{2}x^2-2x & (x\le 0) \end{cases}$$ 이라 놓으면

$$g(x)=|f(x)|=|h(x)+D_1| = \begin{cases} |2x-D_1| & (x>0) \\ \left|x^4+4x^3+\frac{9}{2}x^2+2x-D_1\right| & (x\le 0) \end{cases}$$ 이다.

$n(A)=3$, $n(B)=2$, $n(C)=2$를 만족하는 상수 D_1은

$D_1=-h\left(-\frac{1}{2}\right)=-\frac{5}{16}$이다.

따라서 $C=\left\{g\left(-\frac{1}{2}\right),\ g(-2)\right\}$이고,

$g\left(-\frac{1}{2}\right)=0$, $g(-2)=2-\frac{5}{16}=\frac{27}{16}$이다.

그러므로 $C=\left\{0,\ \frac{27}{16}\right\}$

08

정 답 $\frac{47}{24}$

답안 예시

시각 t에서 점 P의 가속도는 $a_1(t)=-t+\frac{5}{2}$이고, 시각 $t=k$일 때 점 Q의 가속도가 점 P의 가속도의 7배이므로,

$2k-\frac{1}{2}=7\left(-k+\frac{5}{2}\right)$, 즉 $k=2$이다.

점 Q의 속도 $v_2(t)=t^2-\frac{1}{2}t+C$ (단, C는 적분상수)이고, $t=2$일 때, 두 점 P, Q의 속도가 같으므로, $C=0$이고 $v_2(t)=t^2-\frac{1}{2}t$이다.

따라서 $t=0$에서 $t=2$까지 점 P가 움직인 거리는

$$\int_0^2 |v_1(t)|dt=\frac{11}{3}$$

점 Q가 움직인 거리는

$$\int_0^2 |v_2(t)|dt=\int_0^{\frac{1}{2}}\left(-t^2+\frac{1}{2}t\right)dt+\int_{\frac{1}{2}}^2\left(t^2-\frac{1}{2}t\right)dt = \frac{41}{24}$$

따라서 두 점 P, Q가 움직인 거리의 차는

$\frac{11}{3}-\frac{41}{24}=\frac{47}{24}$이다.

09

정 답 $-\frac{2\sqrt{13}}{9}$

답안 예시

이차방정식의 근과 계수의 관계에 의해

$\sin\theta+\cos\theta=\frac{\sqrt{5}}{3}$ ...... ①

$\sin\theta\cos\theta=\frac{a}{3}$ ...... ②

여기서 ①의 양변을 제곱하면

$$(\sin\theta+\cos\theta)^2=\sin^2\theta+\cos^2\theta+2\sin\theta\cos\theta =1+2\sin\theta\cos\theta =\frac{5}{9}$$

$\sin\theta\cos\theta=-\frac{2}{9}$ ...... ③

②와 ③에 의해, $a=-\frac{2}{3}$

$$(\sin\theta-\cos\theta)^2=\sin^2\theta+\cos^2\theta-2\sin\theta\cos\theta =1+\frac{4}{9} =\frac{13}{9}$$

$\frac{\pi}{2}<\theta<\pi$이므로, $\sin\theta>0$, $\cos\theta<0$이다.

$\sin\theta-\cos\theta>0$이므로,

$\sqrt{(\sin\theta-\cos\theta)^2}=\sqrt{\frac{13}{9}}=\frac{\sqrt{13}}{3}=b$

따라서 $a\times b=-\frac{2}{3}\times\frac{\sqrt{13}}{3}=-\frac{2\sqrt{13}}{9}$